21世纪高等职业教育规划教材

高职高专机械类专业通用技术平台精品课程教材

工程力学

（第四版）

主　编　戴克良

副主编　戴月红　臧　薇　于　明

上海交通大学出版社

内容提要

本书根据高等职业教育的特色和"必需、够用"的原则,在参考大量文献的基础上对教材内容作了精心的选择和编排。全书共分三篇:第一篇为静力学,介绍了静力学的基础知识、平面力系、空间力系等;第二篇为材料力学,介绍了拉伸和压缩、剪切、扭转、弯曲、组合变形、压杆稳定、交变应力等;第三篇为运动学和动力学,介绍了点的运动、刚体的平面运动、动量定理、动量矩定理和动能定理等。

本书可作为高职高专机械、建筑、化工、纺织、地质和水利等专业教材,也可供相关工程技术人员参考。

图书在版编目(CIP)数据

工程力学 /戴克良主编. —4 版. —上海:上海交通大学出版社,2014(2016 重印)
ISBN 978-7-313 -02117-5

Ⅰ. ① 工… Ⅱ.① 戴… Ⅲ. ① 工程力学—高等职业教育—教材
Ⅳ. ① TB12

中国版本图书馆 CIP 数据核字(2012)第 281169 号

工程力学
(第四版)

主　　编:戴克良
出版发行:上海交通大学出版社　　　　　　　地　　址:上海市番禺路 951 号
邮政编码:200030　　　　　　　　　　　　　电　　话:021-64071208
出 版 人:郑益慧
印　　制:常熟市梅李印刷有限公司　　　　　经　　销:全国新华书店
开　　本:787mm×1092mm 1 /16　　　　　　印　　张:18
字　　数:427 千字
版　　次:1999 年 7 月第 1 版　2014 年 9 月第 4 版　　印　　次:2016年12月第21次印刷
书　　号:ISBN 978-7-313-02117-5 /TB
定　　价:37.00 元

前言 Preface

本书是为高等职业教育工程力学课程编写的教材。

在编写本书时，编者本着高等职业教育的特色和"必需、够用"的原则，在参考大量教材以及前三版10余年使用的基础上，对教材内容作了精心的修订和编排。书中减少了不必要的数理论证和数学推导，进一步突出了实用性。通过慎重考虑，将第三版的内容进行了部分调整。全部教学内容分为三篇：第一篇为静力学；第二篇为材料力学；第三篇为运动学和动力学。通过以上内容的教学，力图为读者掌握物体的受力分析，掌握构件的强度、刚度、稳定问题，掌握基本的机械运动规律，提供必要的工程力学理论及计算方法。

本书由戴克良任主编，戴月红、臧薇和于明任副主编。第1、2、3章由于明编写，第4、5、9章由臧薇编写，第6、7、8、10章由戴月红编写，第11、12、13、14、15、16、17章由戴克良编写。马贵飞主审。

本书可作为高职高专机械、建筑、化工、纺织、地质和水利等专业教材，也可供相关工程技术人员参考。

由于编者水平有限，加之编写时间仓促，书中存在的缺点和错误，恳请广大教师、读者批评指正。

编 者

2014 年 7 月

目 录 Contents

第2篇　材料力学

绪 论 Exordium

0.1 工程力学的内容

本书所述"工程力学"包括以下三个方面内容:

1. 静力学

研究物体处于特殊的运动状态——平衡状态时受力的规律。

2. 材料力学

研究物体在外力作用下的变形规律。外力会使物体产生变形,进而产生内部力,当内部力超过限度会引起各种失效,材料力学就是研究怎样合理地避免失效。

3. 运动学和动力学

研究物体处于各种运动状态时的运动规律和受力规律。

在工程设计中这三部分内容都会遇到。在设计机械的零、部件和工程结构的构件时,首先遇到的问题是在确定的工作载荷下,它们将各受到什么力? 我们可以运用静力学知识对处于平衡状态或近似平衡状态的零、部件和构件进行受力分析,并根据平衡条件求出这些力。其次是在不同力的作用下,它们将会发生怎样的变形? 这些变形对它们正常工作会产生什么影响? 我们可以应用材料力学知识合理地设计出零、构件的形状和尺寸等。此外,我们还要根据运动学、动力学知识考虑零、构件在工作中受到附加载荷时(如机器开启和突然停止时),运动状态会产生的变化,这些变化对零、构件产生的影响等。

具体的工程设计还必须综合运用各类专业知识,但它们都以工程力学为基础来分析和解决的。工程力学是以数学为工具的,通常我们将实际力学问题抽象为力学模型,根据其上的力学量的数量关系建立方程,由已知的量求出未知的量。

0.2 工程力学的研究对象和模型

1. 研究对象是受力物体

本课程的研究对象:机器的零、部件或工程结构的构件等受力物体。在具体研究受力物体的不同方面问题时要将其抽象为不同模型:刚体和变形体。

2. 刚体

当研究受力物体处于平衡状态和其他运动状态时的受力规律、运动规律时(静力学、运动学和动力学),力在受力物体上产生的微小变形忽略不计,这时受力物体被抽象为刚体。

3. 变形体

当研究受力物体在外力作用下的变形规律(材料力学)时,微小变形必须考虑,这时的受力物体为变形体。

0.3 学习方法

(1) 理解公理、定律。

(2) 记住定理、公式的结论,并能用定理、公式解决问题。

(3) 学完一课、一个章节、一个分支、全部内容后及时总结。

(4) 课前预习、上课听讲(记录提纲)、课后复习作业,作业按格式要求做。

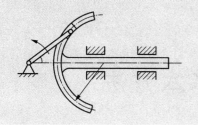

引 言

1 静力学研究什么

静力学研究物体处于平衡的运动状态时,其受力的规律。

物体平衡的运动状态是指物体相对于参考系(一般指地面)保持静止或作匀速直线运动。如图 1-1 所示,桥式吊车在静止和匀速直线运动时都处于平衡状态。

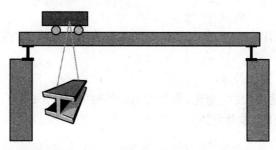

图 1-1

处于平衡状态时物体的受力规律包括:受力分析、力系的简化、平衡的条件等等。

2 静力学的主要内容

静力学基本概念和基本方法;

各种平面力系的简化和平衡条件;

刚体系统的平衡问题;

考虑摩擦的平衡问题;

空间力系的简化和平衡条件。

3 静力学的重要性

静力学是材料力学的基础,也是动力学和正确进行各类工程设计的基础。

第1章

静力学的基本概念和基本方法

学习目标

掌握静力学的一些基本概念：力、平衡、刚体、静力学公理、约束等，同时掌握静力学的基本方法——受力分析法。

1.1　静力学的基本概念

1.1.1　力的基本概念

1. 力的定义

力是物体间的相互作用，它能使物体的运动状态发生改变或使物体发生变形。

2. 力的作用效应

力作用在物体上产生两种效应：

使物体运动状态（速度）发生变化，称为力的运动效应，如图1-2(a)所示；

使物体形状发生变化，称为力的变形效应，如图1-2(b)所示。

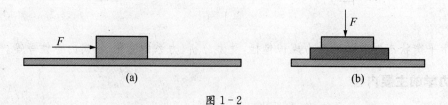

图1-2

在研究静力学、运动学和动力学问题时，只考虑力的运动效应，这时物体称为**刚体**。在研究材料力学问题时，应同时考虑力的运动效应（一般为平衡状态时）和变形效应，这时物体称为**变形体**。

3. 力的三要素

力对物体的作用效应取决于力的大小、方向与作用点，我们称之为力的三要素。

4. 力是矢量

其效应同时取决于大小、方向的物理量称为矢量，力是矢量，另外如速度、加速度等也是**矢量**。其效应只取决于大小，不取决于方向的物理量称为**标量**，如长度、时间、质量等。

表示方法：

（1）符号法：普通字母加箭头$\vec{F}$、$\vec{P}$、$\overrightarrow{AB}$或黑体字母 **F**、**P**、**AB**，其中普通字母 F、P、AB 等只表示力的大小，即力的模。

（2）几何法：有向线段加普通字母 F、P、AB 等，如图 1-3 所示。

（3）解析法：力 **F** 在坐标轴上的投影（F_x、F_y），如图 1-4 所示。

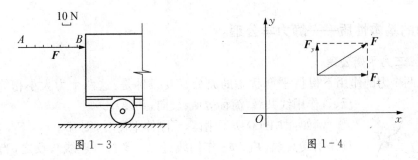

图 1-3　　　　　　　　　　　　　图 1-4

　　力的单位：采用国际单位制时为：牛顿　N、千牛　kN

　　　　　　　采用公制时为：千克力　kgf

　　　　　　　$1\ \text{kgf} = 9.8\ \text{N}$

5. 力系

作用在物体上的一群力称为力系。

平面力系：各力作用线均在同一平面内。根据各力作用线的关系，可分为平面一般力系、平面力偶系和平面汇交力系。

空间力系：力的作用线分布于三维空间，按照力的作用线的分布不同，空间力系可分为空间一般力系、空间力偶系、空间汇交力系，如图 1-5 所示。

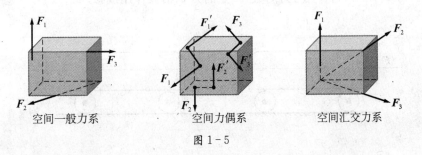

空间一般力系　　　　　　空间力偶系　　　　　　空间汇交力系

图 1-5

　　等效力系：作用在刚体上的原力系用另一力系代替，而不改变运动效应，该力系称为原力系的等效力系。

　　力系的合力：作用在刚体上的原力系用另一力代替，而不改变运动效应，该力称为原力系的合力。而原力系中各个力称为分力。求力系的合力又称力系的简化或力系的合成。

1.1.2　平衡的概念

　　平衡的定义：前面已经提到，工程上将物体相对于参考系保持静止或作匀速直线运动的状态称为平衡。平衡是一种特殊的运动状态。

　　平衡力系：若物体在力系作用下处于平衡状态，这种力系称为平衡力系。

平衡条件:使刚体保持平衡状态的力系里,各力间满足的条件称为平衡条件。

1.1.3 刚体的概念

力作用在物体上既有运动效应,又有变形效应。在研究物体的静力学问题时,忽略力作用在其上产生的微小变形效应,只考虑其运动效应,这时物体称为刚体。刚体是一种理想化了的力学模型。

1.1.4 力的基本性质——静力学公理

公理1 二力平衡公理

刚体在两个力的作用下保持平衡状态的充分必要条件是:这两个力大小相等、方向相反、且作用线共线(简称等值、反向、共线)。

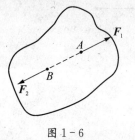

图 1-6

例如:图1-6所示刚体,当刚体平衡时,则有 $F_1 = F_2$,方向相反且作用线共线(F_1、F_2 作用线过 A、B 两点连线);反之,当有 $F_1 = F_2$,方向相反且作用线共线时,刚体保持平衡。

推论:二力构件

工程上将只受两个力作用下处于平衡状态的物体称为二力构件,如图1-6所示。二力构件上的两力一定大小相等、方向相反、且作用线共线。若二力构件为不计自重的杆件,又称为二力杆。

公理2 加减平衡力系公理

在作用于刚体的原有力系上,加上或减去任何平衡力系,不改变原力系对刚体的作用效应。

推论:力的可传性原理

力可以在刚体上沿其作用线移至刚体内的任意一点而不改变它对刚体的作用效应。

例如,在图1-7中,将作用于小车上 A 点的力 F 沿其作用线移动到 B 点,不会改变其作用效应。

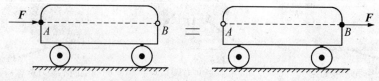

图 1-7

决定刚体运动效应的力的三要素可以叙述为:大小、方向(箭头指向)、作用线。其实我们也可以把作用线位置和箭头指向统称为方向。

需要指出的是:力的可传性原理只适用于刚体,不适用于变形体。另外,力沿作用线移动只能移至该刚体内各点,而不能移到其他刚体上。

公理3 力的平行四边形法则(力的合成和分解法则)

同一个点作用两个力的效应可用它们的合力来等效。该合力作用于同一点,方向和大小由两个分力为邻边所构成的平行四边形的对角线确定。这就是**力的平行四边形法则**,该法则也是其他矢量(速度、加速度等)合成和分解的基本法则。如图1-8(a)所示,作用于同一点两力 F_1、F_2 的合力为 R。

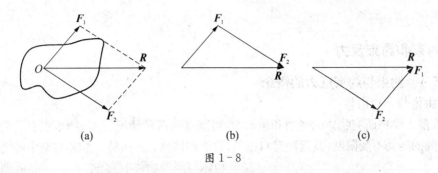

图 1-8

力的合成法则也可写成数学矢量表达式：$R = F_1 + F_2$

由图 1-8(b)、(c)可见，在求合力 R 时，实际上不必做出整个平行四边形，只要将 F_1、F_2 或 F_2、F_1 两个力方向不变地首尾相连，即紧接着第一个力的末端画出第二个力，那么连接第一个力的始端和第二个力的末端的矢量就是合力 R。由 F_1、F_2、R 构成的三角形称为力三角形，这一合成方法称为**力的三角形法则**。

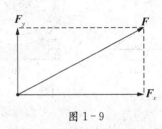

图 1-9

反之，一个力的作用效应可用它的两个分力来等效。将一个力用平行四边形法则来分解时，结果有无数种，其中正交分解得到的分力是最重要的。如图 1-9 所示，力 F 正交分解的两个分力为 F_x、F_y。

推论：三力平衡汇交定理（三力构件）

刚体受到同一平面内不平行的三个力作用而平衡的充分必要条件是：这三个力的作用线一定汇交于同一点，且力三角形封闭（即合力为零），如图 1-10(a)所示，刚体上 A、B、C 三点分别受作用线共面不平行的三个力 F_1，F_2，F_3 作用而平衡，则 F_1，F_2，F_3 必汇交于同一点 O，且组成的力三角形封闭，如图 1-10(b)所示（合力为零）。

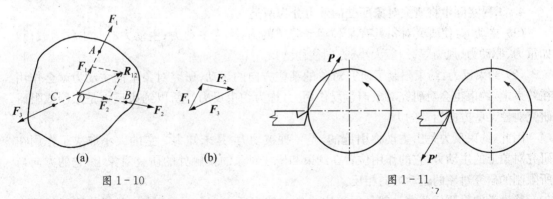

图 1-10   图 1-11

公理 4 作用与反作用公理

两个物体间相互作用的力，总是大小相等、方向相反，在同一作用线上，但分别作用在两个物体上。如图 1-11 所示为车刀在工件上切槽，车刀作用于工件上的切削力 P 与工件反作用于车刀上的力 P' 一定等值、反向、共线。

注意：二力平衡公理中的两个力作用在同一刚体上，而作用力与反作用力分别作用在两个不同的物体上。

以上这些概念和公理是受力分析的基础，但要进行受力分析还必须学习约束与约束反力的概念。

1.1.5　约束和约束反力

1.1.5.1　约束与约束反力的概念

1. 自由体与非自由体

我们在静力学中研究物体的受力和运动时,可能遇到两种情况:一是物体没有与周围物体接触,在空间的运动不受限制,其运动是自由的,这类物体称为自由体。如飘在空中的气球。

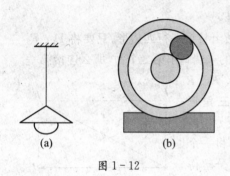

图 1-12

二是物体与周围物体有接触,在空间的运动受到周围其他物体的限制,这类物体称为非自由体。如沿马路行驶的汽车。

2. 研究对象和约束

静力学中在研究非自由体的受力和运动时,把要进行研究的物体称为**研究对象**;把限制研究对象某些方向运动的周围其他物体,也即与研究对象接触的周围物体称为**约束**。约束是随研究对象而定的。如图 1-12(a) 所示绳和灯,若灯是研究对象,绳就是它的约束,反之,绳是研究对象,灯就是其约束。

3. 约束反力

(1)概念:既然约束限制了研究对象的某些运动,所以一定受到研究对象的作用力;同时,约束也有反作用力作用于研究对象上,称为约束反力。

(2)举例:如图 1-12(b)所示,考察圆槽中圆柱体的运动,它在圆槽内的运动形式取决于两种力的共同作用:一是使其产生运动趋势的力,如重力、驱动力等,称之为主动力;二是周围接触物体对其运动限制的力,称之为约束反力,简称约束力、支反力或反力。

4. 工程实际中将研究对象所受的外力分为两类

(1)主动力:使研究对象具有某种运动趋势的力,称为主动力;主动力有时也称为载荷,如重力、驱动力、风力等;一般大小、方向往往已知。

(2)约束反力:约束限制了研究对象的某些方向的运动,研究对象上的主动力就会作用在约束上,约束也会对研究对象产生反作用力,称为约束反力。所以约束反力是限制或阻碍研究对象某些方向运动的力。

因此,约束反力是由主动力引起的,是一种被动力,是未知力。它的大小取决于作用在研究对象上的主动力;它的作用位置在约束和研究对象的接触处的研究对象上;它的方向与所限制的研究对象的运动方向相反。

静力学的重要任务之一就是要确定未知的约束反力方向(作用线位置或作用线位置+箭头指向)、大小。约束反力的大小由主动力通过平衡条件求得;约束反力的方向不仅与主动力有关,而且与约束的性质有关。下面介绍几种工程中常见的约束类型及其对研究对象产生的约束反力的方向。

1.1.5.2　工程上几种常见的约束类型及其对研究对象产生的约束反力的方向

判断方法:约束阻碍了研究对象哪个方向的运动,约束反力就沿其反向。

1. 柔索约束

如图 1-13(a)所示,绳索对重物的约束力 T_1, T_2;如图 1-13(b)所示,皮带对皮带轮的约束力 T_1, T_2 都是属于柔性约束力。

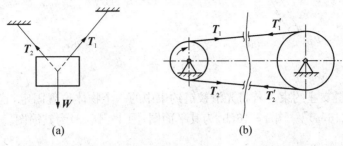

图 1-13

组成:研究对象—物体;约束—柔性绳索、胶带或链条等柔性物体构成(这类物体的特点是只能受拉,不能受压和弯曲)。

约束特点:限制了研究对象沿约束中心线拉长方向的运动。

约束反力方向:作用在接触点,方向沿着柔性约束的中心线背离研究对象的拉力。通常用 T 表示。

与柔性约束相对的,下面再介绍几类工程上常见的不考虑摩擦的刚性约束。

2. 光滑面约束

光滑平面或曲面限制物体某些方向运动时,称为"光滑面约束"。如图1-14(a)所示,光滑物块除受重力 P 外,还受光滑平面给其约束力 N;如图1-14(b)所示,光滑小球除受重力 P 外,还受光滑曲面给其约束力 N,都属于光滑面约束。

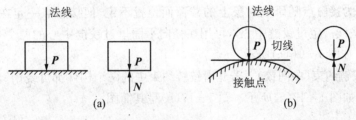

图 1-14

组成:研究对象——物体;约束——光滑接触面。

约束特点:不论接触面是平面或曲面,都不能阻碍研究对象沿接触面切线方向的运动,或沿着接触面的公法线背离约束方向的运动,而只能阻碍研究对象沿着接触面的公法线指向约束方向的运动。

约束反力方向:通过接触点,沿着接触面公法线,指向研究对象的压力,通常用 N 表示。

3. 光滑铰链约束

如图 1-15 所示,两个具有相同直径圆孔的物体,用圆柱销钉相连接,销钉与物体上圆孔的接触面均是理想光滑的。两者可绕圆柱销钉轴向自由转动,但不能沿圆柱销钉径向移动,圆柱销钉对两者的径向移动形成约束。常见的有:

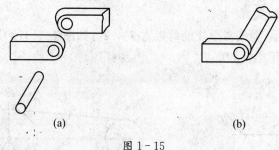

图 1-15

(1) 固定铰链支座约束。若将光滑铰链约束中的一个物体位置固定,就构成了固定铰支座约束[见图 1-16(a)]。图 1-16(b)为其平面图;图 1-16(d)为其简图。

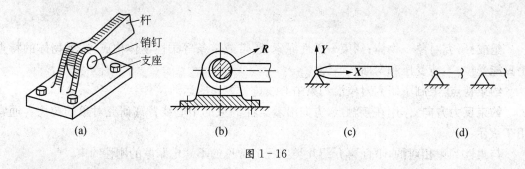

图 1-16

组成:研究对象——活动构件;约束——圆柱销(+固定构件)。

约束特点:限制了研究对象在圆柱销径向平面里沿接触点公法线指向圆柱销的径向移动,等同于光滑面约束。

约束反力:所以约束反力 **R** 一定在径向平面里沿接触点公法线指向研究对象,但不能预先确定方位(因为接触点随研究对象上的载荷而位置不定,但接触点一定在铰链圆周上,所以接触点的公法线一定过铰链中心),可用在径向平面里过铰链中心的两个互相垂直的分力(**X**、**Y**)来表示,如图 1-16(c)所示。

(2) 活动铰链约束(中间铰)。若光滑铰链约束中的两个构件都可绕销钉自由转动,称为活动铰链约束,如图 1-17(a)所示。图 1-17(b)是其简图。

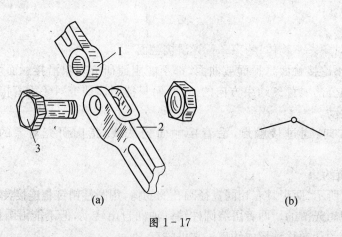

图 1-17

组成:研究对象——任一活动构件;约束——圆柱销(十另一活动构件)。

约束特点及约束反力的分析与固定铰链支座约束类似。

(3) 可动铰链支座约束(辊轴支座约束)。如图 1-18(a)所示,如果在固定铰链支座底部用几根辊轴安放在光滑支承面上,就称为可动铰链支座约束。该约束等同于光滑面约束,不限制对象沿支承面的切向移动,但限制对象沿支承面法线方向的移动。所以约束反力 R 为沿支承面法线方向,通过铰链中心的一个力,如图 1-18(b)所示。图 1-18(c)是辊轴支座的几种简图画法。

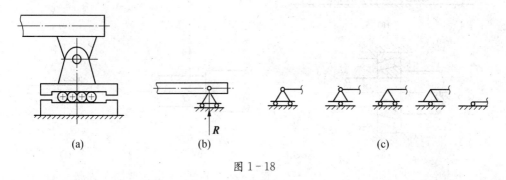

图 1-18

(4) 球铰链约束。球铰链约束是一种空间约束,图 1-19(a)为其实物结构图,被约束的构件也即研究对象——球形端部,约束——有一球窝的固定底座,球形端部可在球窝内自由转动,但不能在空间任意方向移动。与铰链约束类似,研究对象受到的约束反力也为通过球心、方向不定的力,可用沿空间坐标轴 xyz 方向的三个分量来表示,如图 1-19(b)所示。图 1-19(c)为其简图。

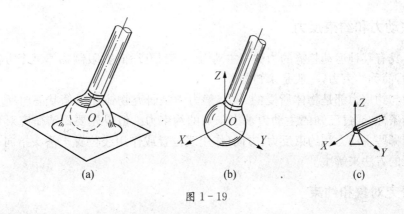

图 1-19

(5) 轴承约束。轴承是机器中支承轴的重要部件,常用的有“径向轴承”和“向心推力轴承”。

组成:研究对象——轴;约束——轴承

约束特点及约束反力的分析:径向轴承,图 1-20(a)是其径向平面结构图,与光滑铰链约束类似,只是研究对象和约束正好与之相反,约束(径向轴承)限制研究对象(轴)的径向移动,不限制轴的转动,则轴承对轴的约束力 R 也在径向平面里过轴承中心且方向不定,可用径向平面中两互垂直两分量 X、Y 表示,如图 1-20(b)所示。图 1-20(c)是其简图。

向心推力轴承,图 1-20(d)是其轴向平面结构图,向心推力轴承限制轴的径向移动和轴向移动,则轴承对轴的约束力可用空间直角坐标系中三个分量 X、Y、Z 表示,如图 1 - 20(e) 所示。图 1 - 20(f)是其简图。

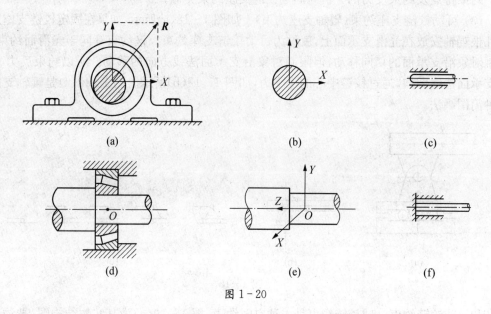

图 1 - 20

4. 固定端约束

这种约束及其约束力将在第 2 章中介绍。

1.2 静力学的基本方法——受力分析

1.2.1 主动力和约束反力

使物体具有某种运动趋势的力称为主动力,一般是已知的;限制物体某个方向运动的力为约束反力,简称约束力,一般是未知的。

主动力与约束力都是物体所受的外力,静力学是研究物体在平衡状态时所受各外力应满足的平衡条件,通过已知的主动力求出未知的约束力。但首先要搞清研究对象处于平衡状态时受到哪些主动力和约束反力,方向(作用线位置或作用线位置+箭头指向)如何,我们用受力分析的方法来解决。

1.2.2 研究对象和约束

要研究其受力和运动的物体称为研究对象。和研究对象接触且限制其某些方向运动的周围物体称为研究对象的约束。

1.2.3 受力分析——隔离体和受力图

1. 受力分析

就是找出研究对象上所受的所有外力:包括主动力和约束力。

2. 受力分析的步骤

(1) 取研究对象:将研究对象周围的约束全部解除,单独画出其轮廓简图,这种解除了约束并被分离出来的研究对象也称为隔离体,所以又称解除约束、取隔离体;研究对象可以是一个物体,可以是物体内的某一部分,也可以是几个物体的组合或整个物体系统。

(2) 受力分析:在取出的隔离体的轮廓简图上找出并画出其受到的所有主动力和约束力(作用线位置或作用线位置+箭头指向),得到隔离体的受力图。

上述步骤也可简称为:①取隔离体;②画受力图。

例 1.1　缆车通过钢缆绳牵引重为 G 的小车沿斜面上升,如图 1-21(a)所示,设小车轮与斜面间的摩擦忽略不计。试画出小车的受力图。

分析:按受力分析题解题步骤:

① 取小车为研究对象,解除其周围钢缆与光滑斜面约束,作为隔离体单独画出。

② 受力分析:找出其所受主动力为重力 G,作用在重心 C 点;约束反力为:钢缆绳对小车为柔索约束,约束力为拉力 T,方向沿钢丝绳;斜面对小车为光滑面约束,约束力为压力 N_A,N_B,方向为沿小车与斜面的接触点 A、B 的法线指向小车[见图 1-21(b)]。

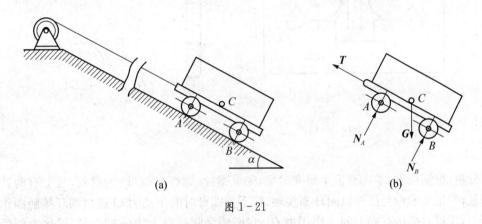

图 1-21

例 1.2　梁 AB 两端用固定铰支座和可动铰支座支承,如图 1-22(a)所示,在梁的 C 处受集中载荷 P,梁自重不计,试画出梁 AB 的受力图。

分析:① 取梁 AB 为研究对象。

② 受力分析:梁 AB 所受主动力为 P;约束反力为:A 端固定铰支座,对梁 AB 产生的约束反力可用正交分解的 X_A,Y_A 表示,B 端是支承于斜面上的可动铰支座,对梁 AB 产生的约束反力为垂直于支承面的力 N_B。受力分析如图 1-22(b)所示。

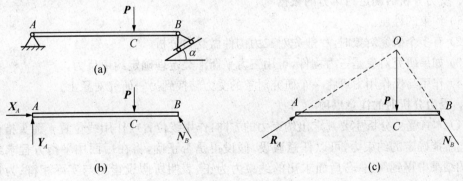

图 1-22

13

梁 AB 的受力图还可画成图 1-22(c) 所示。由于梁受到同一平面内不平行的三个力:主动力 **P**(方向已定)、B 端约束反力 N_B(方向已分析出)、A 端约束反力 R_A(方向未定)的作用而保持平衡状态,根据三力平衡汇交定理可知,**P**、R_A、R_B 三力作用线必汇交于一点。可由 **P** 与 N_B 两力的交点 O 确定这点,则 R_A 一定也过 O 点。

例1.3 如图 1-23(a) 所示为一铣床上所用的夹紧工件的夹具。当拧紧螺母时,压板便在工件 1 和 2 上施加压力,使之压紧。假设螺母与压板之间、压板与工件之间以及工件与底座之间均为光滑面接触,试画出螺栓、压板与工件 1 的受力图。

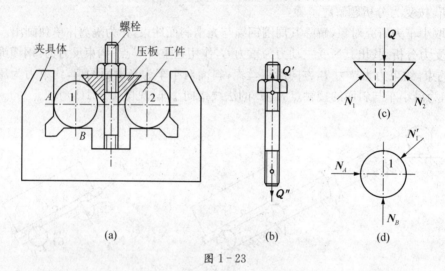

图 1-23

分析:根据所求,本例有多个研究对象,先取螺栓(螺杆+螺母)为对象,其上有两处与外界接触,一是其螺母与压板以圆环面接触,往下拧螺母时的主动力 Q 通过圆环接触面作用在压板上,压板对螺母有向上的反作用力 Q′,它们均为圆环面上的分布载荷,转化为作用在中心线上的集中载荷来看待(以后碰到分布载荷都要转化为集中载荷来处理);另一是螺栓底部与夹具底座的相连处,由于螺栓是二力构件,因此其底部一定受到夹具底座给它的等值、反向、共线的约束力 Q″,如图 1-23(b) 所示;压板与螺母、工件 1、2 之间均为光滑面约束,受力情况如图 1-23(c) 所示;工件与压板、夹具底、壁之间也为光滑面约束,受力情况如图 1-23(d) 所示,工件与压板之间的约束力互为作用反作用力。

通过以上例题我们可以总结出:

3. 受力分析时确定约束力的依据

(1) 约束的性质。

(2) 有多个研究对象时,一般先对二力构件做受力分析。

(3) 如果研究对象是三力构件,可用三力平衡汇交定理确定约束反力。

(4) 作用与反作用力可将一个研究对象的受力转换到另一研究对象上。

4. 受力分析时的注意事项

(1) 本章受力分析主要判定出约束力的方向:作用线位置或作用线位置+箭头指向。箭头指向不能确定的约束力,可以任意假设,假设得是否正确,将在后面用平衡方程求约束力大小的结果中得到纠正,若后面求出的约束力为正,表明所假设指向与实际相符;为负则假设指向与实际相反。

（2）给力起名字时，二力构件所受两力、作用与反作用力字母尽量一致，只在上、下标上区别。

（3）受力分析问题是静力学各类典型题型中的第一类重要题型，要求各类题型都按固定格式书写，有助于形成各类题型的解题思路。

 小结

1. 静力学的基本概念

（1）三个基本概念：力的概念；刚体的概念；平衡的概念。

（2）四个公理：二力平衡公理；加减平衡力系公理；力的平行四边形法则；作用与反作用公理。

（3）三个推论：二力构件；力的可传性原理；三力构件。

（4）约束与约束反力

2. 静力学基本方法

受力分析法，掌握受力分析问题的解题思路步骤和格式。

 习题

1.1 图 1-24 中球的重量为 G，假设球与支承面之间为光滑接触。试画出球的受力图。

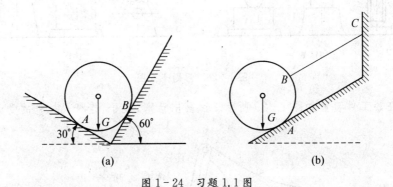

图 1-24　习题 1.1 图

1.2 图 1-25 中物体 AB 与接触面之间为光滑接触，DC 为绳索。设 AB 重量为 G。试画出 AB 的受力图。

1.3 试画出图 1-26 中 AB 梁的受力图（梁的自重忽略不计）。

1.4 试画出下列三角架中 B 处销钉和各杆的受力图（如图 1-27 所示）。各杆的重量忽略不计。

1.5 图 1-28(a)，(b)所示为两种夹紧工件的装置，当拧紧螺钉图 1-28(a)或螺母图 1-28(b)时，压板将压紧工件。设压板与工件、螺钉或螺母与压板之间均为光滑接触。试画出螺钉或螺栓、压板的受力图。

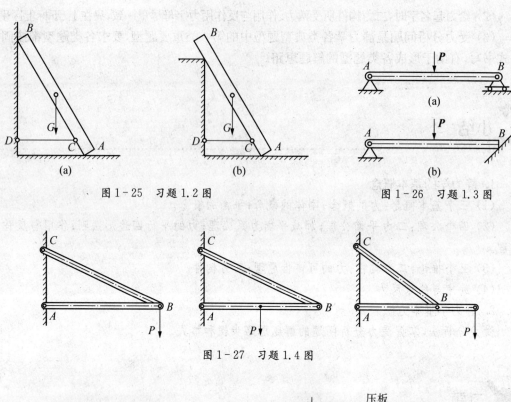

图1-25 习题1.2图

图1-26 习题1.3图

图1-27 习题1.4图

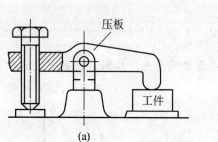

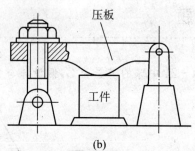

图1-28 习题1.5图

1.6 油压夹紧工件装置如图1-29所示。试画出活塞、滚子、连杆及杠杆的受力图。

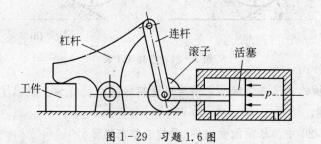

图1-29 习题1.6图

第2章

平面力系

学习目标

....

本章研究在各种不同的平面力系作用下物体的平衡条件,并求解约束反力的大小。

平面力系:作用于物体的各力的作用线在同一平面内的力系。

平面力系的分类:根据平面力系中各力的作用线的分布不同,可以将平面力系分为平面一般力系(各力的作用线在平面上任意分布)和平面基本力系(各力的作用线特殊分布)。平面基本力系有两种:平面汇交力系和平面力偶系。平面基本力系是平面一般力系的特例。下面分别研究这三种平面力系作用下的平衡条件。

2.1 平面汇交力系及其合成和平衡条件

2.1.1 平面汇交力系的概念

平面力系中所有力的作用线均汇交于一点时,称为平面汇交力系,以下简称汇交力系。图2-1所示螺栓环受力;图2-2所示桥梁桁架杆汇交节点上的受力等,都是汇交力系。图2-3(a)所示为汇交力系作用于刚体上的一般情形。

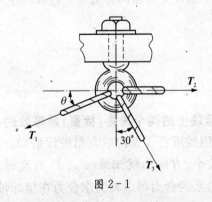

图 2-1

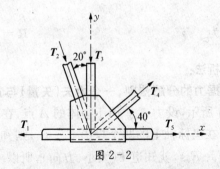

图 2-2

2.1.2 平面汇交力系的简化(合成)

1. 力系简化的概念

在等效的前提下,求出力系的合力。力系的简化又称力系的合成。

2. 汇交力系简化的方法

先根据力的可传性原理将力系中各力沿作用线移到汇交点 O,然后用几何法或解析法合成。

几何法:如图 2-3(a)所示作用于刚体上的汇交力系 F_1、F_2、F_3、F_4,各力的作用线汇交于 O 点,先将力系中各力沿作用线移到汇交点[见图 2-3(b)],再利用力平行四边形法则:先将 F_1 和 F_2 合成得合力 R_{12},再将 R_{12} 和 F_3 合成得合力 R_{123},如此依次将力系中的各力两两合成,最后得整个汇交力系的总合力 R[见图 2-3(c)];或按力矢量多边形法则:将力系中各力按照顺序首尾相接,连接第一个力的起点到最后一个力的终点的有向线段即为合力 R 如图 2-3(d)。

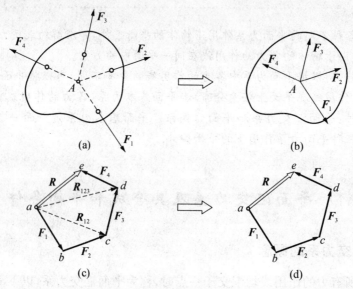

图 2-3

上述方法可推广到汇交力系有 n 个力的情形,即平面汇交力系的合力等于力系里各力的矢量和,其数学表达式为:$R = F_1 + F_2 + \cdots + F_n$

或简写为

$$R = \sum_{i=1}^{n} F_i \qquad\qquad (2-1)$$

解析法:

根据力的分解法则,一个力矢(矢量)与它在坐标轴上的两个投影(标量)是等效的:如图 2-4 所示,设力 F 作用于物体的 A 点,在力 F 作用线所在平面内取直角坐标系 Oxy,可得力 F 在坐标轴上的两个投影 F_x、F_y,则知道 F(大小、方向),就知道 (F_x,F_y);反过来,知道 (F_x,F_y),就知道 F(大小、方向),所以求汇交力系的合力可以转为求合力在坐标轴上的两个投影。

将一平面汇交力系中各力和其合力均向坐标轴投影:考察一个简单的例子:如图 2-5 所示,汇交力系 F_1 和 F_2 以及它们的合力 R,过汇交点建立 x 轴,将 3 个力分别投影到 x 轴上,显然有:$R_x = F_{x1} + F_{x2}$

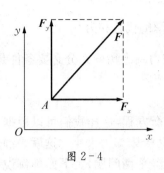

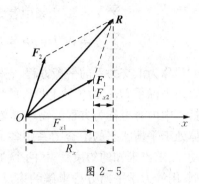

图 2-4 图 2-5

由此得到一种求汇交力系合力的解析法:过汇交力系的汇交点建立一坐标系:Oxy,将各个力分别投影到两坐标轴上,则一定有

$$R_x = F_{x1} + F_{x2}$$
$$R_y = F_{y1} + F_{y2}$$

推广到一般情形,汇交力系 $\boldsymbol{F}_1$、$\boldsymbol{F}_2$、$\cdots$ $\boldsymbol{F}_n$,其合力为 $\boldsymbol{R}$,过汇交力系的汇交点建立一坐标系:Oxy,将各个力分别投影到两坐标轴上,则一定有

$$R_x = F_{x1} + F_{x2} + \cdots + F_{xn} = \sum_{i=1}^{n} F_{xi} = \sum x_i$$
$$R_y = F_{x1} + F_{x2} + \cdots + F_{xn} = \sum_{i=1}^{n} F_{yi} = \sum y_i$$

(2-2)

可简写为

$$R_x = \sum x$$
$$R_y = \sum y$$

(2-3)

也即合力在坐标轴上的投影(R_x、R_y)=力系中各力 $\boldsymbol{F}_i$ 在该轴上投影(x_i、y_i)的代数和($\sum x$、$\sum y$)。

所以用解析法求汇交力系的合力 $\boldsymbol{R}$,根据力的分解法则,只要求出合力在坐标轴上的投影(R_x、R_y),而合力在坐标轴上的投影等于汇交力系中各分力在同一坐标轴上投影的代数和。

2.1.3 平面汇交力系的平衡条件及应用

1. 平衡条件

平面汇交力系平衡的充分必要条件:力系的合力等于零。其数学表达式为

$$\boldsymbol{R} = \sum_{i=1}^{n} \boldsymbol{F}_i = 0$$

(2-4)

2. 几何式

力系的合力等于零,也即汇交力系的力多边形封闭。

3. 解析式

力系的合力等于零,也即

$$\sum x = 0(力系中各力在 x 轴上投影的代数和为 0)$$

$$\sum y = 0(力系中各力在 y 轴上投影的代数和为 0)$$

(2-5)

这组方程称为汇交力系的平衡方程,它表明平面汇交力系平衡的充分必要条件是:力系中各力在直角坐标系 Oxy 的各轴上投影的代数和分别等于零。

式中括号中内容也称为方程的物理含义。

让物体处于平衡状态的汇交力系中各力一定满足平衡方程,这样我们可以根据力系中已知的主动力、求出未知的约束反力,两个方程可以解出两个未知力大小。这就是静力学的第二类题型:用静力学平衡方程求解约束反力问题(简称静平衡问题)。下面举例说明这类题型的解题步骤和格式:

例 2.1 在如图 2-6(a)所示装置中,用重物的重量 W 平衡缆绳中点悬挂重物的重量 P。求:W 与 P、l、h 之间的关系。

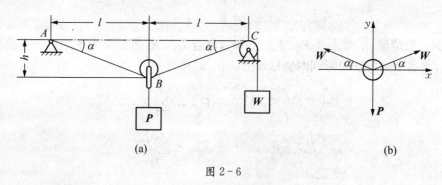

图 2-6

分析:这类题型分析三方面内容:

① 确定研究对象:选中间滑轮及两侧缆绳整体为研究对象;

② 研究对象上受力分析如图 2-6(b):主动力 P,约束力为两边缆绳的拉力,根据缆绳的柔性约束性质,绕过滑轮两侧的缆绳均受拉力,且二者均等于重力 W;

③ 如何设坐标、列平衡方程:坐标一般按通常,水平方向为 x 轴,垂直方向为 y 轴,也可根据物体具体受力设成其他方向,总的原则是让坐标轴的方向尽量与物体所受力的方向一致,这样力在坐标轴上的投影简单。列出平衡方程时注意方程中正负号的确定原则——若力在坐标轴上的投影方向与所设坐标轴正方向一致为正,相反为负。

解:① 选中间滑轮及两侧缆绳整体为研究对象;

② 受力分析:主动力:P

约束反力:W、W;

③ 建坐标系如图,列平衡方程:

$$\sum x = W\cos\alpha - W\cos\alpha = 0 \quad (自然满足)$$

$$\sum y = 2W\sin\alpha - P = 0$$

其中

$$\sin\alpha = \frac{h}{\sqrt{h^2 + l^2}} = \frac{1}{\sqrt{1 + \left(\dfrac{l}{h}\right)^2}}$$

解得：
$$W = \frac{P}{2}\sqrt{1 + \left(\frac{l}{h}\right)^2}$$

例 2.2 二杆组成的支架如图 2-7(a)所示，A、B、C 三处均为铰链连接，在 A 点悬挂重量为 Q 的重物，若 AB、AC 杆的自重忽略不计。求：AB、AC 杆受的力。

分析：要求 AB、AC 杆受的力，先取它们为研究对象，因为 A、B、C 三处均为铰链连接，所以 AB、AC 杆均为二力杆，受力分析分别如图 2-7(b)。其上两力均为未知，无法由平衡方程求得，必须再取 A 处销钉为研究对象，其上既有已知的主动力 Q，又有未知的约束力：AB、AC 杆对其约束力 $\boldsymbol{R}_{AB}$ 和 $\boldsymbol{R}_{AC}$，它们与 AB、AC 杆受的力 $\boldsymbol{R}'_{AB}$、$\boldsymbol{R}'_{AC}$ 分别为作用与反作用关系，故两者的作用线均沿各杆轴线方向并与 $\boldsymbol{R}'_{AB}$、$\boldsymbol{R}'_{AC}$ 相反。销钉 A 的受力分析如图 2-7(c)所示。建坐标系，因为 $\boldsymbol{R}_{AB}$ 和 $\boldsymbol{R}_{AC}$ 的方向互相垂直，故可将 x、y 坐标轴取为与 $\boldsymbol{R}_{AB}$、$\boldsymbol{R}_{AC}$ 作用线方向一致，如图 2-7(c)所示。

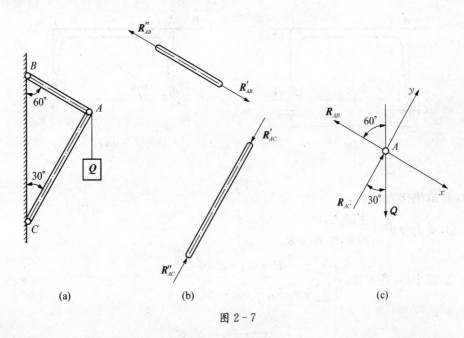

(a)　　　　　　(b)　　　　　　(c)

图 2-7

解：① 选 A 铰链为对象，

② 受力分析：主动力：$\boldsymbol{Q}$，

约束力：$\boldsymbol{R}_{AB}$、$\boldsymbol{R}_{AC}$

③ 建坐标，列方程：$\sum x = -R_{AB} + Q \cdot \sin 30° = 0$

$$\sum y = R_{AC} - Q \cdot \cos 30° = 0$$

解得：
$$R_{AB} = 0.5Q$$
$$R_{AC} = 0.866Q$$

则
$$R'_{AB} = R_{AB} = 0.5Q$$
$$R'_{AC} = R_{AC} = 0.866Q$$

注意：R'_{AB}、R'_{AC} 不为 $-0.5Q$、$-0.866Q$，因为结果中正负号表达的是受力分析时所假设的未知力的箭头指向与实际指向相同还是相反，R_{AB} 是正的，说明受力分析时所假设箭头指向和实际相同，则其反作用力 R'_{AB} 的箭头指向也与实际一致，所以 R'_{AB} 结果也为正。

例 2.3　平面刚架各部分尺寸及受力如图 2-8(a)所示，若 P、α 为已知，且不计刚架本身的重量，求：支承 A 和 D 处的约束力。

分析：取刚架为对象，D 处为辊轴支坐，刚架在 D 处受到的约束力 R_D 应垂直于支承平面，为铅垂方向；A 处为固定铰支坐，刚架在 A 处受到的约束力 R_A 作用线方向不定，有两种处理方式：一是用正交分解的两个分量来表示 R_A；另一是用三力平衡汇交定理将 R_A 的作用线方向唯一确定，因为刚架在 P、R_D、R_A 三个力作用下平衡，这三个力的作用线必汇交于一点，P 与 R_D 作用线交于点 C，则 R_A 的作用线必沿着 AC 方向。如图 2-8(b)所示。

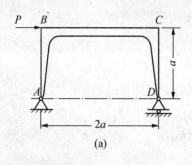
(a)

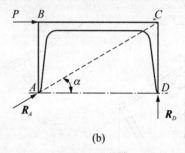
(b)

图 2-8

解：① 取刚架为对象。

② 受力分析：$\begin{cases} \text{主动力：} P \\ \text{约束力：} R_D \text{、} R_A \end{cases}$

③ 建坐标，列方程：$\begin{cases} \sum x = P + R_A \cdot \cos\alpha = 0 \\ \sum y = R_D + R_A \cdot \sin\alpha = 0 \end{cases}$

$$\alpha = \text{arctg}\,\frac{a}{2a} = 26.6°$$

解得：　　　　　　　　　　$R_A = -1.12P,\ R_D = 0.502P$

注意：所建坐标为通常方向，水平方向为 x 轴，垂直方向为 y 轴时，图中可省略不画，结果中 R_A 为负，表示受力分析时所设 R_A 箭头与实际 R_A 方向相反。

例 2.4　压紧工件的装置简图如图 2-9(a)所示，其中 A 处为固定铰支座，B、C 处均为铰链。在 B 处作用有铅垂方向外载荷 $P = 300$ N，$\alpha = 8°$，若不考虑各杆自重及接触处的摩擦力，试求 AB 和 BC 杆的受力及工件所受的压紧力。

分析：要求 AB、BC 杆受力，光取 AB、BC 杆为对象受力分析如图 2-9(b)所示，因为 AB、BC 杆两端均为铰链约束，故两者均为二力杆。再取 B 处销钉为对象如图 2-9(c)所示，可求得二杆受力。

要求工件所受压紧力，光取工件为对象受力分析如图 2-9(d)所示，工件与压头、地面和

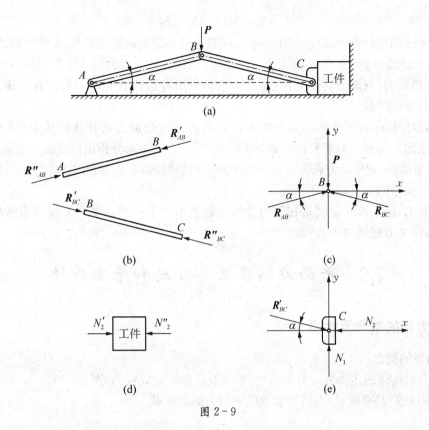

图 2 - 9

墙面之间均为光滑面约束,故其在这三个面各有一个约束力,但均为未知力,再取压头为对象如图 2 - 9(e)所示,压头所受 BC 杆约束力与 BC 杆所受力为作用与反作用关系,已求出,故可由压头的力平衡方程求出压头与工件之间的压紧力。

解:(1) 求 AB、BC 杆受力

① 取 B 处销钉为对象。

② 受力分析:主动力:P;约束力:R_{AB}、R_{BC}。

③ 建坐标,列方程:
$$\begin{cases} \sum x = R_{AB} \cdot \cos 8° - R_{BC} \cdot \cos 8° = 0 \\ \sum y = R_{AB} \cdot \sin 8° + R_{BC} \cdot \sin 8° - P = 0 \end{cases}$$

解得:
$$R_{AB} = R_{BC} = 1\,080\,\text{N}$$

所以
$$R'_{AB} = R_{AB} = 1\,080\,\text{N}$$
$$R'_{BC} = R_{BC} = 1\,080\,\text{N}$$

(2) 求工件所受压紧力

① 取压头为对象。

② 受力分析:约束力:R'_{BC}、N_2、N_1。

③ 建坐标,列方程:
$$\begin{cases} \sum x = - N_2 + R'_{BC} \cdot \cos 8° = 0 \\ \sum y = N_1 - R'_{BC} \cdot \sin 8° = 0 \end{cases}$$

解得:
$$N_2 = 1\,070\,\text{N}$$

所以 $$N_2' = N_2 = 1\,070\,N$$

通过上述例题分析,可以总结出静平衡问题这一类题型的解题思路、步骤及格式:

① 选择研究对象——当有多个研究对象时,先将所求受力的物体选为对象,若其上只有未知力,无已知力,只画出其受力图,接着再选其周围接触的既有已知力又有未知力的物体为对象进行下面两步。

② 受力分析——分析出研究对象上所有主动力和约束力的作用线位置(或作用线位置+箭头指向),约束力的箭头指向能分析出就分析出来,不能分析出就假设一个箭头指向。

③ 建坐标系,列平衡方程——注意建坐标系的原则、列平衡方程时正负号的规定及方程求解结果正负号的含义这三方面。

可以看出,静平衡问题就是在受力分析问题上增加了一步。平面汇交力系的静平衡问题较简单,两个方程解两个未知数。

2.2 平面力偶系及其合成和平衡条件

2.2.1 力矩的概念及性质

1. 力矩的概念

通常力对物体的运动效应分为两种:平动效应和转动效应,如图 2-10 所示,力对物体的平动效应用力矢 F 来度量,力的转动效应则用力矩来度量。

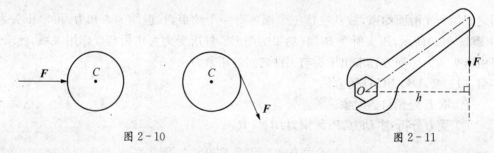

图 2-10 　　　　　　　　　　　　　　　　图 2-11

考察图 2-11 所示扳手拧螺母,作用在扳手上的力 F 使扳手绕螺母中心 O 转动的效应,不仅与 F 的大小成正比,而且与 O 点到 F 的作用线的垂直距离 h 成正比。因此,我们规定:力使物体绕 O 点转动的效应,用 Fh 来衡量,称为力 F 对点 O 之矩,简称力矩。

记作: $$m_o(F) = \pm Fh$$

其中:点 O 为矩心, h 为力臂, $\pm$ 表示物体绕 O 的转向(一般规定,逆时针转动为正,顺时针转动为负)。

在平面问题中,力矩是代数量,包含大小和转向两要素。

力矩的单位:牛顿·米(N·m)或千牛·米(kN·m)。

2. 力矩的性质

(1) 计算力矩时,不仅与力有关,还与矩心位置有关,矩心可在物体上,也可在物体外。

(2) 如图 2-12 所示,力可沿作用线任意移动而不改变力矩。

(3) 当力矩的力或力臂为零时,力矩为零。

(4) 如图 2-13 所示,互相平衡的两个力对同一点之矩的代数和为 0。

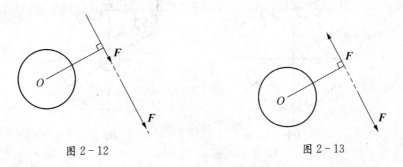

图 2-12   图 2-13

(5) 合力矩定理:合力对任意点之矩等于各分力对同一点之矩的代数和。即

$$m_o(\boldsymbol{R}) = \sum_{i=1}^{n} m_o(\boldsymbol{F}_i) \tag{2-6}$$

注意,这一定理对任意力系都成立。这一定理常用在计算力矩时,若力臂不易求出,常将力分解为两个已知力臂的正交分力,然后应用合力矩定理计算力矩。

例2.5　　力 F 按三种不同方式作用在同一扳手的 A 端,如图 2-14(a)、(b)、(c)所示。若已知 $F=150\,\text{N}$,其他尺寸如图所示,求:三种情况下力对 O 点之矩。

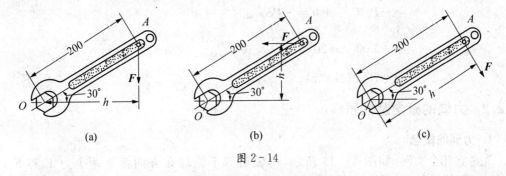

(a)   (b)   (c)

图 2-14

分析:三种情况下,力的大小、作用点及矩心均相同,但力的作用线方向不同,即力臂均不同,因此,力对 O 点之矩不同。根据力对 O 点之矩定义计算如下:

解:对于图 2-14(a)中情形:

$$m_o(\boldsymbol{F}) = -Fh = -150 \times 200 \times \cos 30° \times 10^{-3} = -21.98\,(\text{N} \cdot \text{m})$$

对于图 2-14(b)中情形:

$$m_o(\boldsymbol{F}) = Fh = 150 \times 200 \times \sin 30° \times 10^{-3} = 15.00\,(\text{N} \cdot \text{m})$$

对于图 2-14(c)中情形:

$$m_o(\boldsymbol{F}) = -Fh = -150 \times 200 \times 10^{-3} = -30.00\,(\text{N} \cdot \text{m})$$

例2.6　　图 2-15(a)为齿轮互相作用时,其中一齿轮上所受啮合力的简图。

若已知齿轮啮合力 $\boldsymbol{P} = 1\,000\,\text{N}$,节圆直径 $D = 160\,\text{mm}$,压力角 $\alpha = 20°$,压力角为啮合力与节圆切线间夹角。求啮合力 $\boldsymbol{P}$ 对齿轮轮心 O 的力矩。

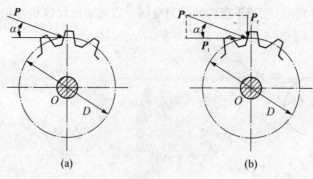

图 2-15

分析:本例有两种解法如图 2-15(b)所示,

① 直接由力矩定义表达式计算,这时力 P 对轮心 O 的力臂 $h = \dfrac{D}{2}\cos\alpha$,

② 应用合力矩定理,要计算 P 对轮心 O 之矩,先将 P 正交分解为 P_t 与 P_r,$P_t = P\cos\alpha$,$P_r = P\sin\alpha$,再求两者对轮 O 之矩的代数和。

解法 1:$m_o(P) = -Ph = -P \times \dfrac{D}{2}\cos\alpha = -1\,000 \times \dfrac{160}{2} \times \cos 20° \times 10^{-3} = -75.2(\text{N} \cdot \text{m})$

解法 2:$m_o(P) = m_o(P_t) + m_o(P_r)$

$$= -P_t \times \frac{D}{2} + 0 = -P\cos\alpha \times \frac{D}{2} + 0$$

$$= -1\,000\cos 20° \times \frac{160}{2} \times 10^{-3}$$

$$= -75.2(\text{N} \cdot \text{m})$$

2.2.2 力偶的概念及性质

1. 力偶的概念

先考察几个实例:如图 2-16 所示,驾驶员双手施加在方向盘上两个力 F 和 F',如图 2-17 所示,钳工用丝锥攻丝时双手加在铰杠上的两个力 P 和 P',都有共同点是它们大小相等、方向相反、作用线互相平行,对物体产生转动效应。

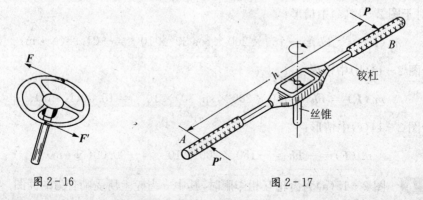

图 2-16　　　　　　　　图 2-17

将大小相等、方向相反、作用线平行但不在同一直线上的两个力组成的力系称为力偶。

符号:记作$(\boldsymbol{F}、\boldsymbol{F}')$或$(\boldsymbol{P}、\boldsymbol{P}')$。

力偶作用面:由这两力的作用线所组成的平面。

力偶臂:两力的作用线间的距离,用h表示。

平面力偶二要素:大小、转向。

力偶是由两个具有特殊关系的力组成的特殊力系,可以看成是一种特殊的力,有自身独特的性质。

2. 力偶的性质

(1) 力偶是两个力组成的力系,但两个力作用线不共线,不能简化为一个力,也不是平衡力系,力偶对物体产生转动效应。

(2) 力偶对物体的转动效应称为力偶矩:考察图 2-18 所示力偶$(\boldsymbol{F}、\boldsymbol{F}')$,$O$为其作用面内任一点,$x$,$h$均为垂直距离,$h$即为力偶臂,则力偶对任意点$O$之矩应为组成力偶的两个力对该点之矩的代数和,记作$m_o(\boldsymbol{F}、\boldsymbol{F}')$,有:

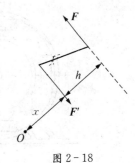

图 2-18

$$m_o(\boldsymbol{F}、\boldsymbol{F}') = m_o(\boldsymbol{F}) + m_o(\boldsymbol{F}')$$
$$= \boldsymbol{F}(x+h) - Fx$$
$$= Fh$$

可见,力偶矩与矩心O无关。为简化,同时考虑力偶的转向,力偶矩简写为m:

$$m = \pm Fh(\text{正负号规定与力矩相同}) \tag{2-7}$$

力偶矩的单位与力矩相同:牛顿·米(N·m)或千牛·米(kN·m)。

(3) 平面力偶等效变换的性质:力偶对物体的转动效应,只取决于力偶矩。可综合改变力偶中力的大小、力臂大小、在作用面内的位置等独立因素,只要力偶矩(大小、转向)不变,转动效应就不会变。

推论:

① 力偶可在作用面内任意移转而不改变其作用效应。如图 2-19 所示,两种力偶表示方法是一样的。

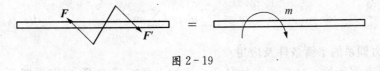

图 2-19

② 只要力偶矩不变,可同时改变力偶中的力、力臂,而不改变其作用效应。

③ 力偶可在相互平行的平面内移动而不改变其作用效应。所以力偶可表示为图 2-20。

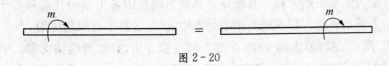

图 2-20

注意:上述关于力偶等效变换的性质及其推论只适用于刚体,不适用于变形体。

2.2.3 平面力偶系的简化与平衡条件

1. 力偶系

刚体上作用多对力偶,构成力偶系。图2-21(a)为电动机横剖面简图,其中转子所受磁场力 F_1、F_1' 和 F_2、F_2',分别组成力偶,从而形成作用在转子上的力偶系。

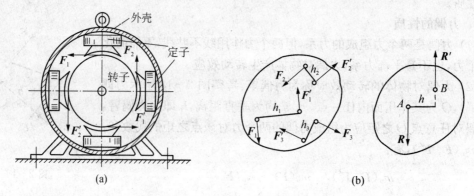

图 2-21

2. 平面力偶系

力偶系中各力偶作用面为同一平面,称为平面力偶系。

3. 平面力偶系的简化

力偶是力系,但不能合成为一个力,它对物体的转动效应用力偶矩来表示。所以力偶系合成必然为一个力偶,称为力偶系的合力偶。

如图2-21(b)所示,可以证明,合力偶的力偶矩等于力偶系中各力偶的力偶矩的代数和,其数学表达式为:

$$m = Rh = F_1h_1 + F_2h_2 - F_3h_3$$
$$= m_1 + m_2 + m_3$$

上式可以推广到一般形式,当在同一平面内有 n 个力偶作用时,有:

$$m = \sum_{i=1}^{n} m_i = \sum m \tag{2-8}$$

4. 平面力偶系的平衡条件及应用

平面力偶系平衡的充分必要条件是合力偶的力偶矩等于零,也即力偶系中各力偶的力偶矩的代数和等于零,数学表达式为

$$\sum m = 0 \tag{2-9}$$

也称为平面力偶系平衡方程。其物理含义是力偶系中各力偶的代数和等于零。下面举例说明用平面力偶系平衡方程求解约束力的方法,仍属于静平衡问题题型。

例2.7 图2-22(a)为简支梁,A 端为固定铰支座,B 端为辊轴支座。梁上作用有一力偶,其力偶矩 $m=100$ kN·m。转向如图,梁长 $l=5$ m。若不计自重,求:A、B 两处约束力。

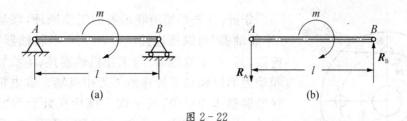

图 2-22

分析：如图 2-22(b)所示，取 AB 梁为对象，受力分析，m 为作用其上的主动力偶，梁 B 端为辊轴支坐，约束力必为铅垂方向 R_B，A 端为固定铰支坐，其约束力 R_A 方向不确定，但本例中梁上只有一个主动力偶 m 作用，因此，约束力 R_A、R_B 必组成一反向力偶与之平衡，故 R_A 应与 R_B 大小相等，方向相反，作用线互相平行。

解：① 取 AB 梁为对象。

② 受力分析：主动力：m；约束力：$R_A l$。

③ 列方程：$\sum m = R_A l - m = 0$

解得：$R_A = \dfrac{m}{l} = \dfrac{100}{5} = 20(\text{kN})$

例 2.8　图 2-23(a)中所示结构中，横梁 AB 长为 l，A 端通过铰链由 AD 杆支撑，B 端为固定铰支坐。在结构平面内，梁上有一力偶 m 作用，方向如图，若不计自重，求：AD 杆受力和 B 端约束力。

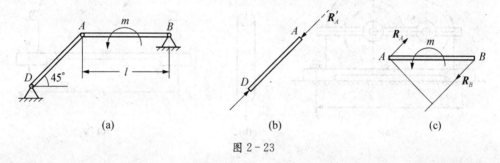

图 2-23

分析：先以 AD 杆为对象，为二力杆，其受力分析如图 2-23(b)所示，再以 AB 为对象，如图 2-23(c)所示，其受一主动力偶 m 作用，其 A 端所受约束力与 AD 杆在 A 端所受力互为作用反作用力，可确定方向，则其 B 端所受约束力一定与 A 端所受约束力大小相等，方向相反，作用线互相平行，形成一反向力偶与 m 平衡。

解：① 取 AB 为对象。

② 受力分析：主动力：m；约束力：$R_A l \cos 45°$。

③ 列方程：$\sum m = m - R_A l \cos 45° = 0$

解得：$R_A = \dfrac{m}{l \cdot \cos 45°} = \sqrt{2}\,\dfrac{m}{l}$

例 2.9　电动机轴通过联轴器与工作机轴相连接，联轴器上四个螺栓 A、B、C、E 的孔心均匀分布在同一圆周上，如图 2-24 所示，此圆直径 $D = AC = BE = 150\,\text{mm}$，电动机传递给联轴器的力偶矩 $m = 2.5\,\text{kN·m}$，求：每根螺栓对联轴器的约束力。

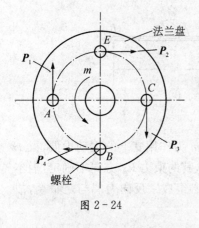

图 2-24

分析：首先要搞清联轴器的工作原理，联轴器由两个"半联轴器"与螺栓连接组成，一个"半联轴器"与电机轴连接，另一"半联轴器"与工作机轴连接，电机轴就将运动和动力通过联轴器传递给了工作机轴。取电机轴相连半联轴器整体为对象，其上四个螺栓孔处受到的约束力必形成二对力偶与主动力偶 m 平衡，且 $P_1 = P_2 = P_3 = P_4 = P$。

解：① 取电机轴及与其相联的半联轴器为对象。

② 受力分析：主动力：m；约束力：PD。

③ 列方程：$\sum m = m - 2PD = 0$。

解得 $P = \dfrac{m}{2D} = \dfrac{2.5}{2 \times 150 \times 10^{-3}} = 8.33(\text{kN})$。

例 2.10 图 2-25(a) 为变速箱受力图，已知作用在 I 轴上的主动力偶矩 m_1，作用在 II 轴上的阻力偶矩 m_2，$m_2 = 2m_1 = 60\,\text{N} \cdot \text{m}$。$A$、$B$ 为地脚螺栓联接，设螺栓受力及 m_1、m_2 等均在同一平面内，螺栓中心线间的距离 $l = 180\,\text{mm}$，求：A、B 处地脚螺栓所受的力。

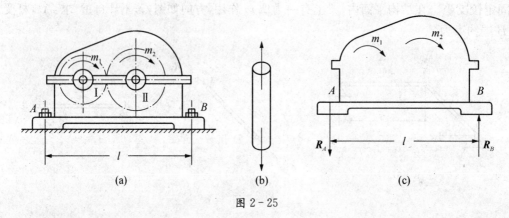

(a)　　　　　　　(b)　　　　　　　(c)

图 2-25

分析：首先根据所求，取地脚螺栓为研究对象，可分析其为二力杆，且其受拉力，如图 2-25(b) 所示。再取变速箱为对象，因为主动力偶 m_1、m_2 方向如图 2-25(c) 所示，所以 A、B 处所受约束力必形成一力偶与主动力偶平衡。

解：① 取变速箱为研究对象。

② 受力分析：主动力：m_1、m_2；约束力：$R_A l$。

③ 列方程：$\sum m = R_A l - m_1 - m_2 = 0$。

解得：$R_A = R_B = \dfrac{m_1 + m_2}{l} = \dfrac{30 + 60}{180 \times 10^{-3}} = 500(\text{N})$。

从以上例题我们可以看出，平面力偶系的静平衡问题，主要是搞清一些机械结构和其工作原理，才能对所取的研究对象做正确的受力分析。另外，从这几个例题中我们看到，受力分析时约束力的方向确定还可依据主动力的性质（例如主动力只有平面力偶，则约束力一定构成反向力偶；主动力只有垂直力，约束力就不可能有水平力等）。

2.3 平面一般力系及其合成和平衡条件

2.3.1 平面一般力系的概念

1. 平面一般力系的定义

力系中各力的作用线在同一平面内任意分布。

2. 工程实例

工程中某些平面结构所受力(包括主动力和约束力)的作用线均在同一平面内,例如图 2-26(a)所示的屋架受力:屋面载荷 Q、风载 P、约束力 R_A、R_B 组成平面一般力系;还有些机器或结构,虽然所受的力的作用线不在同一平面内,但其上的力系有一对称面,在研究平衡和运动问题时,都可简化为作用在对称面内的平面力系,例如,图 2-26(b)所示的均匀装载沿平坦路面直线行驶的货车所受力:重力 W、风力 F、地面对车轮约束力 R_A、R_B 等组成平面一般力系。

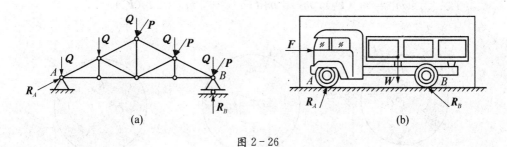

图 2-26

2.3.2 平面一般力系的简化

为了将平面一般力系化简,我们先来研究力向一点平移定理。

1. 力向一点平移定理

我们知道,力可以沿其作用线在刚体上移动,不改变其作用效应。但是,力离开原作用线,平行移动(简称平移)到任意点时,运动效应会发生改变。怎样才能平移到作用线外的任意点又不改变运动效应呢?

考察如图 2-27(a)所示刚体,力 F 作用在其上 A 点处,怎样才能将 F 平移到 B 点而又

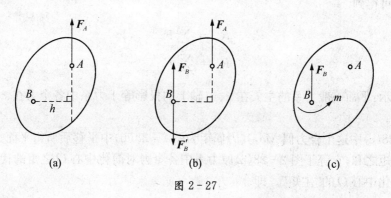

图 2-27

不改变其作用效应呢? 我们只要根据加减平衡力系原理,在 B 点施加一对平衡力 F_B、F'_B,其作用线平行于 F_A 的作用线,且 $F_B = F'_B = F_A$,如图所示,然后再将 F_B' 和 F_A 组成一力偶 m,如图 2-27(b)、(c)所示,则作用效果不变。其中 $m = m_B(F_A) = F_A h$。由此我们得到结论:

作用在刚体上的力可以平移到任意点,但必须同时附加一力偶,其力偶矩等于原来的力对新作用点之矩。称为力向一点平移定理。该定理不仅适用于平面力系,也适用于空间力系。

2. 平面一般力系的简化

平面一般力系可向作用面内任一点简化成一平面汇交力系和一平面力偶系,并可继续最后简化成一个合力和一个合力偶。如图 2-28(a)所示。刚体上作用有一平面一般力系 F_1,F_2,$\cdots$,F_n,为了简化该力系,按力向一点平移定理,将各力平行移至面内任一点 O(简化中心),如图 2-28(b)。因此,原力系等价于作用在 O 点的平面汇交力系 F'_1,F'_2,$\cdots$,F'_n,以及平面力偶系 m_1,m_2,$\cdots$,m_n 的,其中 $F'_1 = F_1$,$F'_2 = F_2$,$\cdots$,$F'_n = F_n$,

$$m_1 = m_O(F_1),\ m_2 = m_O(F_2),\ \cdots,\ m_n = m_O(F_n)。$$

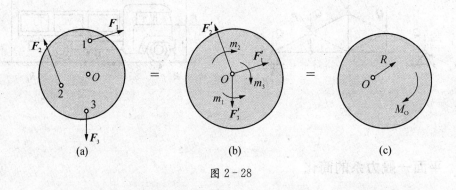

图 2-28

平移后得到的平面汇交力系和平面力偶系可分别合成为一个合力 R 和一个合力偶 Mo,如图 2-28(c)所示。图中这个合力 R 为原平面一般力系中各力的矢量和,即

$$R = F_1 + F_2 + \cdots + F_n = \sum F \tag{2-10}$$

R 称为原力系的"主矢"。若主矢在 x、y 轴上的投影是 R_x、R_y,则由平面汇交力系的简化结果式(2-3)可得到

$$R_x = \sum F_x$$
$$R_y = \sum F_y \tag{2-11}$$

该式表示:平面一般力系的主矢在 x、y 轴上的投影等于力系中各个力在 x、y 轴上的投影的代数和。

图 2-28(c)中这个合力偶 Mo,其力偶矩为图 2-28(b)中平移后所得平面力偶系的各个力偶的力偶矩之和,它等于图 2-28(a)原力系中各个力对简化中心 O 之矩的代数和,称之为原力系对简化中心 O 的"主矩"。即

$$M_O = m_O(\pmb{F}_1) + m_O(\pmb{F}_2) + \cdots + m_O(\pmb{F}_n) = \sum m_O(\pmb{F}) \qquad (2-12)$$

注意：力系的主矢 $\pmb{R}$ 完全取决于力系中各个力的大小和方向，与简化中心 O 的位置无关；而力系对简化中心的主矩 M_O 与简化中心的位置有关，记号 M_O 中的下标 O 就是指明简化中心位置的。

3. 平面一般力系简化理论的推论及应用

(1) 平面一般力系的合力。

如图 2-29(a)所示为一平面一般力系向指定的简化中心 O 简化为一个主矢 $\pmb{R}$ 和一个主矩 M_O。但这并不是平面一般力系最后的简化结果。

如图 2-29(b)、(c)所示，利用加减平衡力系公理和力偶的性质，我们可以将上述主矢 $\pmb{R}$ 和主矩 M_O 进一步简化为一个力，称为平面一般力系的合力。如图 2-29(b)所示，我们先根据力偶的性质，用力偶矩为 M_O，由大小等于 $\pmb{R}$，反向，作用线分别与 $\pmb{R}$ 平行和共线的两个力 $\pmb{R}'$ 和 $\pmb{R}''$ 组成的力偶代替主矩 M_O，力偶臂 $h = \dfrac{M_O}{R} = \dfrac{M_O}{R'} \qquad (2-13)$

这样替代与原力系是等效的；再利用加减平衡力系公理，去掉 $\pmb{R}$ 和 $\pmb{R}''$ 组成的平衡力系，仍然与原力系等效。

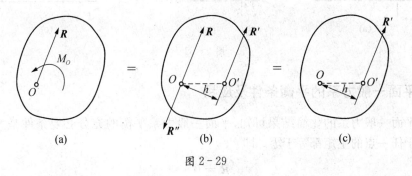

图 2-29

因此，力 $\pmb{R}'$ 是原平面一般力系的合力。其大小与主矢相等，即 $\pmb{R}' = \pmb{R}$；作用线与主矢方向平行，且作用线与简化中心的垂直距离为 h，由式(2-13)确定，作用线位于简化中心的哪一侧，由主矩 M_O 的转向决定。

(2) 验证合力矩定理。

由图 2-29(c)中可看出，合力 $\pmb{R}'$ 对简化中心 O 之矩为：$m_O(\pmb{R}') = R'h$

利用式(2-12)和(2-13)，可得到

$$m_O(\pmb{R}') = R'h = R'\frac{M_O}{R'} = M_O = \sum m_O(\pmb{F}) \qquad (2-14)$$

这一结果表明：在平面一般力系的合力对任一点之矩等于该力系中各个力对于同一点之矩的代数和。称为平面一般力系的"合力矩定理"。

(3) 分析固定端约束的约束力。

固定端约束是工程中常见的一类约束。如图 2-30(a)中插入地面的电线杆所受的约束，图 2-30(b)中金属切削车床刀架对于车刀杆的约束，图 2 30(c)中车床卡盘对于工件的约束都属于固定端约束。

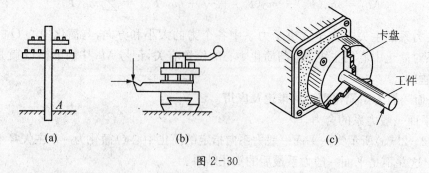

图 2-30

固定端约束可抽象为如图 2-31(a)所示的悬臂梁,其实际约束力很复杂,但当主动力为平面一般力系时,这些约束力也为平面一般力系,如图 2-31(b)所示,根据平面一般力系简化理论,将它们向固定端 A 点简化,得到一个力和一个力偶,这个力用水平和垂直方向的分量 x_A、y_A 表示;力偶用 m_A 表示。如图 2-31(c)所示。

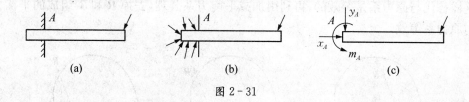

图 2-31

2.3.3　平面一般力系的平衡条件及应用

根据平面一般力系的化简结果可知,平面一般力系平衡的充分必要条件是力系的主矢和力系对于任一点的主矩都等于零。即

$$\boldsymbol{R} = 0$$
$$M_O = 0 \tag{2-15}$$

利用式(2-11)和式(2-12)可将上述平衡条件表示成:

$$\sum x = 0$$
$$\sum y = 0 \tag{2-16}$$
$$\sum m_O = 0$$

称为平衡方程的一矩式,其中第一、第二式为投影方程,第三式为取矩方程,它们的物理含义为:力系中各个力在 x、y 轴上投影的代数和、对平面内任一点 O 取矩的代数和分别等于零。

根据平衡条件式(2-15)可以导出平衡方程的二矩式:

$$\sum x = 0(\text{或} \sum y = 0)$$
$$\sum m_A = 0 \tag{2-17}$$
$$\sum m_B = 0$$

其中第二、第三取矩方程表示力系中各个力对平面内任意两点 A、B 取矩的代数和分别等于零。但 A、B 两点连线不能垂直于 x 轴(若用 $\sum x = 0$)或 y 轴(若用 $\sum y = 0$)

根据平衡条件式(2-15)还可以导出平衡方程的三矩式:

$$\sum m_A = 0$$
$$\sum m_B = 0 \qquad (2-18)$$
$$\sum m_C = 0$$

其三式均为取矩方程表示力系中各个力对平面内任意三点 A、B、C 取矩的代数和分别等于零,但 A、B、C 三点不在同一直线上。

下面举例说明用平面一般力系平衡方程求解约束力的方法,仍属于静平衡问题题型。

例 2.11 高为 h、自重为 W 的塔式设备,承受水平方向风载,如图 2-32(a)所示,风载集度(单位长度上的力)为 q。若设备下部与地面固接。求:设备底部所受的约束力。

分析:取该设备为对象,如图 2-32(b)所示,其底部为固定端约束,约束力设为 x_A、y_A、m_A;风载为分布载荷,将其转化为集中载荷,求出其合力 qh,方向与 q 相同,作用在设备 $h/2$ 处。以后碰到分布载荷均这样处理。

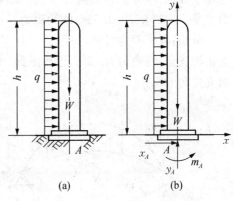

图 2-32

解:① 取塔为对象。

② 受力分析:主动力:W、qh;约束力:x_A、y_A、m_A。

③ 建坐标,列方程:
$$\begin{cases} \sum x = qh + x_A = 0 \\ \sum y = y_A - W = 0 \\ \sum m_A = m_A - qh \times \dfrac{h}{2} = 0 \end{cases}$$

解得:$x_A = -qh$,$y_A = W$,$m_A = \dfrac{qh^2}{2}$。

例 2.12 简支梁 $ABCD$,承受均布载荷、集中力和力偶作用,如图 2-33(a)所示,若已知 q、a 以及 $P = qa$,$m = qa^2$,求:A、D 二处的约束力。

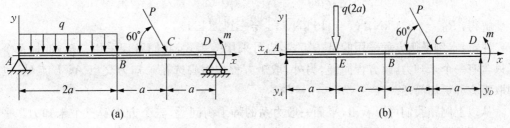

图 2-33

分析:取梁为对象,如图 2-33(b)所示。A 端为固定铰支坐,约束力设为 x_A、y_A,D 处为辊轴支座,约束力设为 y_D。作用在 AB 段上的均布载荷,应转化为合力 $q(2a)$,作用在 AB 段中点处。

解:① 取 AD 杆为对象。

② 受力分析:主动力:$2qa$,P,m;约束力:x_A、y_A、y_D。

③ 建坐标,列方程:
$$\begin{cases} \sum x = x_A + P \cdot \cos 60° = 0 \\ \sum y = y_A + y_D - 2qa - P \cdot \sin 60° = 0 \\ \sum \dot{m}_A = m + y_D \cdot 4a - 2qa \cdot a - P \cdot \sin 60° \cdot 3a = 0 \end{cases}$$

解得:$x_A = -0.5qa$,$y_A = 1.966qa$,$y_D = 0.900qa$。

例 2.13 图 2-34(a)所示为拱形桁架,A 端为固定铰支坐,B 端为辊轴支坐,其支承面与水平面成 30°角。桁架重 $Q = 100\ \text{kN}$,作用在重心 C 处,风载合力 $P = 20\ \text{kN}$,作用在 D 点,沿水平方向。求:A、B 二处的约束力。

分析:取桁架为对象,如图 2-34(b)所示,A 处为固定铰支坐,约束力设为 x_A、y_A,B 处为辊轴支坐,约束力 R_B 垂直于支承面,由于支承面与水平面夹角为 30°,故 R_B 作用线与水平面夹角为 60°。

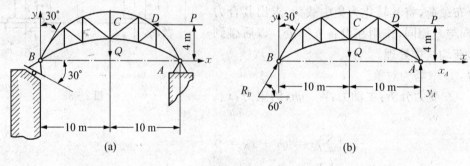

图 2-34

解:① 取桁架为对象。

② 受力分析:主动力:Q,P;约束力:x_A、y_A、R_B。

③ 建坐标,列方程:
$$\begin{cases} \sum x = x_A - P + R_B \cdot \cos 60° = 0 \\ \sum m_A = -R_B \sin 60° \times 20 + Q \times 10 + P \times 4 = 0 \\ \sum m_B = -Q \times 10 + P \times 4 + y_A \times 20 = 0 \end{cases}$$

解得:$R_B = 62.4\ \text{kN}$,$y_A = 46\ \text{kN}$,$x_A = -11.2\ \text{kN}$。

注意:本例平衡方程采用的是二矩式,也可采用一矩式,我们发现采用二矩式时,每个方程只含有一个未知力,解方程简便,另外,取矩方程中矩心选在未知力交点 A、B 点处,也使列取矩方程更加简便。

从以上例题我们可以看出,平面一般力系的静平衡问题,三个方程解三个未知力。平面一般力系的平衡方程有三种形式,究竟先写投影方程还是取矩方程的原则是尽量让一个方

程解一个未知力;解题步骤仍为三步:

(1) 选择研究对象,当有多个研究对象时,从所求选起。

(2) 受力分析:先分析主动力,再分析约束反力(解决约束反力方向)。分析依据有:约束的类型;二力平衡、三力平衡、作用和反作用力;主动力的性质(主动力是平面力偶、是垂直力等)。

(3) 列平衡方程:(解决约束反力的大小)投影方程的坐标轴尽量与未知力平行;取矩方程中的矩心尽量取在未知力交点。

2.4　刚体系统的平衡问题

前面讨论物体在平面汇交力系、平面力偶系、平面一般力系作用下的平衡问题,研究对象均为一个刚体,但工程中常见两个或以上刚体通过约束组成的刚体系统的平衡问题。

刚体系统平衡问题的特点:如果刚体系统是平衡的,则组成这一系统的每个局部、每个刚体必然也是平衡的。

因此,我们可以适当选取研究对象——整个系统、若干刚体组成的部分、单个刚体,分别写出每个研究对象的三个平衡方程,联立求解出系统内、外全部未知力。

在前面所讨论的平衡问题中,对每一个研究对象所能建立的独立平衡方程最多是三个:平面汇交力系作用下是 2 个,平面力偶系作用下是 1 个,平面一般力系作用下是 3 个。因此,若系统由 n 个刚体组成,最多只能建立 $3n$ 个独立的平衡方程。若所研究问题中,未知约束力数目小于或等于所能建立的独立的平衡方程数目,可由平衡方程解出全部未知约束力,这类问题称为**静定问题**。若未知约束力数目大于平衡方程数目,仅由平衡方程无法解出全部未知约束力,这类问题称为**静不定问题**(或超静定问题)。未知约束力数目与独立的平衡方程数目两者之差称为**静不定次数**。如图 2-35(a)中所示悬臂梁,A 端为固定端约束有三个未知约束力,而平面一般力系有三个平衡方程,故为静定问题。若在自由端 B 处再增加一辊轴支座,如图 2-35(b)所示,则未知约束力为 4 个,而平衡方程仍为三个,是一次静不定问题。

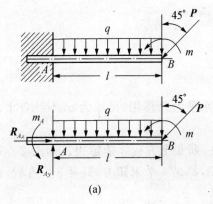
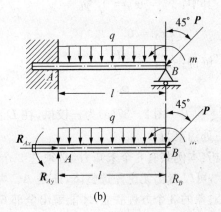

(a)　　　　　　　　(b)

图 2-35

下面举例说明刚体系统平衡问题的求解方法。

例2.14 图2-36(a)为连续梁机构简图。A处为固定端、B处为中间铰，C处为辊轴支座。图平面内一力偶$m = Pa$作用在BC段梁上。求A、B、C三处的约束力。

分析：如图2-36(b)、(c)所示，根据约束类型，可知A处有3个约束力，B处有2个，C处有1个，共有6个未知约束力，必须在本例刚体系统中选取2个研究对象，列出6个独立平衡方程才能解决。若先以整体为对象，在A、C处共有4个未知力，但整体在平面一般力系作用下只有3个独立平衡方程，无法解出全部未知力。若先以BC为对象，共有3个未知力，可列3个平衡方程，可解出B、C处3个未知力；再以AB为对象，列3个平衡方程解出A处3个未知力，当然也可再以整体为对象，列3个平衡方程解出A处3个未知力，但后者比前者的受力情况更复杂，因此前者更简便。

解：① 先以BC为对象，受力分析如图2-36(c)所示。

列方程：
$$\begin{cases} \sum x = x_B' = 0 \\ \sum m_B = y_C \cdot 2a - m = 0 \\ \sum m_C = y_B' \cdot 2a - m = 0 \end{cases}$$

解得：
$$\begin{cases} x_B' = 0 \\ y_B' = \dfrac{P}{2} \\ y_C = \dfrac{P}{2} \end{cases}$$

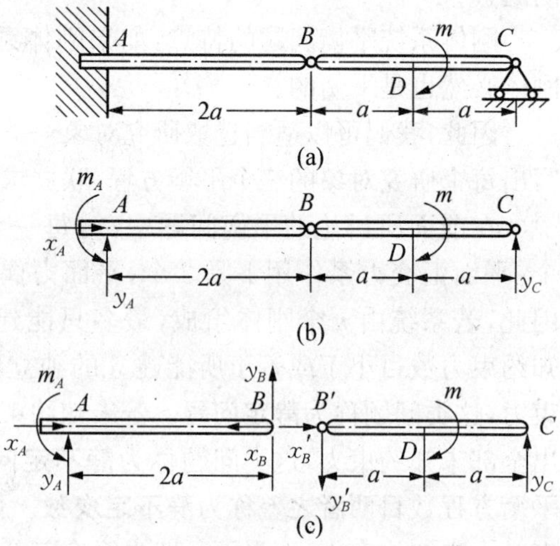

② 再以AB为对象，
受力分析如图2-36(c)所示。

列方程：
$$\begin{cases} \sum x = x_A - x_B = 0 \\ \sum y = y_A + y_B = 0 \\ \sum m_A = y_B \cdot 2a + m_A = 0 \end{cases}$$

其中：$x_B = x_B' = 0$，$y_B = y_B' = \dfrac{P}{2}$

解得：
$$\begin{cases} x_A = 0 \\ y_A = -\dfrac{P}{2} \\ m_A = Pa \end{cases}$$

图2-36

例2.15 图2-37(a)为三铰拱，在D处受水平力$\boldsymbol{P}$作用，尺寸为a，不计自重，求A、B、C三处约束力。

分析：本例共有6个未知力，必须选2个对象，列6个方程才能解决。如图2-37(b)、(c)所示，可以看出无论先选整体，还是AC为对象，都是4个未知力，只有3个方程，必须和第二个对象的3个方程联立，才能解出全部6个未知力。

解：① 选整体为对象，受力分析如图2-37(b)所示。

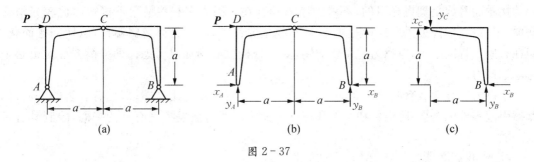

图 2 - 37

列方程：
$$
\begin{cases}
\sum x = x_A + P - x_B = 0 \\
\sum m_A = y_B \cdot 2a - Pa = 0 \\
\sum m_B = - y_A \cdot 2a - Pa = 0
\end{cases}
$$

解得：
$$
\begin{cases}
x_A + P - x_B = 0 \\
y_B = \dfrac{P}{2} \\
y_A = - \dfrac{P}{2}
\end{cases}
$$

② 选 BC 为对象，受力分析如图 2 - 37(c) 所示。

列方程：
$$
\begin{cases}
\sum x = x_C - x_B = 0 \\
\sum y = y_B - y_C = 0 \\
\sum m_B = y_C \cdot a - x_C \cdot a = 0
\end{cases}
$$

解得：
$$
\begin{cases}
y_C = y_B = \dfrac{P}{2} \\
x_C = y_C = \dfrac{P}{2} \\
x_B = x_C = \dfrac{P}{2} \\
x_A = - \dfrac{P}{2}
\end{cases}
$$

从以上例题可以看出，求解刚体系统的静平衡问题时注意：第一应正确判断刚体系统的静定性质，以确定必须选几个研究对象才能解出全部未知力。第二按照正确选择研究对象的原则：选已知力、未知力集中的物体为对象；选受力简单的物体为对象；选所求的为对象；尽量让对象上的未知力数小于或等于方程数；优先选整体为对象；第三注意刚体系统的受力特点：正确利用作用与反作用定律处理问题；明确内力和外力是相对的，是随研究对象而定的，某个力对这个研究对象来说是内力，对那个研究对象就是外力了。但它们本质都是物体间的相互作用。

2.5 考虑摩擦时的平衡问题

摩擦是机械运动中的普遍现象。在前面几节的研究中，我们分析物体受力时，把物体之间的接触面看成是理想光滑的,不考虑摩擦的存在。因为在有些情况下接触面比较光滑或润滑条件好,使摩擦力远小于法向反力,不起主要作用,因此可以忽略不计,以使问题简化。但在有些工程问题中,摩擦力起主要作用,受力分析时必须加以考虑。列平衡方程时也必须考虑摩擦力。

摩擦力的存在有有利的一面,如传动、制动和连接等需利用摩擦;但也有有害的一面,如摩擦引起零件的磨损、降低传动效率和使用寿命等。要有效发挥其有利的一面,限制其有害的一面。

综上,我们必须对摩擦规律加以研究。

两物体直接接触并有相对运动或相对运动趋势时,两物体接触面间存在着相互作用的摩擦力,若两物体是相对滑动,产生滑动摩擦,若两物体相对滚动,产生滚动摩擦,在此我们只讨论滑动摩擦。

2.5.1 滑动摩擦规律探究

两个相互接触的物体,如有相对滑动或滑动趋势,在接触面间产生的阻力称为滑动摩擦力。为了研究摩擦力的大小规律,可做如下实验:

设重为 G 的物体放置在固定水平面上处于静止状态,如图 2-38(a)所示,这时物体只受重力 G 和法向反力 N 的作用而处于平衡,如图 2-38(b)所示。这时,物体在水平方向没有滑动和滑动趋势,因而在接触面间不存在摩擦力。若给物体一水平拉力 P 如图 2-38(c)所示,物体将发生相对滑动或有滑动趋势。现讨论以下几种情形:

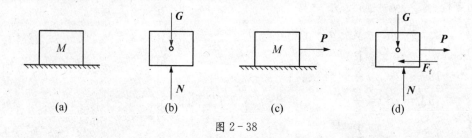

图 2-38

1. 静摩擦力

当拉力 P 由零逐渐增大,而没有使物体发生相对滑动时,物体仍保持静止。这时物体因有滑动趋势所受的阻力,称**静滑动摩擦力**,以 F_f 表示如图 2-38(d),简称**静摩擦力**。静摩擦力的大小是个不定值,它由平衡条件确定,方向沿接触面切线作用在物体上与物体滑动趋势方向相反。

2. 最大静摩擦力

当拉力达到某一定值 P_m 时,物体处于将要滑动而尚未滑动的临界状态,此时只要拉力比 P_m 稍大一点,物体即开始滑动。物体处于临界平衡状态时的摩擦力称为**最大静滑动摩擦力**,简称**最大静摩擦力**,以 F_{fmax} 表示。

大量实验证明,最大静摩擦力的方向沿接触面切线作用在物体上与物体相对滑动趋势方向相反,大小与两物体间的正压力(法向反力)N 成正比,即

$$F_{fmax} = fN$$

这就是**静摩擦定律**。式中 f 称为**静滑动摩擦系数**,简称**静摩擦系数**。它的大小与两接触物体的材料及表面情况有关,其数值可由实验测定。

3. 动摩擦力

若拉力再增大,只要稍大于 P_m,物体就向右开始滑动,这时接触面间的摩擦力称**动滑动摩擦力**,简称**动摩擦力**,以 F_f' 表示。

大量实验证明,动摩擦力 F_f' 的方向沿接触面切线作用在物体上与物体相对滑动方向相反,大小也与接触面正压力 N 的大小成正比,即 $F_f' = f'N$

这就是**动摩擦定律**。式中 f' 称为**动滑动摩擦系数**,简称**动摩擦系数**,它主要取决于接触面材料的表面情况。在一般情况下 f' 略小于 f,可近似认为 $f' \approx f$。

2.5.2　摩擦力小结

综合上述实验结果可知:

1. 摩擦力的方向

摩擦力可看成是特殊的约束反力,与光滑面约束相对应,考虑摩擦时可看成是摩擦面约束,根据研究对象相对于约束的相对滑动或相对滑动趋势方向就可判定研究对象所受的摩擦力 F_f 的方向:如图 2-39 所示,物体受重力为 G,推力 P 及支持力 N,则下面的摩擦面约束给物体的摩擦力 F_f 作用在接触处的研究对象上,并沿接触面切向且指向与物体滑动或滑动趋势方向相反。

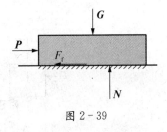

图 2-39

2. 摩擦力的大小

计算摩擦力 F_f 大小,应根据物体处于静止、临界和滑动三种不同运动情况,在 $0 \sim F_{fmax}$ 之间变化:

当物体静止,无运动趋势时,无摩擦力,$F_f = 0$

当物体静止,有运动趋势时,有静摩擦力,根据静力平衡条件,这时的静摩擦力和作用在物体上的其他外力应相等:$F_f = P$

物体处于将动未动的平衡临界状态,有最大静摩擦力 $F_f = F_{fmax} = f \cdot N$,　　(2-19)
同时最大静摩擦力和作用在物体上其它外力也满足静力平衡条件

物体处于匀速运动状态,有滑动摩擦力 $F_f' = f' \cdot N \approx F_{fmax} = f \cdot N$　　(2-20)

2.5.3　摩擦角和自锁

摩擦角是研究考虑摩擦时平衡问题的一个重要物理量,仍以上述实验为例来阐明它的概念,如图 2-40(a)所示物体受力 P 作用仍静止时,把它所受的法向反力 N 和切向摩擦力 F_f 合成为一个反力 R,称为全反力。R 与接触面法线的夹角 φ,则有 $\tan\varphi = \dfrac{F_f}{N}$,当拉力 P 逐渐增大时,静摩擦力 F_f 也随着增大,R 也相应增大,φ 也相应增大;当达到临界平衡时,P 增大到 $P_m = F_{fmax} = fN$ 时,全反力增大为 R_m,φ 也相应增大到最大值 φ_m,如图 2-40(b)所示,临界平衡时的夹角 φ_m 称为**静摩擦角**,简称摩擦角,所以夹角 φ 的变化范围为,

$$0 \leqslant \varphi \leqslant \varphi_m$$

由图 2-40(b)可知：

$$\tan \varphi_m = \frac{F_{fmax}}{N} = \frac{fN}{N} = f \qquad (2-21)$$

上式表明 f、φ_m 都是表示物体材料摩擦性质的物理量。

物体静止平衡时，静摩擦力 F_f 随着 P 的变化在 $0 \sim F_{fmax}$ 之间变化，当 P 增大到 P_m 时，相应地 F_f 增大到 F_{fmax}，R 增大到 R_m，φ 增大到 φ_m。因此，全反力 R 的作用线与接触面法线的夹角 φ 总小于或等于摩擦角 φ_m，即

$$\varphi \leqslant \varphi_m$$

反之，只要全反力 R 的作用线在摩擦角 φ_m 内，物体总是静止平衡的。

这时，若把物体受到的主动力 G 和 P 合成为一力 Q，Q 与接触面法线的夹角为 α，如图 2-40(c)所示，则 Q 与 R 必定等值、反向、共线，于是有：$\alpha = \varphi$，也即物体静止平衡时，一定有

$$\alpha \leqslant \varphi_m \qquad (2-22)$$

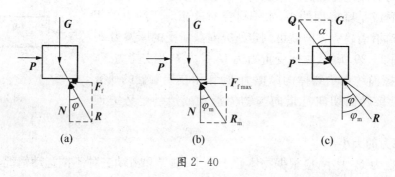

图 2-40

因此，只要作用在物体上的主动力的合力 Q 的作用线与接触面法线的夹角 α 小于摩擦角，不论其大小如何，物体都处于静止平衡状态，这种现象称为**自锁**。这种与主动力大小无关，只与摩擦角等有关的平衡条件称为**自锁条件**。工程上常利用摩擦角这一概念，设计一些机构和夹具使它自动"卡住"或设计一些机构保证不被"卡住"。

2.5.4 考虑摩擦的平衡问题

考虑摩擦时的平衡问题与前面不考虑摩擦时的平衡问题有共同点：物体平衡时，所受的力应满足平衡条件。解题步骤也一样。但也有自己的特点：

(1) 受力分析时必须考虑摩擦力。

(2) 考虑了摩擦力就增加了未知量。但在临界平衡状态时由静摩擦定律可列出一个补充方程，即

$$F_f = fN \text{ 或一个不等式即 } F_f \leqslant fN \text{ 来进行计算。}$$

下面我们来举例说明考虑摩擦时的平衡问题的求解方法。

例2.16 如图 2-41(a)所示，物重 $G = 980$ N，放在倾角 $\alpha = 30°$ 的斜面上，已知接触面 $f = 0.2$，现有一力 $Q = 588$ N 沿斜面推物体，问物体在斜面上处于静止还是运动？若静止，这时的摩擦力多大？

分析：如图 2-41(b)所示,取物块为对象,所受主动力为 G、Q,所受约束力为斜面这个摩擦面约束给它的 F_f、N,其中 F_f 作用线位置可确定为沿接触面切向,但指向不定,因为不知此时的运动或运动趋势方向是沿斜面向上还是向下,和前面约束力指向的处理方式一样,我们可以假设 F 沿斜面向上。若平衡方程解出 F 为正,说明假设指向与实际相符,否则相反。通过平衡方程,我们还可求出约束力 N,进而求出 F_{fmax},通过 F_f 与 F_{fmax} 的比较可判定物块是否静止。

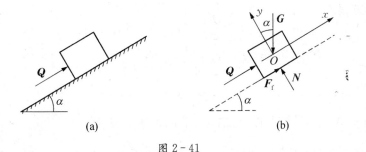

图 2-41

解：① 取物块为对象。

② 受力分析：主动力：Q、G；约束力：F_f、N。

③ 建坐标,列方程：$\begin{cases} \sum x = Q + F - G \cdot \sin\alpha = 0 \\ \sum y = N - G \cdot \cos\alpha = 0 \end{cases}$

解得：$F_f = -98\,\text{N}$（负值说明 F_f 假设的指向与实际相反）

$\qquad N = 848.7\,\text{N}$

④ $F_{fmax} = f \cdot N = 0.2 \times 848.7 = 169.7(\text{N}) > F$

说明物块是静止的,F 实际指向沿斜面向下,所以物块有沿斜面向上运动的趋势。

例 2.17 某变速机构中滑移齿轮及尺寸如图 2-42(a)所示,问拨叉（图中未画出）作用在齿轮上的力 P 到轴线的距离 a 为多大,齿轮才不致被卡住,设齿轮自重不计。

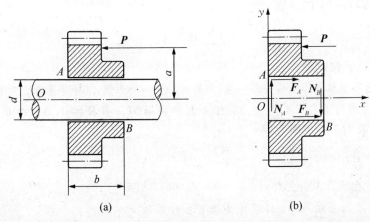

图 2-42

分析：根据经验我们知道,P 越远离齿轮中心,齿轮越易被卡住,越靠近,越不卡,要求将卡与不卡的临界状态时的 a,这时仍是平衡的,齿轮与轴间有间隙,临界状态时,齿轮与轴应在 A、B 两点接触,并有向左运动趋势,如图 2-42(b)所示,取齿轮为对象,主动力为 P,约束力为作用

在 A 点的 N_A、F_A，B 点的 N_B、F_B，因为处于临界状态，所以 F_A、F_B 均可用 $F_{max} = f \cdot N$ 求出。

解：① 取齿轮为对象。

② 受力分析：主动力：P；约束力：N_A、F_A、N_B、F_B。

③ 列方程：
$$\begin{cases} \sum x = F_A + F_B - P = 0 \\ \sum y = N_A - N_B = 0 \\ \sum m_B = P\left(a + \dfrac{d}{2}\right) - N_A \cdot b - F_A \cdot d = 0 \\ \text{其中：} F_A = f \cdot N_A, \quad F_B = f \cdot N_B \end{cases}$$

解得：$a = \dfrac{b}{2f}$

根据分析，a 越大越易被卡住，所以 $a < \dfrac{b}{2f}$ 时齿轮不被卡住。

本例要求不被卡住(不自锁)时的 a，我们可以将平衡方程 $\sum x = F_A + F_B - P = 0$ 改成 $P > F_A + F_B$，因为不自锁就是齿轮在 P 作用下沿 x 轴向左移，然后与其他方程联立，同样能解出 $a < \dfrac{b}{2f}$。

 小结

1. 平面汇交力系的平衡方程
$$\sum x = 0, \quad \sum y = 0$$

2. 平面力偶系的平衡方程
$$\sum m = 0$$

3. 力向一点平移定理

力可以平行移动到其作用线外任一点，但须附加上一个力偶，其矩等于原力对新作用点之矩。平面一般力系向面内一点简化得到主矢 R 和主矩 M。当 $R = 0$，$M_O = 0$ 时，力系平衡。

4. 平面一般力系的平衡方程

基本形式：$\sum x = 0, \quad \sum y = 0, \quad \sum m_O(F) = 0$

二力矩式：$\sum x = 0, \quad \sum m_A(F) = 0, \quad \sum m_B(F) = 0$
　　　　　限制条件为 A，B 连线不垂直于投影轴 x。

三力矩式：$\sum m_A(F) = 0, \quad \sum m_B(F) = 0, \quad \sum m_C(F) = 0$
　　　　　限制条件为 A，B，C 三点不共线。

5. 刚体系统的平衡问题

如果刚体系统是平衡的，则组成这一系统的每个局部、每个刚体必然也是平衡的。因此,我们可以适当选取研究对象——整个系统、若干刚体组成的部分、单个刚体,分别写出每个研究对象的三个平衡方程,联立求解出系统内、外全部未知力。

6. 考虑摩擦的平衡问题

我们只研究滑动摩擦力。

(1) 相对于光滑面约束,考虑摩擦的可以看成是摩擦面约束。摩擦力可以看成是特殊的约束反力。

滑动摩擦力的方向:摩擦面约束给物体的摩擦力 F_f 作用在接触处的研究对象上,并沿接触面切向且指向与物体滑动或滑动趋势方向相反。

滑动摩擦力大小:

① 静滑动摩擦力 F_f 的大小随主动力的变化而变化。即

$$0 \leqslant F_f \leqslant F_{fmax}$$

但是,当主动力一定时,F_f 由平衡条件确定。当物体处于临界平衡状态时,静摩擦力 F_f 才达到最大值,且满足 $F_{fmax} = fN$。

② 动滑动摩擦力,因为物体已经滑动,所以 F_f' 的大小为定值,即

$F_f' = Nf'$ 在材料一定的情况下,f' 略小于 f。为方便,$F_f' \approx F_{fmax} = fN$。

(2) 有摩擦的平衡问题与无摩擦的平衡问题的求解方法和步骤基本相同。所不同的是,由于摩擦力的存在,除了按一般方法和步骤解题外,还必须分析和计算摩擦力。

(3) 摩擦角和自锁,摩擦角 φ_m 为全反力 R 与接触面法线间夹角的最大值。摩擦角的正切等于摩擦系数,即 $\tan \varphi_m = f$

所谓自锁即主动力合力作用线在摩擦角域内时,不论主动力的合力为何值,物体都平衡,自锁条件为 $\alpha \leqslant \varphi_m$,式中,$\alpha$ 为主动力合力作用线与接触面法线间的夹角。

 习题

2.1 图 2-43 中的支架均由 AB、AC 杆组成,A、B、C 三处均为铰链。若悬挂重物的重量 W 均已知,求 AB、AC 杆的受力(杆的自重不计)。

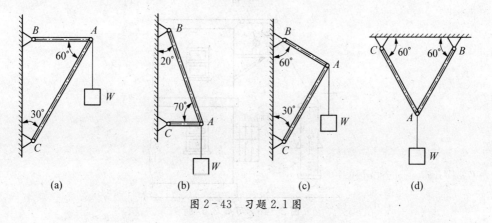

(a)　　　　(b)　　　　(c)　　　　(d)

图 2-43　习题 2.1 图

2.2 用钢链起吊大型机械主轴(见图2-44),已知轴的重量$W = 2.4\,\text{kN}$。求两侧链条所受的拉力。

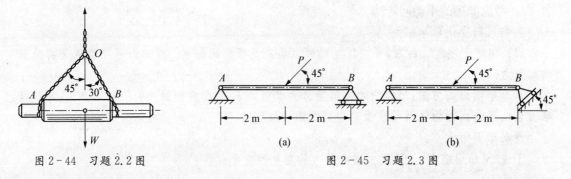

图2-44 习题2.2图   图2-45 习题2.3图

2.3 简支梁受集中载荷如图2-45所示。已知$P = 20\,\text{kN}$,求支坐A、B二处的约束力。

2.4 重量$P = 5\,\text{kN}$的电动机,放置在支架ABC上,支架由AB、BC杆组成,A、B、C处均为铰链,如图2-46。若不计各杆自重,求BC杆的受力。

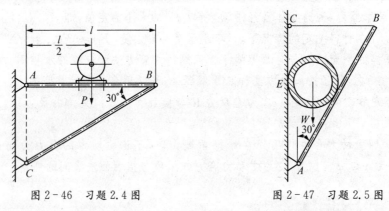

图2-46 习题2.4图   图2-47 习题2.5图

2.5 重量为W的管子放置在刚性墙CE和平板AB之间,其平面图形如图2-47所示。若管子与板AB的中点接触,且各接触点无摩擦。求缆绳BC所受拉力及A处约束力。

2.6 起吊设备时,为了不致碰坏建筑物栏杆,在设备上端施加一水平拉力Q,使起吊钢缆与铅垂线的夹角为30°,如图2-48所示。若设备重量为$W = 39\,\text{kN}$,求:水平拉力的大小及钢绳受力。

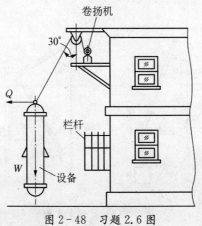

图2-48 习题2.6图

2.7 门式刚架 ACB 受力如图 2-49 所示,其中 A、B 二处均为固定铰支坐,C 处为中间铰,若不计各杆自重,且 P、l 均为已知,求 A、B 二处的约束力。

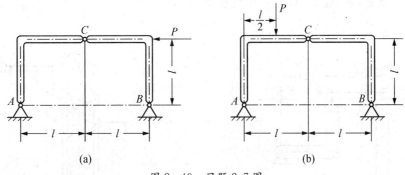

(a)   (b)

图 2-49 习题 2.7 图

2.8 图 2-50 中各杆 O 端均为固定铰支坐,若 P、l、a、b、r、α 均为已知,求:力 P 对于 O 点之矩。

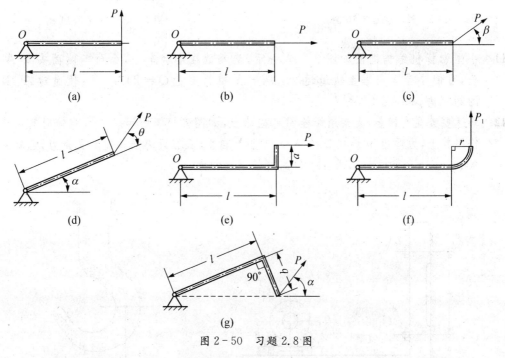

(a)   (b)   (c)

(d)   (e)   (f)

(g)

图 2-50 习题 2.8 图

2.9 梁 AB 的支承和受力如图 2-51 所示,求:支坐 A、B 处的约束力。

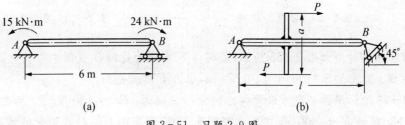

(a)   (b)

图 2-51 习题 2.9 图

2.10 折杆 AB 和 BC 在 B 处用铰链连接,A、C 二处均为固定铰支坐。AB 杆上作用一力偶,其作用面与各处约束力共面,如图 2-52 所示。若已知力偶矩 $m = 800\,\text{N·m}$,不计各杆自重,求 A、B、C 三处的约束力。

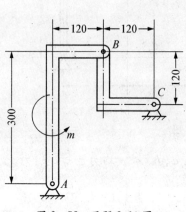

图 2-52 习题 2.10 图

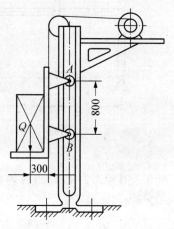

图 2-53 习题 2.11 图

2.11 小型卷扬机结构简图如图 2-53 所示,重物放在小台车上,小台车侧面安有 A、B 轮,可使小台车沿垂直轨道运动。若已知重物重量 $Q = 2\,\text{kN}$,求:轨道对 A、B 轮的约束力。

2.12 马达要装在支架上,支架用螺栓固定在墙上,如图 2-54 所示。马达旋转时有一力偶作用其上,力偶矩 $m = 0.2\,\text{kN·m}$。若不计自重,且假设螺栓只能承受拉力,已知 $a = 300\,\text{mm}$,$b = 600\,\text{mm}$,求:A、D 二螺栓所受拉力。

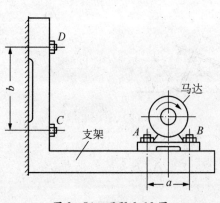

图 2-54 习题 2.12 图

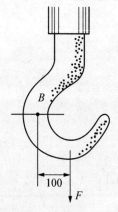

图 2-55 习题 2.13 图

2.13 起重机吊钩受力如图 2-55 所示,若将力 F 向弯曲处的 B 截面中心简化,得到一力和一力偶。已知力偶矩 $m = 4.0\,\text{kN·m}$,求力 F 的大小。

2.14 图 2-56 所示平面一般力系中各力的大小分别为:$P_1 = 150\,\text{N}$,$P_2 = 200\,\text{N}$,$P_3 = 300\,\text{N}$,$F = F' = 300\,\text{N}$,方向如图所示。求:所有的力向 O 点简化的结果。

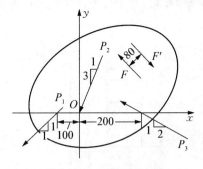

图 2-56 习题 2.14 图

2.15 如图 2-57 所示的各种梁,若 P、l、a、m 等均为已知,求:支承处的约束力。

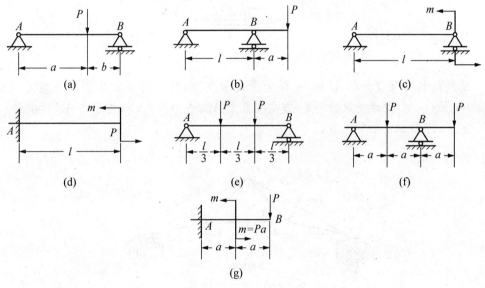

(a)

(b)

(c)

(d)

(e)

(f)

(g)

图 2-57 习题 2.15 图

2.16 外伸梁 $CABD$ 受力如图 2-58 所示。若已知 $P = 10\,\text{kN}$,$Q = 20\,\text{kN}$,$q = 20\,\text{kN/m}$,$a = 0.8\,\text{m}$。求:支座 A、B 二处的约束力。

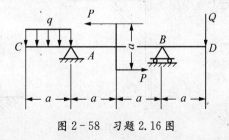

图 2-58 习题 2.16 图

2.17 化工设备中的高压反应塔承受风载如图 2-59 所示。风载可简化为两段均布载荷,在离地面 H_1/m 以下,风载平均强度为 $P_1/\text{kN/m}^2$;H_1 以上的风载强度为 $P_2/\text{kN/m}^2$。风载作用面积按迎风曲面在垂直于风向平面上的投影计算。塔身底部用螺栓与地基紧固连接。若塔身外径为 D,且 D、P_1、P_2、H_1、H_2 等均为已知。求:风载引起的塔身底部的约束力。

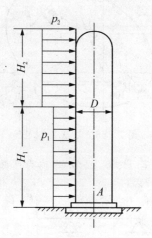

图 2-59　习题 2.17 图

2.18 屋架结构如图 2-60 所示,A 处为固定铰支座,B 处为辊轴支座。屋架总重量为 100 kN。AC 边承受风载作用,方向垂直于 AC,合力为 8 kN,作用在 AC 边中点。求:支座 A、B 二处的约束力。

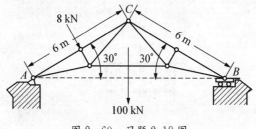

图 2-60　习题 2.18 图

2.19 图 2-61 中所示三个支架尺寸相同,已知载荷 P,求固定端的约束力。

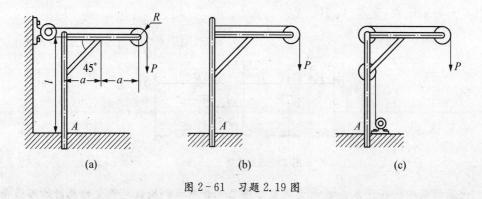

(a)　　　　　　(b)　　　　　　(c)

图 2-61　习题 2.19 图

2.20 图 2-62(a)、(b)、(c)为同一结构连续梁,承受载荷的位置不同,但载荷集度均为 q。若已知 q、a,求 A、B、C 三处约束力。

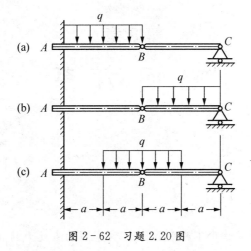

图 2-62 习题 2.20 图

2.21 在如图 2-63 所示液压制动机构中,液压缸在 B 处对杠杆提供一大小为 24 kN,垂直向下的力,各部分尺寸均示于图中。若已知制动闸与鼓轮之间的摩擦系数 $f = 0.40$,求:①鼓轮顺时针转动时所受的摩擦力矩;②鼓轮逆时针转动时所受的摩擦力矩。

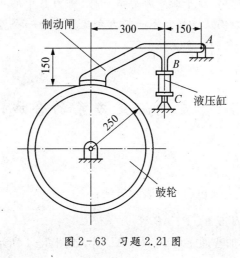

图 2-63 习题 2.21 图

第 3 章

空 间 力 系

本章主要通过空间力系作用下的平衡条件,来求解约束反力的大小。

空间力系的概念:各力的作用线不在同一平面内。工程中构件和机器中零部件的受力大部分是这样的。

空间力系的各种形式:空间汇交力系、空间力偶系、空间一般力系,如图1-5所示。

研究空间一般力系的思路:和平面一般力系一样,将力系中的每一个力向一点转化成为一个相同的力和一个附加力偶。这样空间一般力系就转化为一个空间汇交力系和一个空间力偶系,最终合成为一个主矢和一个主矩。

3.1 空间汇交力系的合成

3.1.1 空间力矢的表示

和平面力矢一样,空间力矢也有三种表示方法:

(1) 符号法:$\vec{F}$、$\vec{P}$、$\overrightarrow{AB}$ 或 $\boldsymbol{F}$、$\boldsymbol{P}$、$\boldsymbol{AB}$ 等。

(2) 几何法:有向线段加普通字母 F、P、AB 等,如图3-1所示。

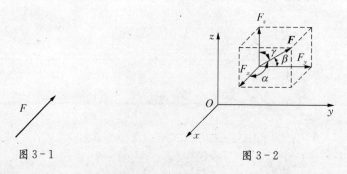

图 3-1   图 3-2

(3) 解析法:有一力 $\boldsymbol{F}$,取空间直角坐标系 $Oxyz$,如图3-2所示。以力 $\boldsymbol{F}$ 为对角线,作一正六面体,若已知力 $\boldsymbol{F}$ 分别与 x,y,z 轴之间的夹角为 α,β,γ,则利用三角形的边角关系,我们可以很方便地求出空间力矢在空间坐标轴上的三个投影,F_x、F_y、F_z:

$$F_x = \pm F\cos\alpha$$
$$F_y = \pm F\cos\beta \qquad (3-1)$$
$$F_z = \pm F\cos\gamma$$

力在轴上的投影是标量,符号规定为:从投影的起点到终点的方向与相应的坐标轴正向一致就取正号;反之,就取负号。

3.1.2　空间汇交力系的合成

如图 3-3 所示为各力已平移到汇交点的空间汇交力系 F_1, F_2, …, F_n, 我们可以与平面汇交力系一样采用几何法和解析法来合成。

几何法:用平行四边形法则将力系中的力两两相加得合力 R。即空间汇交力系的合力等于力系里各力的矢量和,其数学表达式为

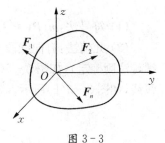

图 3-3

$$R = F_1 + F_2 + \cdots + F_n = \sum_{i=1}^{n} F_i \qquad (3-2)$$

解析法:一个空间力矢和它在空间坐标轴上的三个投影是等效的。所以要求空间力系的合力,只要求其在三个坐标轴上的投影,而空间力系的合力对任一坐标轴的投影等于力系中各力对该轴投影的代数和。

即

$$R \to \begin{cases} R_x = x_1 + x_2 + \cdots + x_n = \sum x \\ R_y = y_1 + y_2 + \cdots + y_n = \sum y \\ R_z = z_1 + z_2 + \cdots + z_n = \sum z \end{cases} \qquad (3-3)$$

3.2　空间力偶系的合成

3.2.1　空间力偶的性质

回忆平面力偶的性质:是标量,有二要素:力偶矩大小和转向;可在自己的作用面或互相平行的作用面内任意移转而不改变对物体的作用效应。

空间力偶的性质:

1. 是矢量,有三要素

如图 3-4 所示两个大小、转向相同,但作用面方位不同的空间力偶作用在同一飞机上,产生的作用效果不同,因此,空间力偶是矢量,可称为**空间力偶矩矢**,有三要素:力偶矩矢的大小、转向、作用面方位。

2. 空间力偶矩矢的表示法

与其他矢量一样,空间力偶矩矢也有三种表示法:

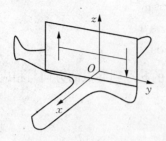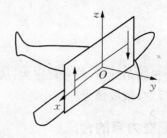

图 3-4

（1）符号法：$m(P, P')$或m。

（2）几何法：有向线段+字母(有向线段方向根据力偶作用面的法线、力偶的转向用右手螺旋法则确定)，如图 3-5(a)所示。也可在上述有向线段上再加上表示力偶转向的带箭头弧线，如图 3-5(b)所示。

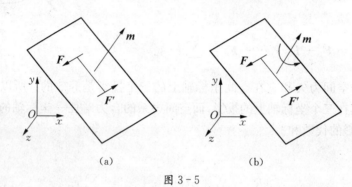

(a)   (b)

图 3-5

其中，有向线段的长度表示空间力偶矩矢的大小；有向线段的指向表示空间力偶矩矢作用平面的法向；有向弧线表示空间力偶矩矢的转向。

（3）解析法：与力一样是矢量，可用在空间坐标轴上的三个投影(m_x、m_y、m_z)表示。

3. 空间力偶矩矢具有力偶等效变换的性质

即可在自己的作用面内或互相平行的面内移转，所以空间力偶矩矢这个矢量可以滑动，也可以平移，叫自由矢量。可平移到任一点而不改变对物体的作用效应。刚体上的力矢可沿着自己的作用线移动而不改变对物体的作用效应叫**滑动矢量**。变形体上的力矢不可以移动叫**定位矢量**。因此，空间力偶系的合成就很方便，只要将所有力偶矩矢都平移到一点，再按汇交力系进行求和。

3.2.2　空间力偶系的合成

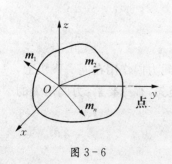

图 3-6

先将空间力偶系中所有力偶矩矢都平移到一点，再按汇交力系求和进行。如图 3-6 所示为已平移到 O 点的空间力偶系 m_1、$m_2 \cdots m_n$，我们可以与空间汇交力系一样，采用几何法和解析法来合成。

几何法：用平行四边形法则将力偶系中的力偶矩矢两两相加得合力偶矩矢 M。即空间力偶系的合力偶矩矢等于力偶系里各

力偶矩矢的矢量和,其数学表达式为

$$M = m_1 + m_2 + \cdots + m_n = \sum_{i=1}^{n} m_i = \sum m \qquad (3-4)$$

解析法:一个空间力偶矩矢和它在空间坐标轴上的三个投影是等效的。所以要求空间力偶系的合力偶矩矢,只要求其在三个坐标轴上的投影,而空间力偶系的合力偶矩矢对任一坐标轴的投影等于力偶系中各力偶矩矢对该轴投影的代数和。

即

$$M \rightarrow \begin{cases} M_x = m_{x_1} + m_{x_2} + \cdots + m_{x_n} = \sum m_x \\ M_y = m_{y_1} + m_{y_2} + \cdots + m_{y_n} = \sum m_y \\ M_z = m_{z_1} + m_{z_2} + \cdots + m_{z_n} = \sum m_z \end{cases} \qquad (3-5)$$

3.3 空间一般力系的合成

3.3.1 空间力对轴之矩和力对点之矩

1. 空间力对轴之矩

如图3-7所示,平面上力 F 对点 O 之矩,从空间来看就是力 F 对通过该点并垂直于其作用面的轴之矩。记作: $m_z(F) = m_O(F)$ $\qquad (3-6)$

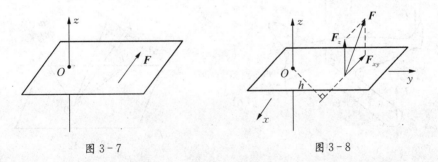

图3-7   图3-8

如图3-8所示,扩展到一般情形,如果力的作用线不垂直于轴,则力 F 对轴 z 之矩 $m_z(F)$ 等于力在垂直于 z 轴的平面内的分量 F_{xy} 对轴 z 与该平面交点 O 之矩:

$$m_z(F) = m_O(F_{xy}) = \pm F_{xy} \cdot h \qquad (3-7)$$

空间力对轴之矩是标量,其正负号可用从 z 轴的正方向看过去,逆正顺负来判定;或用右手螺旋法来判定:伸出右手握住 z 轴,四个手指头为其转动方向,若大拇指方向与 z 轴正向一致为正,反之为负,如图3-9所示。它是物体绕轴转动效果的度量。显然:

当 F 作用线 $// z$ 轴时, $m_z(F) = 0$

当 F 作用线与 z 轴相交时, $m_z(F) = 0$

当 F 作用线处于一般位置时, $m_z(F) = m_O(F_{xy}) = \pm F_{xy} \cdot h$。

如图 3-10 所示门绕 z 轴的转动是力与轴相交或平行时,对轴之矩为零的典型实例。

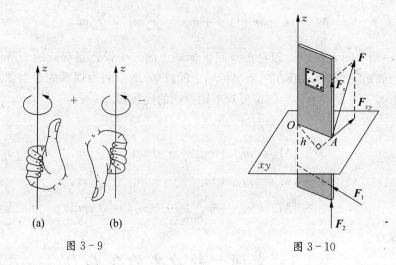

图 3-9   图 3-10

2. 空间力对点之矩

(1) 概念:回忆平面力系中,力对物体转动效应用力对点之矩度量。是标量,由大小、转向决定转动效应。

但在空间力系中,力对点之矩是矢量,由大小、转向、作用面方位决定转动效应,也称为 **力矩矢**。如图 3-11 所示,力 F 对 O 点之矩与力 T 对 O 点之矩,大小、转向一样,但作用面方位不同,转动效应就不同。

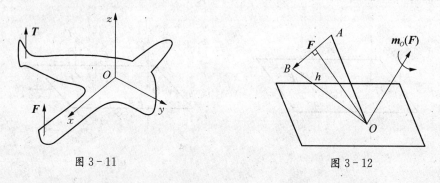

图 3-11   图 3-12

(2) 空间力矩矢的表示法:

① 符号法: $m_O(F)$ 。

② 几何法:用有向线段+字母(也可加上表示转向的带箭头弧线)表示,如图 3-12 所示。

③ 解析法:用力矩矢 $m_O(F)$ 在空间坐标轴上的三个投影表示:

$$m_O(F) \rightarrow \begin{cases} [m_O(F)]_x \\ [m_O(F)]_y \\ [m_O(F)]_z \end{cases} \qquad (3-8)$$

3. 空间中力对点之矩与力对轴之矩间的关系

如图 3-13 所示,力 F 对 O 点之矩矢 $m_O(F)$ 垂直于 OAB 平面且大小为

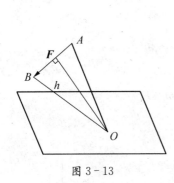

图 3 - 13

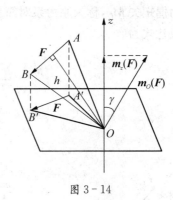

图 3 - 14

$$\boldsymbol{m}_O(\boldsymbol{F}) = F \cdot h = 2S_{\triangle OAB}$$

另一方面:如图 3 - 14 所示,力 $\boldsymbol{F}$ 对轴 z 之矩等于其在垂直于 z 轴之平面内的分量 $\boldsymbol{F}'$ 对交点 O 之矩,即:$m_z(\boldsymbol{F}) = \boldsymbol{m}_O(\boldsymbol{F}') = 2S_{\triangle OA'B'} = 2S_{\triangle OAB} \cdot \cos \gamma$

所以有 $\boldsymbol{m}_O(\boldsymbol{F})\cos \gamma = [\boldsymbol{m}_O(\boldsymbol{F})]_z = m_z(\boldsymbol{F})$

类似地,可以得到对其它两坐标轴关系式。于是,有:

$$\begin{cases} [\boldsymbol{m}_O(\boldsymbol{F})]_x = m_x(\boldsymbol{F}) \\ [\boldsymbol{m}_O(\boldsymbol{F})]_y = m_y(\boldsymbol{F}) \\ [\boldsymbol{m}_O(\boldsymbol{F})]_z = m_z(\boldsymbol{F}) \end{cases} \tag{3-9}$$

即:力对某点之矩矢在过该点任一轴上的投影等于力对该轴之矩。

注意:在空间问题中,力对点之矩是矢量,而力对轴之矩是标量。

3.3.2 空间合力矩定理

回忆平面力系中的合力矩定理:合力对任意点之矩等于力系中各力对同一点之矩的代数和。

同样,空间力系中合力矩定理也成立,并有所扩展:

空间力系的合力对任一点之矩等于该力系中各力对同一点之矩的矢量和:

$$\boldsymbol{m}_O(\boldsymbol{F}) = \sum \boldsymbol{m}_O(\boldsymbol{F}_i) \tag{3-10}$$

空间力系的合力对任一轴之矩等于该力系中各力对同一轴之矩的代数和:

$$m_z(\boldsymbol{F}) = \sum m_z(\boldsymbol{F}_i) \tag{3-11}$$

3.3.3 空间一般力系的合成

1. 几何式

如图 3 - 15(a)所示,刚体上作用有空间一般力系 $\boldsymbol{F}_1$,$\boldsymbol{F}_2$,$\cdots$,$\boldsymbol{F}_n$,我们仍采用力系向一点平移的方法,在刚体内任选一点 O 为简化中心,将各力平移到 O 点,等效得到一个作用于 O 点的空间汇交力系 $\boldsymbol{F}_1'$,$\boldsymbol{F}_2'$,$\cdots$,$\boldsymbol{F}_n'$ 和一个附加的空间力偶系 $\boldsymbol{m}_1$,$\boldsymbol{m}_2$,$\cdots$,$\boldsymbol{m}_n$,如图 3 - 15 (b)所示。进一步将空间汇交力系合成为一个合力 $\boldsymbol{R}$,称为原力系的主矢,将空间力偶系合成

为一个合力偶矩矢 M_O，称为原力系对简化中心 O 点的主矩，如图 3-15(c)所示。主矢和主矩的矢量表达式为

$$\begin{cases} \boldsymbol{R} = \sum_{i=1}^{n} \boldsymbol{F}_i' = \sum_{i=1}^{n} \boldsymbol{F}_i \\ \boldsymbol{M} = \sum_{i=1}^{n} \boldsymbol{m}_i = \sum_{i=1}^{n} \boldsymbol{m}_O(\boldsymbol{F}_i) \end{cases} \tag{3-12}$$

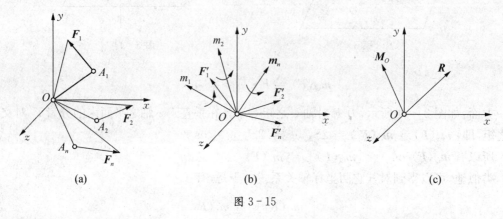

(a)　　　　　　　　(b)　　　　　　　　(c)

图 3-15

也即主矢为空间力系中各力的矢量和，主矩为空间力系中各力对简化中心之矩的矢量和。与平面力系一样，空间力系的主矢与简化中心的位置无关，而主矩却随着简化中心的位置不同而改变。

利用空间汇交力系和空间力偶系合成的解析式，上述简化结果也可以用解析式表示。

2. 解析式

为此，以简化中心 O 为原点，建立空间直角坐标系 $Oxyz$ 如图 3-15(c)所示，则上述空间力系的主矢 $\boldsymbol{R}$ 在各坐标轴上的投影分别为

$$\boldsymbol{R} \rightarrow \begin{cases} R_x = \sum_{i=1}^{n} x_i = \sum x \\ R_y = \sum_{i=1}^{n} y_i = \sum y \\ R_z = \sum_{i=1}^{n} z_i = \sum z \end{cases} \tag{3-13}$$

物理含义：空间力系主矢在某一坐标轴上的投影，等于力系中各力在同一坐标轴上投影的代数和。

根据空间力对点之矩和力对轴之矩的关系，上述空间力系的主矩 M_O 在各坐标轴上的投影分别为：

$$\boldsymbol{M}_O \rightarrow \begin{cases} M_{Ox} = \sum m_{Ox} = \sum [\boldsymbol{m}_O(\boldsymbol{F}_i)]_x = \sum [m_x(\boldsymbol{F}_i)] = \sum m_x \\ M_{Oy} = \sum m_{Oy} = \sum [\boldsymbol{m}_O(\boldsymbol{F}_i)]_y = \sum [m_y(\boldsymbol{F}_i)] = \sum m_y \\ M_{Oz} = \sum m_{Oz} = \sum [\boldsymbol{m}_O(\boldsymbol{F}_i)]_z = \sum [m_z(\boldsymbol{F}_i)] = \sum m_z \end{cases} \tag{3-14}$$

物理含义:空间力系对简化中心的主矩在某一坐标轴上的投影,等于力系中各力对同一坐标轴之矩的代数和。

3.4 空间一般力系的平衡条件及其应用

根据空间力系的简化结果可知,物体在空间力系作用下平衡的充分必要条件是,力系的主矢和对任意点的主矩均等于零。即

$$\begin{cases} \boldsymbol{R} = 0 \\ \boldsymbol{M}_O = 0 \end{cases} \tag{3-15}$$

应用(3-13)和(3-14)式,上述平衡条件可写成解析式:

$$\begin{cases} \sum x = 0 \\ \sum y = 0 \\ \sum z = 0 \\ \sum m_x = 0 \\ \sum m_y = 0 \\ \sum m_z = 0 \end{cases} \tag{3-16}$$

以上为空间力系的平衡方程,其物理含义为:空间力系平衡的充分必要条件是:力系中所有力在任选的空间直角坐标系 $Oxyz$ 的各坐标轴上投影的代数和等于零,力系中所有力对各轴之矩的代数和等于零。

下面举例说明空间力系的静平衡问题的解法。

例3.1 如图 3-16(a)所示转轴 AB 上装有齿轮 C,其节圆直径 $d = 4.8$ cm,压力角 $\alpha = 20°$,图中距离 $a = 9$ cm,$b = 21$ cm,已知轴 A 端作用有主动力偶矩 $\boldsymbol{m}_A = 70$ N·m,转向如图,齿轮轮齿所受啮合力 $\boldsymbol{P}$ 可正交分解成圆周力 $\boldsymbol{P}_t$ 及径向力 $\boldsymbol{P}_r$,求齿轮所受圆周力 $\boldsymbol{P}_t$ 及轴承 A、B 处的约束力。

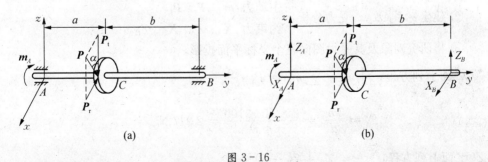

图 3-16

分析:如图 3-16(b)取齿轮及轴整体为对象,建坐标系 $Oxyz$,由于没有 y 方向的主动力,因此 A、B 两处为向心轴承,约束力可用正交分解的两个分量 X_A、Z_A 及 X_B、Z_B 表示,再列出六个平衡方程。

解:① 取齿轮及轴整体为对象;

② 建坐标,受力分析:主动力:m_A,P_t,P_r

约束力:X_A、Z_A、X_B、Z_B

③ 列方程:$\begin{cases} \sum x = X_A + X_B - P_r = 0 \\ \sum y = 0(自然满足) \\ \sum z = Z_A + Z_B - P_t = 0 \\ \sum m_x = Z_B \cdot (a+b) - P_t \cdot a = 0 \\ \sum m_y = P_t \cdot \dfrac{d}{2} - m_A = 0 \\ \sum m_z = P_r \cdot a - X_B \cdot (a+b) = 0 \end{cases}$

由题意:$P_r = P_t \cdot \tan\alpha$

解得:$P_t = 2\,917\,N$, $Z_B = 875\,N$, $Z_A = 2\,042\,N$, $X_B = 318.6\,N$, $X_A = 743.4\,N$

本例还有第二种解法:

分析:将研究对象及其受力图向三个坐标平面上投影,得到三个平面一般力系的受力图(如图 3-17 所示)。这样,就把空间力系的平衡问题转化为平面力系的平衡问题。

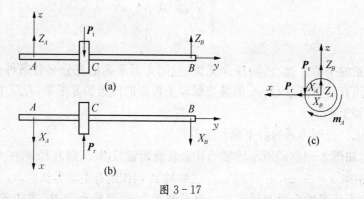

图 3-17

解:① 取齿轮 C 及轴整体为对象;

② 建坐标系 $Oxyz$,受力分析:$\begin{cases} 主动力:m_A、P_r、P_t \\ 约束力:X_A、Z_A、X_B、Z_B \end{cases}$

③ 将研究对象及其受力图向三个坐标平面投影,

XOZ 面上列方程:$\sum m_y = \sum m_A = P_t \cdot \dfrac{d}{2} - m_A = 0$

$$P_t = \frac{2m_A}{d} = \frac{2 \times 70 \times 100}{4.8} = 2\,917\,N$$

ZOY 面上列方程:$\sum z = Z_A + Z_B - P_t = 0$

$$\sum m_x = \sum m_A = Z_B(a+b) - P_t \cdot a = 0$$

XOY 面上列方程:$\sum x = X_A + X_B - P_r = 0$

$$\sum m_z = \sum m_A = P_r \cdot a - X_B(a+b) = 0$$

由题意：$P_r = P_t \cdot \tan \alpha$ 解得：$P_t = 2\,917\,\text{N}$，$Z_B = 875\,\text{N}$，$Z_A = 2\,042\,\text{N}$，$X_B = 318.6\,\text{N}$，$X_A = 743.4\,\text{N}$。

3.5 重心和形心

3.5.1 物体的重心和形心

1. 重心

重力是物体受地球的引力，如果把物体看成无数微元的集合，则各微元所受重力组成一空间平行力系。物体重力就是这个空间平行力系的合力。物体的重心就是物体重力的作用点，如图 3-18 所示 C 点就是重心。重心位置在工程中有重要意义，因此常要确定物体重心的位置。

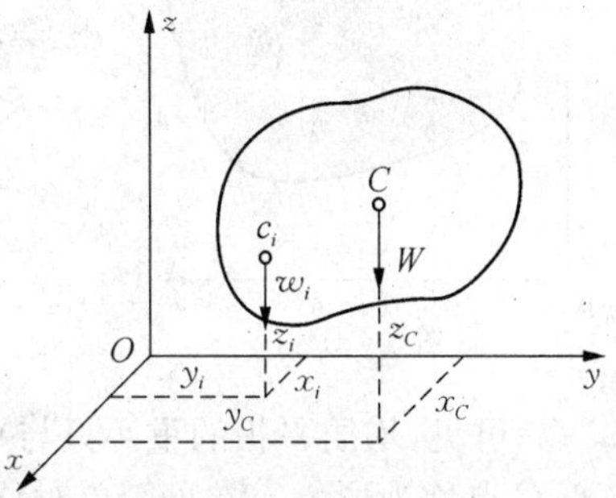

2. 重心的位置坐标

如图 3-18 所示。w_i 为组成物体的微元的重量，其重心位置坐标为 $c_i(x_i、y_i、z_i)$。W 是整个物体的重量，且 $W = \sum w_i$，重心在 C 处，求重心位置坐标 $C(x_C、y_C、z_C)$。

图 3-18

用合力矩定理(对轴)可得：

$$\begin{cases} x_C = \dfrac{\sum w_i \cdot x_i}{W} \\[2mm] y_C = \dfrac{\sum w_i \cdot y_i}{W} \\[2mm] z_C = \dfrac{\sum w_i \cdot z_i}{W} \end{cases} \tag{3-17}$$

可见，一般物体的重心位置与重力有关。

如物体是均质物体，其密度(单位体积的重力)是 γ，其体积为 V，各微元的体积为 Δv，则有 $W = \gamma \cdot V$，$w_i = \gamma \cdot \Delta v$，代入式(3-17)中得：

$$\begin{cases} x_C = \dfrac{\sum \gamma \cdot \Delta v \cdot x_i}{\gamma \cdot V} \\[2mm] y_C = \dfrac{\sum \gamma \cdot \Delta v \cdot y_i}{\gamma \cdot V} \\[2mm] z_C = \dfrac{\sum \gamma \cdot \Delta v \cdot z_i}{\gamma \cdot V} \end{cases} \tag{3-18}$$

当 $\Delta v \to 0$，由于均值物体密度 γ 是常数，所以式(3-18)可得：

$$\begin{cases} x_C = \dfrac{\int_V x \cdot \mathrm{d}v}{V} \\[3mm] y_C = \dfrac{\int_V y \cdot \mathrm{d}v}{V} \\[3mm] z_C = \dfrac{\int_V z \cdot \mathrm{d}v}{V} \end{cases} \qquad (3-19)$$

可见,均质物体的重心位置只与几何形状(体积)有关。

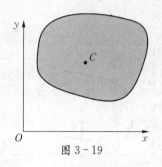

图 3-19

3. 平面图形的形心

对厚度为常数 t 的均质平板,如图 3-19 所示,$V = t \cdot A$,$\mathrm{d}v = t \cdot \mathrm{d}A$,重心位置只需两个坐标就可确定:

$$\begin{cases} x_C = \dfrac{\int_A x \cdot \mathrm{d}A}{A} \\[3mm] y_C = \dfrac{\int_A y \cdot \mathrm{d}A}{A} \end{cases} \qquad (3-20)$$

可见,均质平板的重心只与平板的平面形状(面积)有关,因此我们将平面几何图形的重心 C 点称为形心。常见简单对称图形(如圆、正方形、矩形等)的形心就是其几何中心。

4. 静矩

式(3-20)中 $\int_A y \cdot \mathrm{d}A$ 或 $y_C \cdot A$,可以看成是平面图形的面积对 x 轴之矩,记作 S_x,称为平面图形对 x 轴的"面积矩"或"静矩";同理,式(3-20)中 $\int_A x \cdot \mathrm{d}A$ 或 $x_C \cdot A$,记作 S_y,称为平面图形对 y 轴的"面积矩"或"静矩"。

静矩和形心的关系:根据静矩的定义,同一图形对于不同的坐标轴,静矩各不相同。且静矩可能为正、为负或为零。例如图 3-20 所示矩形,有 $S_{x_1} > 0$,$S_{x_2} < 0$,若坐标轴通过其形心,则图形对该轴之静矩等于零,如图 3-20 所示矩形,有 $S_{x_3} = S_y = 0$。反之,若图形对于某一轴的静矩等于零,则该轴必通过形心。

由式(3-20)还可知:平面图形的总面积对某轴静矩等于各分图形的面积对同一轴静矩的代数和,即

$$\begin{cases} x_C \cdot A = \int_A x \cdot \mathrm{d}A = S_y \\[3mm] y_C \cdot A = \int_A y \cdot \mathrm{d}A = S_x \end{cases} \qquad (3-21)$$

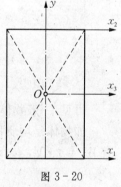

图 3-20

上式表明:平面图形的总面积乘以其形心坐标等于各分面积乘以各自相应形心坐标的代数和。

由式(3-21)可得:

$$\begin{cases} x_C \cdot A = \sum_{i=1}^{n} x_i \cdot A_i \\[3mm] y_C \cdot A = \sum_{i=1}^{n} y_i \cdot A_i \end{cases} \qquad (3-22)$$

上式表明:若分图形为形心位置已知的简单几何图像,则可求出总图形的形心坐标。

3.5.2 用复合加或复合减法求组合图形的形心

一些常见简单图形,如圆形、矩形、三角形、正方形等,其面积和形心都已知,也即静矩已知,而组合图形均可由简单图形复合加或复合减而来。我们可以利用式(3-22),通过简单图形的形心,由复合加或复合减法确定由它们组成的组合图形的形心。

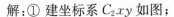 **例3.2** 如图3-21所示T形截面,已知 $a = 5\ \text{cm}$, $b = 25\ \text{cm}$。试求截面形心的位置。

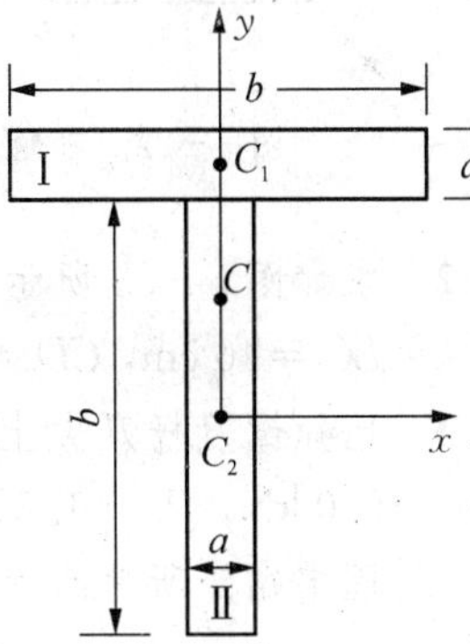

分析:T形截面可看成两个简单对称图形:矩形Ⅰ和Ⅱ组合而成,矩形Ⅰ和Ⅱ的形心在其几何中心,建立坐标系后,可由式(3-22)求出T形截面的形心位置坐标。

解:① 建坐标系 $C_2 xy$ 如图;

② 写出Ⅰ,Ⅱ两矩形的形心坐标、面积,

$$C_1 : x_1 = 0,\ y_1 = \frac{a+b}{2}$$

$$C_2 : x_2 = 0,\ y_2 = 0$$

$$A_1 = a \cdot b,\ A_2 = a \cdot b$$

③ 由式(3-22)求T形截面的形心 C 的坐标 x_C、y_C。

$$x_C = 0$$

$$y_C = \frac{\sum \Delta A_i \cdot y_i}{A} = \frac{A_1 y_1 + A_2 y_2}{A_1 + A_2} = \frac{ab \cdot \frac{a+b}{2} + ab \cdot 0}{ab + ab} = \frac{a+b}{4} = \frac{5+25}{4} = 7.5\ \text{cm}$$

图3-21

 小结

(1) 空间力矢 $\boldsymbol{F}$ 常用其在空间坐标轴上的三个投影 F_x、F_y、F_z 来等效表示。

(2) 在研究力对于转动物体的作用时,用力对轴之矩来衡量转动效应的大小,其表达式为 $m_z(\boldsymbol{F}) = \boldsymbol{m}_O(\boldsymbol{F}_{xy}) = \pm F_{xy} \cdot d$

(3) 空间任意力系的平衡方程为:

$$\sum X = 0,\ \sum Y = 0,\ \sum Z = 0$$

$$\sum m_x(\boldsymbol{F}) = 0,\ \sum m_y(\boldsymbol{F}) = 0,\ \sum m_z(\boldsymbol{F}) = 0$$

(4) 确定均质平板的重心位置常用复合加或复合减法。

 习题

3.1 长方体的顶角 A 和 B 处分别有 F_1 和 F_2 作用,$F_1 = 500\ \text{N}$,$F_2 = 700\ \text{N}$,如图3-22所

示。试分别计算两力在 x、y、z 轴上的投影和对 x、y、z 轴之矩。

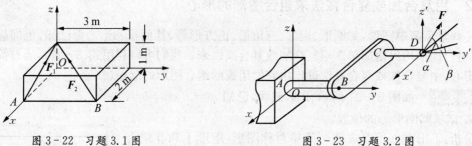

图 3-22 习题 3.1 图   图 3-23 习题 3.2 图

3.2 求如图 3-23 所示手柄上的力 F 对 x, y, z 轴之矩,已知 $F = 100$ N, $AB = 20$ cm, $BC = 40$ cm, $CD = 15$ cm, A、B、C、D 处于同一水平面内, $\alpha = \beta = 60°$。

3.3 已知镗刀杆刀尖上所受的切削力在 x、y、z 轴方向的分力为 $P_x = 0.75$ kN, $P_y = 5.0$ kN, $P_z = 1.5$ kN。如图 3-24 所示。若已知刀尖位于 Oxy 平面内,求:镗刀杆根部固定端处所受的约束力。

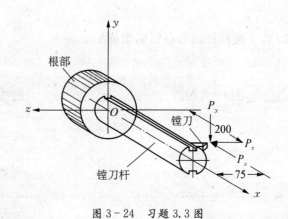

图 3-24 习题 3.3 图

3.4 图 3-25 所示为卷扬机结构简图,其中 G 为缆绳。若起吊重物重量 $Q = 981$ N,求:轴承 A、B 二处约束力。

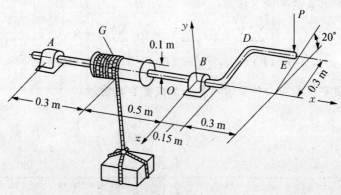

图 3-25 习题 3.4 图

3.5 图 3-26 所示为胶带-齿轮传动轴，$T_1 = 200\ \text{N}$，$T_2 = 100\ \text{N}$，胶带轮的直径为 $D_2 =$ 160 mm，齿轮 C 节圆半径(齿轮啮合为齿面接触点到轮心的距离为半径的圆称为节圆) $D_1 = 240$ mm，压力角 $\alpha = 20°$。求：

(1) 齿轮啮合力 P 的大小。

(2) A、B 二处的约束力。

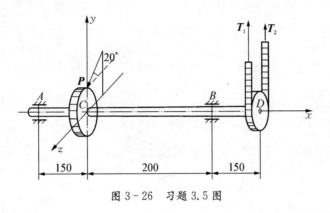

图 3-26 习题 3.5 图

3.6 求图 3-27 中所示平面图形的形心位置。

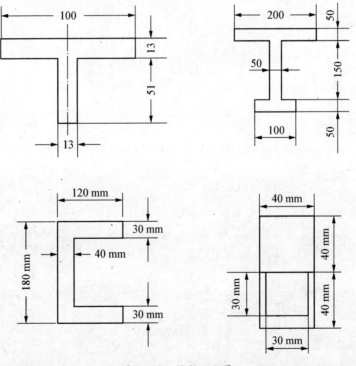

图 3-27 习题 3.6 图

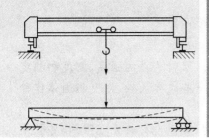

引　言

1　材料力学的任务

工程结构或机械的各组成部分,如建筑物的梁和柱、机床的轴等,统称为构件。在外力的作用下,构件具有抵抗破坏的能力,但这种能力又是有限度的。在外力作用下,构件的尺寸和形状还将发生变化,称为变形。当外力超过一定的限度,构件就会丧失其正常功能,这种现象称为"失效"或"破坏"。

为保证机械和结构正常工作,构件应有足够的能力来承受外载荷,因此,一般要求构件应满足下列要求:

(1) 强度要求。构件或零部件在规定载荷下,不应发生破断或塑性变形。当施加的载荷小于一定数值时,构件会发生变形,而当载荷去除后,变形又会随之消失,该变形称为"弹性变形";当施加的载荷超过一定数值,构件的变形不会因载荷的去除而完全消失,该变形称为"塑性变形"。例如,起重机的吊索在起吊重物时,不能被拉断;又如齿轮传动中,轮齿和传动轴都不能发生断裂。强度要求就是指构件应有足够的抵抗破坏的能力。

(2) 刚度要求。在某些情况下,构件即使有足够的强度,但若变形过大仍不能正常工作。例如,机床主轴在运转时受载荷作用而弯曲,若变形超过一定限度,就会影响工件的加工精度以及造成轴承的不均匀磨损等。刚度要求就是指构件应有足够的抵抗变形的能力。

(3) 稳定性要求。有些受压细长杆,如千斤顶的螺杆、内燃机的挺杆等,应始终维持原有的直线平衡形态,保证不被压弯。稳定性要求就是指构件应有足够的保持原有平衡形态的能力。

若构件横截面尺寸不足或形状不合理,或材料选用不当,将不能满足上述要求,从而不能保证工程结构或机械的安全工作。但是,也不应不恰当地加大横截面尺寸或选用优质材料,这会增加成本,造成浪费。所以,材料力学的任务就是在满足强度、刚度和稳定性的要求下,为设计既安全又经济的构件,提供必要的理论基础、计算方法和实验手段。

2 变形固体的基本假设

固体因外力作用而变形,故称为变形固体或可变形固体。研究构件的强度、刚度和稳定性时,为抽象出力学模型,掌握与问题有关的主要属性,略去一些次要属性,对变形固体作如下假设:

(1) 均匀连续假设。假设构件材料是连续且均匀分布的,即假设材料无空隙地、并且均匀地分布于物体所占有的全部空间。

从微观上看,一切物体是由不连续的晶粒组成的,但是,构件的尺寸远比晶粒之间的空隙大得多,而且,为数众多的晶粒是杂乱无章地排列的,因此,从宏观的统计平均值来看,可以认为,物体具有连续均匀特点。

(2) 各向同性假设。假设材料沿各个方向的力学性质是相同的,这样就可以用一个参数来描写材料在各个方向上的某种力学性能。

(3) 小变形假设。假设物体在外力作用下所产生的变形与物体本身尺寸相比是微小的。因此,在对构件进行平衡和运动分析时,可以不计其微小的变形,而按变形前的原始尺寸来考虑,从而使计算大大简化。

3 杆件变形的基本形式

工程实际中的构件有各种不同的形状,材料力学的研究对象主要是杆件。杆件是指长度远比其横向尺寸大得多的构件,杆件的轴线是指杆件各横截面形心的连线。轴线为直线的杆称为"直杆",轴线为曲线的杆称为"曲杆"。所有横截面的形状和大小都相同的杆称为"等截面杆";反之,为"变截面杆"。

除杆件外,工程中常用的构件还有平板和壳体等。

杆件受力有各种情况,相应的变形就有各种形式,杆件变形的基本形式有如下几种:

(1) 拉伸或压缩。当杆件所受外力(或外力的合力)的作用线与杆的轴线重合,杆件的变形为轴向伸长或缩短(见图 0-1)。桁架结构中的杆件、液压油缸的活塞杆、起吊重物的吊索、千斤顶的螺杆等都属于拉伸或压缩变形。

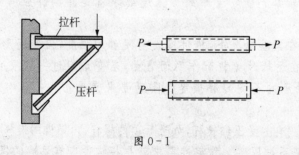

图 0-1

(2) 剪切。当大小相等、方向相反、作用线平行且非常接近的两个力沿垂直于轴线方向作用于杆件时,将产生剪切变形(见图 0-2)。机械中常用的连接件,如键、销钉、铆钉、螺栓等都产生剪切变形。

(3) 扭转。当在杆件的两端截面内施加大小相等、方向相反的力偶时,杆件将产生扭转变形(见图 0-3)。如汽车方向盘的转向轴、电机的主轴,机械中的各类传动轴,都承受扭转变形。

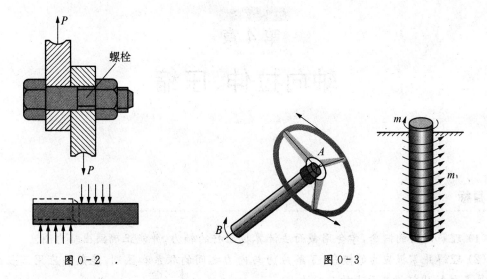

图0-2　　　　　　　　　　　　　　　　　　　图0-3

（4）弯曲。当外力施加在杆的某个纵向平面内并垂直于杆的轴线，或者在某个纵向平面内施加力偶时，杆将发生弯曲变形，其轴线将由直线变成一曲线（见图0-4）。例如，车辆的车轴、起重机大梁、房屋结构和船舶结构中的横梁、纵梁等都属于弯曲变形。

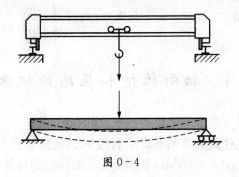

图0-4

还有一些杆件同时发生几种基本变形，如车床主轴工作时会同时发生弯曲、扭转和压缩等变形，这种情况称为组合变形。

第4章

轴向拉伸、压缩

学习目标

（1）理解内力的概念，学会用截面法计算拉压杆的轴力，并能正确画出轴力图。

（2）理解并掌握应力的概念，了解应力与内力之间的联系和区别，能熟练应用正应力公式计算各种拉压杆横截面上的正应力。

（3）掌握拉压杆的强度计算准则及拉压杆的强度计算方法。

（4）掌握关于变形、应变和刚度的概念，正确理解胡克定律，了解变形计算公式中各项的含义并能计算出杆的轴向变形。

（5）理解应力应变曲线，了解材料的各种力学性能。

4.1 轴向拉伸和压缩的概念

在生产实践中，构件经常受到轴向拉伸或压缩的变形。

例如图4-1所示的立柱式旋臂吊车，BC 杆受到轴向拉伸变形，AB 杆受到轴向压缩变形。又如内燃机的连杆（如图4-2所示）等都是受压缩作用的构件。此外如起重钢索在起吊重物时，拉床的拉刀在拉削工件时，都承受拉伸作用。

这些构件虽然外形各异，但其受力有共同特点：作用于杆件上的外力合力的作用线与杆件的轴线重合，杆件的变形是沿轴线方向的伸长或缩短。若对这类杆件的形状和受力情况进行简化，则可得如图4-3所示的受力简图，其中用虚线表示变形后的形状。

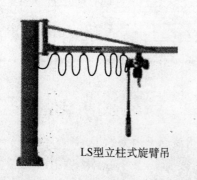

LS型立柱式旋臂吊

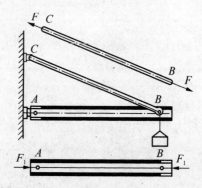

图4-1

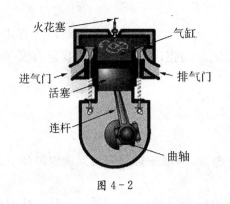

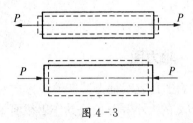

图 4 - 2

图 4 - 3

4.2　拉、压杆的内力　截面法

4.2.1　内力

　　杆件在外力作用下发生变形,引起内部相邻各部分相对位置发生变化,从而产生附加内力,这就是本篇中所讨论的内力。

　　杆件的内力随着变形的增加而增加,对于确定的材料,内力的增加有一定的限度,超过这一限度,构件将发生失效。因此,内力分析是强度、刚度分析的基础。

4.2.2　截面法　轴力

　　内力的计算是分析构件强度、刚度、稳定性等问题的基础。"截面法"是求内力的一般方法,也是材料力学中的基本方法之一。

　　截面法包括以下三个步骤:

　　(1) 在需要求内力的截面处,用"假想截面"将杆截分为两部分,如图 4 - 4(a)所示。

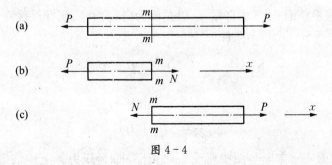

图 4 - 4

　　(2) 将两部分中的任一部分留下,并把另一部分对留下部分的作用代之以作用在截面上的内力(力或力偶),如图 4 - 5(b)、(c)所示。

　　(3) 对留下的部分建立平衡方程:$\sum x = 0$,求出截面上内力的大小和方向。

$$\sum x = 0: \qquad N - P = 0$$

$$N = P$$

因为外力 P 的作用线与杆件轴线重合,内力的合力 N 的作用线也必然与杆件的轴线重合,所以 N 称为"轴力"。习惯上,把拉伸时的轴力规定为正,压缩时的轴力规定为负,即:拉为正;压为负。

轴力的量纲为【力】,国际单位用 N(牛顿)或 kN(千牛)。

4.2.3 轴力图

轴力图是表示轴力沿杆轴线方向变化情形的图形,借助于轴力图可以确定杆件上最大轴力 N_{max} 的大小和方向及其作用截面的位置。

按选定的比例尺,用平行于杆轴线的横坐标表示横截面的位置,用垂直于杆轴线的纵坐标表示横截面上轴力的数值,从而绘出表示轴力与横截面位置关系的图线,称为轴力图。习惯上将正值的轴力图画在横坐标上侧,负值的画在下侧。

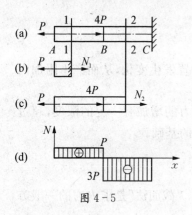

图 4-5

例 4.1 绘制图 4-5(a)中所示之直杆的轴力图,假设 P 为已知。

解:杆在 A、B、C 三个截面处分别承受载荷(P、$4P$)和约束力(R_C);因此杆的 AB 段和 BC 段的轴力不等,故需分两段画出其轴力图。

① 分段计算轴力。对 AB 段,用假想截面 1-1 将杆截开,以左段为研究对象,设截面上的轴力 N_1 为正方向,如图 4-5(b)所示。由平衡条件

$$\sum x = 0: \qquad N_1 - P = 0$$

解得

$$N_1 = P(拉力)$$

这表明,AB 段各截面上的轴力均等于 P,且为拉力。

对 BC 段,用假想截面 2-2 将杆截开,以左段为研究对象,同样设截面上的轴力 N_2 为正方向,如图 4-5(c)所示。由平衡条件

$$\sum x = 0: \qquad N_2 + 4P - P = 0$$

解得

$$N_2 = -3P(压力)$$

式中负号表示轴力的实际方向与图中所设方向相反,即为压力。上述结果表明,BC 杆各截面上的轴力均等于 $-3P$,且为压力。

② 画轴力图。建立 $N\text{-}x$ 坐标系,如图 4-5(d)中所示。因为 AB 和 BC 段杆的各截面上的轴力分别为常数 P 和 $-3P$,故轴力图均为平行于 x 轴的直线。据此,即可按比例画出轴力图如图 4-5(d)所示。

③ 计算最大轴力。由轴力图可以看出,绝对值最大的轴力发生在 BC 段杆的各截面上,

其值为

$$|N|_{\max} = 3P$$

例 4.2　绘制图 4-6(a)中所示杆的轴力图。

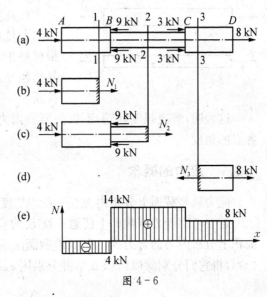

图 4-6

解：由于 A、B、C、D 四个截面处都有外力作用，故 AB、BC、CD 各段轴力不等，需分段绘制轴力图。

① 分段计算轴力。对 AB 段，用 1-1 截面截开杆，以左段为研究对象，设轴力 N_1 为正方向，如图 4-6(b)所示。由平衡条件

$$\sum x = 0：\qquad N_1 + 4 = 0$$

解得

$$N_1 = -4 \text{ kN（压力）}$$

对 BC 段，用 2-2 截面截开杆，以左段为研究对象，设轴力 N_2 为正方向，如图 4-6(c)所示。由平衡条件

$$\sum x = 0：\qquad N_2 + 4 - 2 \times 9 = 0$$

求得

$$N_2 = 14 \text{ kN（拉力）}$$

对 CD 段，用 3-3 截面截开杆，以右段为研究对象，设轴力 N_3 为正方向，如图 4-6(d)所示。由平衡条件

$$\sum x = 0：\qquad 8 - N_3 = 0$$

求得

$$N_3 = 8 \text{ kN（拉力）}$$

上述结果表明，AB、BC、CD 段内各截面上的轴力分别为常数 -4 kN、14 kN、8 kN。

② 画轴力图。建立 N-x 坐标系，如图 4-6(e)中所示。因为各段内的轴力均为常数，故轴力图均为平行于 x 轴的直线。据此，按比例即可画出轴力图如图 4-6(e)所示。

③ 计算最大轴力。由轴力图可以看出，最大轴力发生在 BC 段杆的各截面上，且为拉力，其值为

$$N_{\max} = 14 \text{ kN}$$

4.3 拉压杆横截面上的正应力

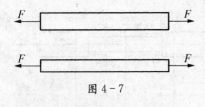

图 4-7

在确定了拉(压)杆的轴力以后,还不能判断杆在外力作用下是否会因强度不足而破坏。例如图 4-7 中所示两根材料相同,受力相同,但横截面积不同的拉杆,两者轴力显然相等。但当拉力逐渐加大时,截面积小的杆首先被拉断。

这表明,解决强度问题,不仅要研究内力的合力,而且要研究杆件横截面上分布内力在各点的集度。

4.3.1 应力的概念

应力就是截面上分布内力在一点的集度。

若要考察受力杆截面上任意一点 E 的应力,则在 E 点周围取一微小面积 ΔA,假设 ΔA 面积上分布内力的合力为 ΔP,其沿截面法线和切线方向的分力分别为 ΔN 和 ΔT[如图 4-8 (a)],将它们分别除以面积 ΔA,并分别用 σ_m 和 τ_m 表示:

$$\sigma_m = \frac{\Delta N}{\Delta A} \qquad \tau_m = \frac{\Delta T}{\Delta A} \qquad (4-1)$$

它们分别表示垂直于截面和作用在截面内的内力在 ΔA 面积上的平均集度,分别称为平均正应力和平均剪应力。

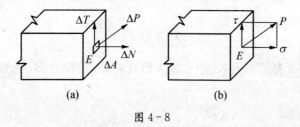

(a)   (b)

图 4-8

当面积 $\Delta A \rightarrow 0$ 时,可得到截面上分布内力在一点的集度,即为一点的应力:

$$\sigma = \lim_{\Delta A \to 0} \frac{\Delta N}{\Delta A} \qquad \tau = \lim_{\Delta A \to 0} \frac{\Delta T}{\Delta A} \qquad (4-2)$$

其中 σ 称为截面上一点的正应力,τ 称为截面上一点的剪应力,如图 4-8(b)所示。

应力的量纲为【力】·【长度】$^{-2}$,国际单位用 MPa(兆帕)。$1\,MPa = 1\,MN/m^2$ 或 $1\,MPa = 1\,N/mm^2$。MPa 与 Pa 的关系为 $1\,MPa = 10^6\,Pa$。

4.3.2 拉(压)杆横截面上的正应力

当等截面直杆承受轴向载荷时,将产生均匀的轴向变形。根据材料均匀连续的假设可知:在杆的横截面上将只有沿轴线方向的应力,即正应力,并且在整个截面上均匀分布(如图 4-9所示)。

设横截面上轴力为 N，面积为 A，由于正应力在截面上均匀分布，故有

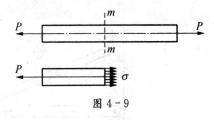

图 4-9

$$\sigma A = N$$

由此可得

$$\sigma = \frac{N}{A} \qquad (4-3)$$

上式为计算拉、压杆横截面上正应力的表达式。通常规定：拉应力为正；压应力为负。

当等直杆受几个轴向外力作用时，由轴力图可知其最大轴力 N_{max}，将 N_{max} 代入式(4-3)可得

$$\sigma_{max} = \frac{N_{max}}{A} \qquad (4-4)$$

其中 σ_{max} 为最大正应力。

等直杆工作时，危险截面为最大轴力所在的横截面，危险截面上的正应力称为最大工作应力。

例4.3 计算例题 4.2 中所示 1-1、2-2、3-3 横截面上的正应力。已知杆各段的直径分别为 $d_1 = d_3 = 30\ mm$，$d_2 = 20\ mm$。

解：① 确定各截面轴力。

根据例 4.2 可知，截面上轴力分别为

$$N_1 = -4\ kN \qquad N_2 = 14\ kN \qquad N_3 = 8\ kN$$

② 计算各截面正应力。

在 1-1 截面上，

$$\sigma_1 = \frac{N_1}{A_1} = \frac{4N_1}{\pi d_1^2} = \frac{4 \times (-4) \times 10^3}{\pi 30^2} = -5.66\ MPa（压应力）$$

在 2-2 截面上，

$$\sigma_2 = \frac{N_2}{A_2} = \frac{4N_2}{\pi d_2^2} = \frac{4 \times 14 \times 10^3}{\pi 20^2} = 44.6\ MPa（拉应力）$$

在 3-3 截面上，

$$\sigma_3 = \frac{N_3}{A_3} = \frac{4N_3}{\pi d_3^2} = \frac{4 \times 8 \times 10^3}{\pi 30^2} = 11.3\ MPa（拉应力）$$

例4.4 简单吊车结构简图如图 4-10(a)所示。重量 $Q = 30\ kN$ 的重物通过吊钩可以沿水平方向移动。斜杆 AB 为钢制圆杆，直径 $d = 25\ mm$，$\alpha = 30°$。求：斜杆 AB 横截面上可能产生的最大正应力。

解：① 受力分析。因为 AB 杆为二力杆，所以无论吊钩处于 BC 梁的哪一位置，斜杆 AB 都将承受轴向载荷[见图 4-10(b)]。但吊钩位置改变时，BC 杆所受的力也随之改变。

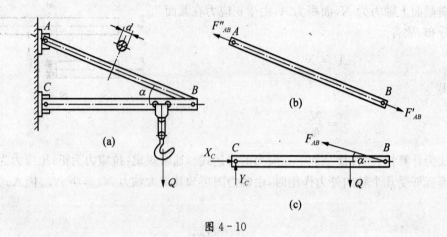

图 4 - 10

以 BC 梁为研究对象,其受力图如图 4 - 10(c)所示。假设吊钩距 C 端距离为 x,由平衡条件

$$\sum m_c = 0: F_{AB} \cdot l_{BC} \sin \alpha - Q \cdot x = 0$$

$$F_{AB} = \frac{2Q \cdot x}{l_{BC}}$$

由上式可知,当 $x = l_{BC}$ 时,$F_{AB} = P_{max} = 2Q = 60 \text{ kN}$

② 计算应力。当载荷达到最大值 P_{max} 时,斜杆 AB 中的轴力最大,其值为

$$N_{max} = P_{max} = 60 \text{ kN(拉力)}$$

这时杆横截面上的正应力为最大,其值为

$$\sigma_{max} = \frac{N_{max}}{A} = \frac{4N_{max}}{\pi d^2} = \frac{4 \times 60 \times 10^3}{\pi \times 25^2} = 122 \text{ MPa(拉应力)}$$

4.4 材料在拉伸与压缩时的力学性能

材料在外力作用下表现出的变形、破坏等方面的特性,称为材料的力学性能,也称为机械性能。本节主要介绍工程中常用材料在拉伸和压缩时的力学性能。

材料的力学性能由实验测定。在室温下,以缓慢平稳的加载方式进行试验,称为常温静载试验(见图 4 - 11),它是确定材料力学性能的基本试验。

按照我国的国家标准,拉伸试验所采用的标准试件如图 4 - 12 所示,分别为圆截面试件和矩形截面板试件。其中 d_0 为圆柱试件的直径;b_0、a_0 为板试件的横截面尺寸;L_0 为测量试件变形的有效长度,称为"标距"。对圆截面试件,标距 L_0 与直径 d_0 有两种比例,即

$$L_0 = 10d_0 \qquad 或 \qquad L_0 = 5d_0$$

对于板试件,标矩 L_0 与横截面积 $A = b \times h$ 之间的关系应为

$$L_0 = 11.3\sqrt{A} \qquad 或 \qquad L_0 = 5.65\sqrt{A}$$

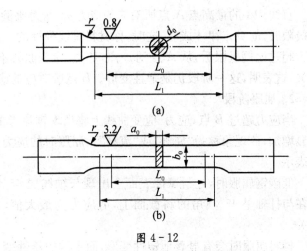

图 4-11　　　　　　　　　　　　　　　　　图 4-12

4.4.1　低碳钢拉伸时材料的力学性能

低碳钢一般是指含碳量在 0.3% 以下的碳素钢。在拉伸试验中,低碳钢表现出的力学性能最为典型,同时,低碳钢也是工程中使用较广的材料。

试件装上试验机,受到缓慢增加的拉力作用。对应每一个拉力 P,试件标距 L 有一个伸长量 ΔL。表示 P 和 ΔL 的关系的曲线,称为拉伸图或 $P\text{-}\Delta L$ 曲线(见图 4-13)。

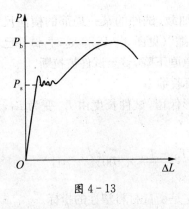

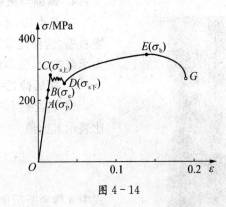

图 4-13　　　　　　　　　　　　　　　　　图 4-14

将 P 和 ΔL 分别除以试件受力前的横截面积和标矩原长,由 $P\text{-}\Delta L$ 曲线得到 $\sigma\text{-}\varepsilon$ 曲线,称为"应力-应变曲线"或"应力-应变图"(如图 4-14 所示),它表示拉伸试验过程中各个阶段的应力-应变关系。

根据实验结果,低碳钢的力学性能大致如下所述:

1. 线弹性阶段

在图 4-14 中,拉伸初始阶段的 σ 和 ε 的关系为直线 OA,这表示在这一阶段内,应力 σ 和应变 ε 成正比,写成等式即为

$$\sigma = E\varepsilon \tag{4-5}$$

这就是拉伸或压缩的胡克定律。式中 E 为直线 OA 的斜率,是与材料有关的弹性模量。

直线 OA 的最高点 A 点所对应的应力 σ_P 称为比例极限。显然,只有应力小于或等于比例极限时,胡克定律才成立,这时,称材料是线弹性的。

超过比例极限后,从 A 点到 B 点,应力、应变曲线不再是直线,但卸载后变形仍可以完全消失,这表明,这一阶段仍是弹性变形。B 点所对应的应力 σ_e 称为"弹性极限"。

2. 屈服阶段

当应力超过 B 点,应力-应变曲线上将出现锯齿形的 BD 段,这时应力不增加,而应变却明显增加,该现象称为"屈服"或"流动"。屈服时的应力值称为"屈服应力"或"屈服强度",用 σ_s 表示。

低碳钢屈服时,光滑试件表面会出现与轴线成 $45°$ 角的条纹,称为"滑移线"。因为拉伸时在与杆轴呈 $45°$ 倾角的斜截面上,剪应力为最大值,可见屈服现象的出现与最大剪应力有关。

材料屈服时会有显著地塑性变形,而零件的塑性变形将影响机器的正常工作,所以屈服极限 σ_s 是衡量材料强度的重要指标。

3. 强化阶段

屈服阶段过后,为使试件继续变形,需继续增加载荷,这种现象称为"强化"。图 4-14 中 DE 段的最高点 E 点所对应的应力 σ_b 是材料所能承受的最大应力,称为强度极限或抗拉强度。它是衡量材料强度的另一重要指标。在强化阶段中,试件的横向尺寸有明显的缩小。

4. 颈缩与破断阶段

过 E 点后,若再继续加载,试件的某一局部的横向尺寸会急剧收缩,这种现象称为"颈缩"(见图 4-15)。这时,试件已完全丧失承载能力,故拉伸曲线急剧下降,直至试件被拉断。

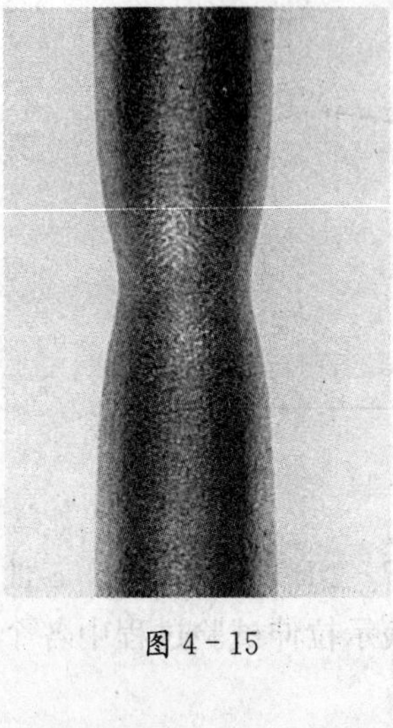

5. 断后伸长率和断面收缩率

试件拉断后,塑性变形保留,试件长度由 L_0 变为 L_1,用百分比表示其比值

$$\delta = \frac{L_1 - L_0}{L_0} \times 100\% \qquad (4-6)$$

式中 δ 称为断后伸长率,它是衡量材料塑性的指标。

工程上通常按断后伸长率的大小把材料分成两大类,$\delta > 5\%$ 的材料称为"塑性材料",低碳钢、青铜和铝等均属此类;$\delta \leqslant 5\%$ 的材料称为"脆性材料",灰口铸铁、高碳工具钢等均为此类。

图 4-15

若设试件拉伸前的横截面积为 A_0,拉断后颈缩处的最小横截面积为 A_1,用百分比表示其比值

$$\psi = \frac{A_0 - A_1}{A_0} \times 100\% \qquad (4-7)$$

式中 ψ 称为"截面收缩率",它是衡量材料塑性的另一指标。

6. 卸载定律及冷作硬化

若将试件加载到 C 点后卸载,直至载荷为零,此时的应力-应变曲线将沿着斜直线 CO_1 回到 O_1 点,斜直线 CO_1 近似地平行于 OA[如图 4-16(a)]。这说明:卸载过程中,应力和应变按直线规律变化,这就是卸载定律。载荷完全卸载后,材料的变形并没有完全消除,OO_1 段就是残余的塑性变形。

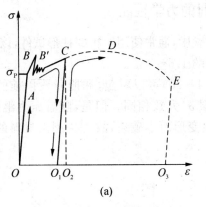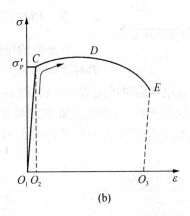

图 4-16

卸载后,若在短期内再次加载,则开始时应力和应变曲线大致上沿卸载时的路径变化(直线 O_1C),到达 C 点后再沿着曲线 CDE 变化[如图 4-16(b)]。这表明。试件在第二次加载时比例极限得到了提高,而塑性变形和延伸率降低,这就是"冷作硬化"现象。

工程上常利用冷作硬化来提高材料的弹性阶段,如起重机械中的钢缆绳、建筑构件中的钢筋等,都预先经过冷拉工艺以提高强度。但零件初加工后的冷作硬化又会使材料变脆变硬,给下一步加工造成困难,这时就需要采用退火工艺来消除冷作硬化的影响。

4.4.2 其他材料在拉伸时的力学性能

工程上常用的塑性材料,其拉伸时的应力-应变曲线,有的没有明显的屈服阶段(如图 4-17 所示)。对于这类材料,工程中常以产生 0.2% 塑性变形时的应力值作为材料的屈服强度,称为"条件屈服强度",用 $\sigma_{0.2}$ 表示,如图 4-18 所示。

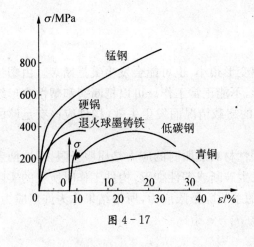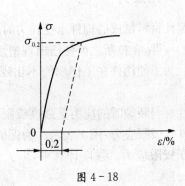

图 4-17   图 4-18

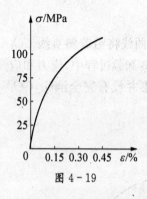

图 4-19

至于脆性材料,在拉伸试验中,其应力-应变曲线上没有明显的线弹性阶段和屈服阶段,拉断前也没有颈缩现象,并且从开始加载到试件被拉断,试件的弹性变形和塑性变形都很小。以铸铁为例(见图 4-19),其被拉断时的最大应力即为其强度极限,因为没有屈服现象,强度极限 σ_b 是衡量铸铁强度的唯一指标。

4.4.3 材料压缩时的力学性能

在金属的压缩试验中,通常使用短粗圆柱形试件,以免被压弯。圆柱高度一般为直径的 1.5～3 倍。

从低碳钢压缩时的应力-应变曲线(见图 4-20)可以看出,屈服阶段以前的压缩曲线与拉伸曲线基本重合,弹性模量 E 和屈服极限 σ_s 大致相同。但是,随着压力继续增大,试件的横截面积不断增大,可以产生很大的塑性变形而不破裂,故无法测出材料的抗压强度极限。

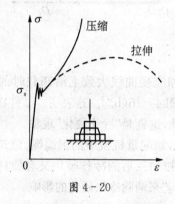

图 4-20

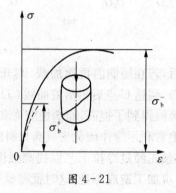

图 4-21

铸铁压缩时的应力-应变曲线如图 4-21 所示,与拉伸曲线相似,其线弹性阶段不明显。不同的是,抗压强度极限远高于抗拉强度极限(约 3～4 倍)。所以,脆性材料宜用作受压构件。

4.5 拉、压杆的失效、安全系数和强度计算

4.5.1 许用应力

由脆性材料制成的构件承受拉力时,即使变形很小,也可能会发生突然断裂。由塑性材料制成的构件,在拉断之前便已出现塑性变形,不能正常工作。可以把断裂和塑性变形统称为失效。为了使构件在工作期间不出现意外的超载情况而发生失效,构件应该有足够的强度储备。

脆性材料断裂时的应力是强度极限 σ_b,塑性材料屈服时的应力是屈服极限 σ_s,这两者统称为构件的极限应力,用 σ° 表示。为保证不发生破断或塑性变形,构件工作时所受的实际应力应低于极限应力。强度计算中,以大于 1 的系数除极限应力,所得结果称为许用应力,用 $[\sigma]$ 表示。

$$[\sigma] = \frac{\sigma^\circ}{s} \qquad\qquad (4-8)$$

式中：s 称为安全系数，一般取为 $s=1.0\sim3.0$。

4.5.2　强度计算

为确保轴向拉伸（压缩）的杆件有足够的强度，要求杆件中的最大工作应力不超过材料的许用应力 $[\sigma]$，于是得到杆件轴向拉伸或压缩时的强度条件

$$\sigma_{\max} = \left|\frac{N}{A}\right|_{\max} \leqslant [\sigma] \qquad\qquad (4-9)$$

根据上述强度条件，可以进行三种类型的强度计算：

（1）强度校核。已知构件尺寸、载荷数值和材料的许用应力，即可用强度条件验算构件是否满足强度要求。

（2）设计截面尺寸。已知构件承担的载荷数值及材料的许用应力，可把强度条件改写成

$$A \geqslant \left|\frac{N}{[\sigma]}\right| \qquad\qquad (4-10)$$

由此即可确定构件所需要的截面尺寸。

（3）确定许可载荷。已知构件尺寸和材料许用应力，可把强度条件改写成

$$N_{\max} \leqslant [\sigma]A \qquad\qquad (4-11)$$

由此即可确定构件所能承担的最大轴力。

例 4.5　如图 4-22(a)所示，AB 和 CD 为刚性梁，BC 和 EF 为圆截面钢制杆，两者直径均为 $d=25\text{ mm}$。若已知 $P=40\text{ kN}$，材料的许用应力 $[\sigma]=160\text{ MPa}$，试校核此结构强度是否安全。

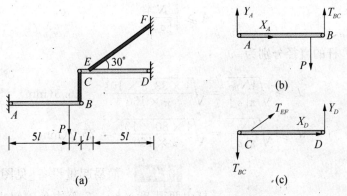

图 4-22

解：图中 BC、EF 均为二力杆，因此设两杆均受拉力。

① 计算 N_{BC}、N_{EF}

分析 AB 杆的受力如图 4-22(b)所示，列平衡方程

$$\sum m_A = 0, \quad -P \cdot 5l + T_{BC} \cdot 6l = 0$$

解得
$$T_{BC} = 33.3 \text{ kN} = N_{BC}$$

分析 CD 杆的受力如图 $4 - 22$(c)所示,列平衡方程

$$\sum m_D = 0, \quad -T_{EF} \sin 30° \cdot 5l + T_{BC} \cdot 6l = 0$$

解得
$$T_{EF} = 80 \text{ kN} = N_{EF}$$

② 强度校核

根据强度条件

$$\sigma_{BC} = \frac{N_{BC}}{A} = \frac{33.3 \times 10^3 \times 4}{\pi \times 25^2} = 62.4 \text{ MPa}$$

$$\sigma_{EF} = \frac{N_{EF}}{A} = \frac{80 \times 10^3 \times 4}{\pi \times 25^2} = 163 \text{ MPa}$$

因此
$$\sigma_{max} = 163 \text{ MPa}$$

因为在工程中通常认为工作应力只要不超过许用应力的 5%,结构依然是安全的,

$$\sigma_{max} \leqslant 1.05[\sigma] = 168 \text{ MPa}$$

所以此结构强度是安全的。

例 4.6 上例中,若已知载荷 $P = 40$ kN, BC 杆和 EF 杆材料相同,其许用应力$[\sigma] = 160$ MPa。试设计 BC 杆和 EF 杆的直径 d_1 和 d_2。

解:根据上例中受力分析结果,BC 杆和 EF 杆的受力分别为

$$N_{BC} = 33.3 \text{ kN} \qquad N_{EF} = 80 \text{ kN}$$

这也是两杆的轴力。

将 N_{BC} 和 N_{EF} 以及 d_1 和 d_2 分别代入式(4 - 10)

$$A \geqslant \left| \frac{N}{[\sigma]} \right|$$

得到 BC 杆和 EF 杆的直径分别为

$$d_1 \geqslant \sqrt{\frac{4N_{BC}}{\pi[\sigma]}} = \sqrt{\frac{4 \times 33.3 \times 10^3}{\pi \times 160}} = 16.3 (\text{mm})$$

$$d_2 \geqslant \sqrt{\frac{4N_{EF}}{\pi[\sigma]}} = \sqrt{\frac{4 \times 80 \times 10^3}{\pi \times 160}} = 25.2 (\text{mm})$$

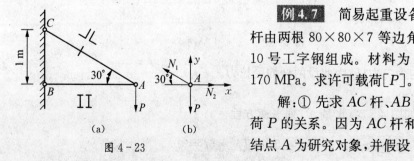

图 4 - 23

例 4.7 简易起重设备[见图 $4 - 23$(a)],AC 杆由两根 $80 \times 80 \times 7$ 等边角钢组成,AB 杆由两根 10 号工字钢组成。材料为 $A3$ 钢,许用应力$[\sigma] = 170$ MPa。求许可载荷$[P]$。

解:① 先求 AC 杆、AB 杆的轴力 N_1、N_2 与载荷 P 的关系。因为 AC 杆和 AB 杆均为受力杆,取结点 A 为研究对象,并假设 N_1 为拉力,N_2 为压力,

其受力图如图 4-23(b)所示。结点 A 的平衡方程为

$$\sum x = 0 : N_2 - N_1 \cos 30° = 0$$

$$\sum y = 0 : N_1 \sin 30° - P = 0$$

解得
$$N_1 = 2P, \ N_2 = 1.732P$$

② 计算各杆的许可轴力。由型钢表查得 AC 杆的横截面面积

$$A_1 = 1\,086 \times 2 = 2\,172 \times 10^{-6} \ \text{m}^2$$

AB 杆的横截面面积 $A_2 = 1\,430 \times 2 = 2\,860 \times 10^{-6} \ \text{m}^2$。根据强度条件

$$\sigma = \frac{N}{A} \leqslant [\sigma]$$

并将 A_1, A_2 分别代入此式,得到许可轴力为

$$[N_1] = 2\,172 \times 10^{-6} \times 170 \times 10^{6} = 369.24 (\text{kN})$$

$$[N_2] = 2\,860 \times 10^{-6} \times 170 \times 10^{6} = 486.20 (\text{kN})$$

③ 将 $[N_1]$ 和 $[N_2]$ 分别代入第①步解得的结果,便得到按各杆强度要求所算出的许可载荷为

$$[P_1] = \frac{[N_1]}{2} = 184.6 \ \text{kN}$$

$$[P_2] = \frac{[N_2]}{1.732} = 280.7 \ \text{kN}$$

如果把 280.7 kN 作为此结构的许可载荷,则 AB 杆的工作应力恰好是许用应力,但 AC 杆的工作应力将超过许用应力。所以该结构的许可载荷应取 $[P] = 184.6$ kN。

4.6　拉、压杆的变形

4.6.1　纵向变形

　　直杆在轴向拉力作用下,轴向尺寸将会增加,而横向尺寸将会减小[见图 4-24(a)];在轴向压力作用下,轴向尺寸将会减小,而横向尺寸将会增加[见图 4-24(b)]。

　　如图 4-24 所示,设等直杆的原长为 l,受力变形后的长度为 l_1,杆件的长度变化为

$$\Delta l = l_1 - l$$

其中 Δl 称为"纵向绝对变形"。

　　将 Δl 除以原长 l 得到杆件轴线方向的线应变:

$$\varepsilon = \frac{\Delta l}{l} \qquad (4-12)$$

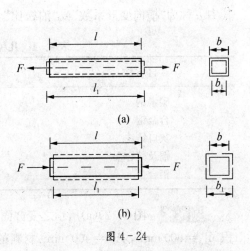

图 4-24

其正负号规则是:伸长时为正;压缩时为负。

4.6.2 胡克定律

如前所述,拉伸(压缩)时的胡克定律可写成等式 $\sigma = E\varepsilon$,将式(4-3)及式(4-12)代入该等式,得

$$\Delta l = \frac{Nl}{EA} \tag{4-13}$$

这是胡克定律的另一表达形式。式中 E 为材料的弹性模量,其量纲为[力]·[长度]$^{-2}$,国际单位用 GPa。1 GPa=10^3 MPa=10^9 Pa。弹性模量由实验测定,表4-1中所列为几种常用材料的弹性模量值。

式4-13中的 EA 称为杆件的"抗拉刚度"或"抗压刚度"。刚度越大,变形越小。因此,抗拉或抗压刚度反映了拉、压杆的抗变形的能力。

在材料力学中所研究的许多具体问题,都是以胡克定律为基础的。胡克定律适用于一定范围,即应力要在比例极限的范围以内。

4.6.3 横向变形

拉、压杆的横向尺寸在变形后与变形前的差值,称为"横向绝对变形",用 Δb 表示(见图4-24)。设等直杆变形前的横向尺寸为 b 变形后的横向尺寸为 b_1,则 Δb 为

$$\Delta b = b_1 - b$$

将 Δb 除以原横向尺寸 b,得

$$\varepsilon' = \frac{\Delta b}{b} \tag{4-14}$$

对于均匀变形杆,ε' 称为"横向正应变"。

实验结果表明,当应力不超过比例极限时,纵向应变与横向应变间满足下列关系:

$$\varepsilon' = -\mu\varepsilon \tag{4-15}$$

其中 μ 称为"横向变形系数"或"泊松比",由实验测得。几种常用材料的泊松比见表4-1。

表4-1 几种常用材料的 E 和 μ 的约值

材　料	E/GPa	μ
碳素钢	200~220	0.24~0.30
合金钢	186~206	0.25~0.30
灰口铸铁	80~160	0.23~0.27
铜及其合金	72.6~128	0.31~0.42
铝合金	70	0.26~0.33

例 4.8 图4-25(a)所示之变截面直杆 AB,其中 $P = 20$ kN,$l = 2\,000$ mm。杆的横截面积 $A_1 = 800$ mm^2,$A_2 = 400$ mm^2。材料的弹性模量 $E = 200$ GPa。求 AB 杆的轴向总变形量。

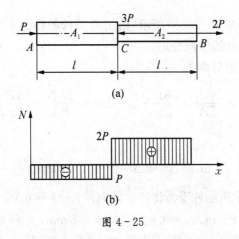

图 4 - 25

解：由于 AC 段和 CB 段杆的横截面积与轴力都不相等，因此，应先分别计算各段杆的变形量，然后将各段杆变形量的代数值相加，求得轴向总变形量。

① 计算轴力。应用截面法求得 AC 段任意截面和 CB 段任意截面上的轴力分别为

$$N_1 = -P, \qquad N_2 = 2P$$

杆的轴力图如图 4 - 25(b)所示。

② 计算各段变形。AC 段杆的轴向变形量为

$$\Delta l_{AC} = \frac{N_1 l_{AC}}{EA_1} = \frac{(-P)l}{EA_1} = -\frac{20 \times 10^3 \times 2\,000}{800 \times 200 \times 10^3} = -0.25 (\text{mm})(缩短)$$

BC 段杆的轴向变形量为

$$\Delta l_{BC} = \frac{N_2 l_{BC}}{EA_2} = \frac{2Pl}{EA_2} = \frac{2 \times 20 \times 10^3 \times 2\,000}{400 \times 200 \times 10^3} = 1 (\text{mm})(伸长)$$

③ 计算 AB 杆的轴向总变形量

将两端杆的轴向变形量的代数值相加，便得到 AB 杆的轴向总变形量为

$$\Delta l = \Delta l_{AC} + \Delta l_{BC} = -0.25 + 1 = 0.75 (\text{mm})(伸长)$$

例 4.9 如图 4 - 26(a)所示活塞杆，已知 $P = 4$ kN，$l_1 = l_2 = 100$ mm，$d = 10$ mm，活塞杆用 45 号钢制成，$E = 210$ GPa，试计算活塞杆的总伸长。

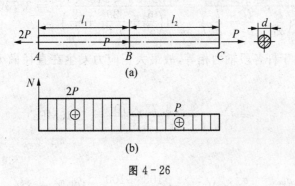

图 4 - 26

解：活塞杆的轴力图如图 4-26(b)所示，由于两段杆的轴力不同，为了计算活塞杆的总伸长，首先需要求出每一段杆的轴向变形。

AB 与 BC 段的轴向变形分别为

$$\Delta l_1 = \frac{N_1 l_1}{EA} = \frac{8P l_1}{E\pi d^2} \qquad \Delta l_2 = \frac{N_2 l_2}{EA} = \frac{4P l_2}{E\pi d^2}$$

所以，活塞杆的总伸长为

$$\Delta l = \Delta l_1 + \Delta l_2 = 0.229 \text{ mm}$$

例 4.10　图 4-27 中所示杆受力将产生轴向伸长 $\Delta l = 0.02$ mm。杆为变截面杆，三段的直径和长度分别为 $d_1 = 8$ mm，$l_1 = 6$ mm；$d_2 = 6.8$ mm，$l_2 = 29$ mm；$d_3 = 7$ mm，$l_3 = 8$ mm。杆材料的弹性模量 $E = 210$ GPa；许用应力 $[\sigma] = 100$ MPa。求：①杆的预紧力；②校核杆在预紧力作用下强度是否安全。

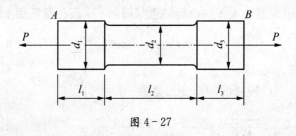

图 4-27

解：① 计算预紧力。

根据截面法，可求得杆各段的轴力相等

$$N_1 = N_2 = N_3 = P$$

但三段的横截面积各不相等，故
杆的总伸长等于三段伸长量的代数和：

$$\Delta l = \frac{N_1 l_1}{EA_1} + \frac{N_2 l_2}{EA_2} + \frac{N_3 l_3}{EA_3} = \frac{4P}{\pi E}\left(\frac{l_1}{d_1^2} + \frac{l_2}{d_2^2} + \frac{l_3}{d_3^2}\right)$$

由此解得预紧力：

$$P = \frac{\Delta l \pi E}{4\left(\dfrac{l_1}{d_1^2} + \dfrac{l_2}{d_2^2} + \dfrac{l_3}{d_3^2}\right)} = \frac{0.02 \times \pi \times 210 \times 10^3}{4\left(\dfrac{6}{8^2} + \dfrac{29}{6.8^2} + \dfrac{8}{7^2}\right)} = 3.73 \text{(kN)}$$

② 校核强度。由于杆各段轴力相等，故最大正应力发生在直径最小的第 2 段(d_2)横截面上，其值为

$$\sigma_{max} = \frac{N_2}{A_2} = \frac{4 \times 3.73 \times 10^3}{\pi \times 6.8^2} = 103 \text{(MPa)}$$

此值大于 $[\sigma]$，但

$$\frac{\sigma_{max} - [\sigma]}{[\sigma]} \times 100\% = \frac{103 - 100}{100} \times 100\% = 3\%$$

σ_{max}不大于 $1.05[\sigma]$，故仍认为强度是安全的。

 小结

本章介绍了轴向拉、压杆的内力、应力、强度计算及变形、刚度计算，还介绍了材料的力学性质。

1. 关于内力、轴力和轴力图的概念

(1) 内力：在外力作用下，由于变形而在杆件内部各部分之间所产生的相互作用的附加内力，一般用合力表示。

(2) 轴力：沿杆轴线的内力称为轴力，用 N 表示。轴力规定"拉为正，压为负"，其大小一般用截面法来确定。

(3) 轴力图：表示轴力沿杆轴线变形的图形。

2. 应力的概念及其求解

(1) 应力：截面上各点处分布内力的集度称为应力，可分解为正应力与剪应力两个分量。

(2) 拉压杆横截面上的正应力计算

$$\sigma = \frac{N}{A}$$

3. 拉压杆的强度计算准则及其应用

(1) 强度计算准则：拉、压杆横截面上的最大正应力满足的强度条件为

$$\sigma_{max} = \left| \frac{N}{A} \right|_{max} \leqslant [\sigma]$$

(2) 强度计算准则可用于解决强度校核、确定许可载荷和设计截面尺寸三类强度问题。

(3) 强度计算：先用平衡条件求外力（反力）；再用截面法计算杆件内力并画轴力图；最后计算危险截面（σ_{max}发生的截面）上的应力，进行强度校核。

4. 拉压杆的变形及胡克定律

(1) 纵向变形与纵向线应变：

纵向变形　　　　　　　　　$\Delta l = l_1 - l$

纵向线应变　　　　　　　　$\varepsilon = \dfrac{\Delta l}{l}$

(2) 横向变形与横向线应变：

横向变形　　　　　　　　　$\Delta b = b_1 - b$

横向线应变　　　　　　　　$\varepsilon' = \dfrac{\Delta b}{b}$

(3) 纵向变形与横向变形的关系　$\varepsilon' = -\mu\varepsilon$

(4) 胡克定律

第一种形式 $\qquad\qquad\qquad \sigma = E\varepsilon$

第二种形式 $\qquad\qquad\qquad \Delta l = \dfrac{Nl}{EA}$

5. 材料的力学性能

(1) 屈服极限与强度极限:屈服极限 σ_s 是材料屈服时的应力;强度极限 σ_b 是材料能承受的最大应力。当应力达到 σ_s,σ_b 时,构件将分别出现显著塑性变形和断裂。

(2) 断后伸长率与断面收缩率:

断后伸长率 $\qquad\qquad\qquad \delta = \dfrac{l_1 - l_0}{l_0} \times 100\%$

断面收缩率 $\qquad\qquad\qquad \psi = \dfrac{A_0 - A_1}{A_0} \times 100\%$

 习题

4.1 一阶梯形杆件受拉力 P 的作用,试比较截面 1-1,2-2,3-3 上的内力 N_1,N_2 和 N_3 的大小(见图 4-28)。

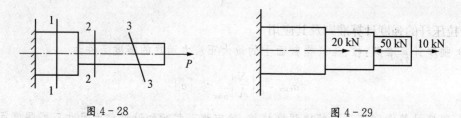

图 4-28　　　　　　　　　　　　图 4-29

4.2 试用截面法计算图 4-29 所示杆件各段的轴力,并画轴力图。

4.3 试用截面法计算图 4-30 所示杆件各段的轴力,并画轴力图。

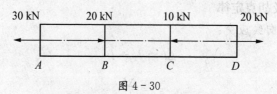

图 4-30

4.4 零件受力如图 4-31 所示,其中载荷 $P = 38\ kN$,求零件内的最大正应力,并指出发生在哪个截面上。

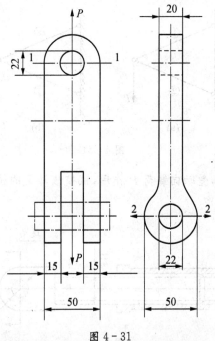

图 4 - 31

4.5 已知图 4 - 32 所示阶梯杆,AC 段为圆形截面,其直径 $d = 16\,\text{mm}$,其上有一 $\phi3$ 小通孔, CB 段为矩形截面,其面积 $b \times h = 11 \times 12\,\text{mm}^2$。试计算各段的最大正应力。

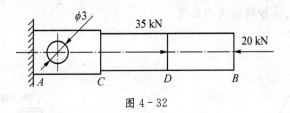

图 4 - 32

4.6 三根杆的尺寸相同,而材料不同,已知三种材料的应力-应变图如图 4 - 33 所示。试比较三根杆的强度、塑性和刚度大小。

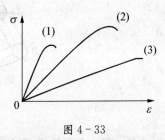

图 4 - 33

4.7 图 4 - 34 所示结构中杆①为铸铁,杆②为低碳钢。试问图 4 - 34(a)与图 4 - 34(b)两种设计方案哪一种较为合理? 为什么?

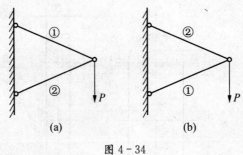

图 4-34

4.8 如图4-35所示耳叉,受轴向载荷 P 作用,试校核耳叉的拉伸强度。已知:$P = 14\,\mathrm{kN}$,$[\sigma] = 200\,\mathrm{MPa}$。

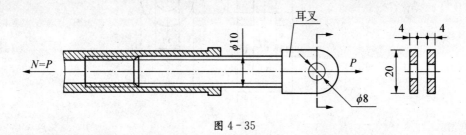

图 4-35

4.9 如图4-36所示结构架,承受载荷 $P = 80\,\mathrm{kN}$。已知 AB 为钢杆,直径 $d = 30\,\mathrm{mm}$,许用应力 $[\sigma]_1 = 160\,\mathrm{MPa}$;$BC$ 为木杆,为矩形截面,宽 $b = 50\,\mathrm{mm}$,高 $h = 100\,\mathrm{mm}$,许用应力 $[\sigma]_2 = 8\,\mathrm{MPa}$。试校核结构的强度。

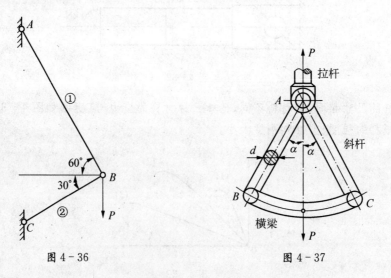

图 4-36   图 4-37

4.10 如图4-37所示吊环,由斜杆 AB、AC 与横梁 BC 组成。已知 $\alpha = 20°$,最大吊重 $P = 1\,200\,\mathrm{kN}$,斜杆的许用应力 $[\sigma] = 120\,\mathrm{MPa}$。试确定斜杆的直径 d。

4.11 如图4-38所示 ABC 为刚性梁,而 CD 杆为圆截面的钢杆,直径 $d = 20\,\mathrm{mm}$。许用应力 $[\sigma] = 160\,\mathrm{MPa}$。梁 B 端作用有集中力 $P = 25\,\mathrm{kN}$,试求:

(1) 校核 CD 杆的强度;

(2) 若 $P=50\text{ kN}$，设计 CD 杆的直径。

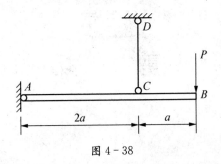

图 4 - 38

4.12 由两种材料组成的变截面杆，如图 4 - 39 所示。已知钢的许用应力 $[\sigma]_1 = 160\text{ MPa}$，铜的许用应力 $[\sigma]_2 = 120\text{ MPa}$；截面积 $A_{AB} = 200\text{ mm}^2$，$A_{BC} = 100\text{ mm}^2$。试求杆件允许载荷 $[P]$。

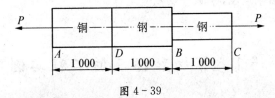

图 4 - 39

4.13 如图 4 - 40 所示阶梯钢杆 AB，已知 $P = 10\text{ kN}$，$L_1 = L_2 = 400\text{ mm}$，$E = 200\text{ GPa}$，$A_1 = 2A_2 = 100\text{ mm}^2$。试计算 AB 杆的轴向变形。

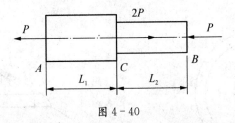

图 4 - 40

4.14 一钢制阶梯杆如图 4 - 41 所示，已知 $P_1 = P_2 = 20\text{ kN}$，$P_3 = 50\text{ kN}$，横截面积 $A_1 = 250\text{ mm}^2$，$A_2 = 300\text{ mm}^2$，$A_3 = 350\text{ mm}^2$，弹性模量 $E = 200\text{ GPa}$，试求

(1) AB 杆的总变形量；

(2) 各段的纵向应变。

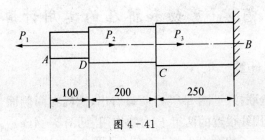

图 4 - 41

第 5 章

剪　切

(1) 掌握剪切的实用计算方法和挤压的实用计算方法;

(2) 理解剪应力互等定理,掌握剪切胡克定律。

5.1　剪切和挤压的工程实例

结构和机械中的联接件,在传递力时主要发生挤压(局部承压)和剪切变形。如轴与齿轮间的键联接(见图 5-1);钢结构中的焊缝联接(见图 5-2)等。工程设计中为求简化,通常采用工程实用计算方法来进行剪切和挤压的强度计算。

图 5-1

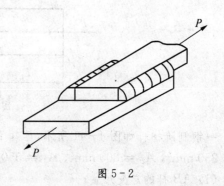

图 5-2

5.2　剪切和挤压的实用计算

5.2.1　剪切的实用计算

将两块钢板用螺栓联接(见图 5-3),明显看出,螺栓在两侧面上承受了大小相等、方向相反、垂直于轴线且作用线很近的两组 P 力的作用[见图 5-4(a)]。在 P 力作用下,螺栓的上、下两部分将沿着 $m-m$ 截面发生相对错动[见图 5-4(b)],这种变形形式称为剪切。发生剪切变形的截面 $m-m$,称为受剪面。

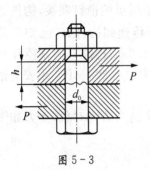

图 5-3

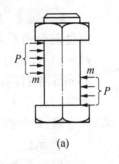

(a)

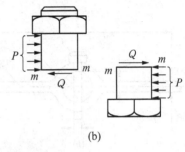

(b)

图 5-4

以剪切面 $m-m$ 将螺栓分成两部分,并以其中一部分为研究对象[见图 5-4(b)], $m-m$ 截面上的内力与截面相切,称为剪力,用 Q 来表示。由平衡方程可得

$$Q = P$$

在实用计算中,假设受剪面上的剪应力均匀分布,若以 A_τ 表示剪切面面积,则名义剪应力是

$$\tau = \frac{Q}{A_\tau} \tag{5-1}$$

在一些联接件的剪切面上,剪应力并不是均匀分布的,并且还会有正应力。为了保证试件的受力尽可能接近实际情况,用实验的方式建立强度条件时,通过直接试验,并按名义剪应力公式计算,得到剪切破坏时材料的极限剪应力 τ°。再除以安全系数,即得材料的许用剪应力 $[\tau]$。从而获得剪切的强度条件

$$\tau = \frac{Q}{A_\tau} \leqslant [\tau] \tag{5-2}$$

例5.1 图 5-5 所示装置常用来确定胶接处的抗剪强度,若已知破坏时的载荷为 10 kN,试求胶接处的极限剪应力。

解:取零件①为研究对象,画出其受力图[见图 5 -5(b)]。

$$\sum Y = 0, \ 2Q - P = 0$$

求得

$$Q = \frac{P}{2} = 5 \text{ kN}$$

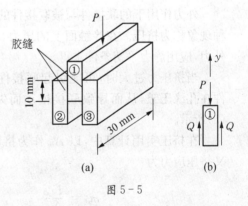

胶缝

(a)

(b)

图 5-5

由图可知,胶接处的胶缝面积即为受剪面的面积为

$$A_\tau = 0.03 \times 0.01 = 3 \times 10^{-4} \text{ m}^2$$

由式 5-1 得胶接处的极限剪应力为

$$\tau^\circ = \frac{Q}{A_\tau} = \frac{5 \times 10^3}{3 \times 10^{-4}} = 16.7 \text{ MPa}$$

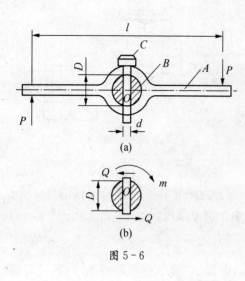

图 5-6

例 5.2 图 5-6 中所示的销钉联接,构件 A 通过安全销 C 将力偶矩传递到构件 B,已知载荷 $P = 2\,kN$,加力臂长 $l = 1.2\,m$,构件 B 的直径 $D = 65\,mm$,销钉的极限剪应力 $\tau^\circ = 200\,MPa$。求安全销所需的直径 d。

解:取构件 B 和安全销为研究对象,受力如图 5-6 所示。

根据平衡条件

$$\sum m_O = 0, \quad QD = m = Pl$$

求得

$$Q = \frac{Pl}{D} = \frac{2 \times 1.2}{0.065} = 36.92(kN)$$

当 $\tau = \tau^\circ$ 时销钉会被剪断,则有

$$\tau = \frac{Q}{A_\tau} = \frac{Q}{\dfrac{\pi d^2}{4}} = \tau^\circ$$

求得

$$d = \sqrt{\frac{4Q}{\pi\tau^\circ}} = \sqrt{\frac{4 \times 36.92 \times 10^3}{\pi \times 200 \times 10^6}} = 0.015\,3(m) = 15.3(mm)$$

5.2.2 挤压的实用计算

外力作用下的联接件与被联接件的构件之间,必然会在接触面上产生相互压紧的力,这种现象称为挤压。在接触面上的压力,称为挤压力,记为 F_{bs}。挤压力可由被联接件所受的外力,应用静力平衡条件求得。

当挤压力过大时,可能引起联接件压扁或被联接件在孔缘压皱,从而导致联接松动而失效,如图 5-7 (a)所示。

在挤压实用计算中,以 A_{bs} 作为挤压面面积,则名义挤压应力为

$$\sigma_{bs} = \frac{F_{bs}}{A_{bs}} \qquad (5-3)$$

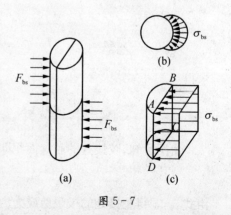

图 5-7

当联接件与被联接件的接触面为平面(见图 5-1)时,挤压面面积 A_{bs} 就是实际接触面的面积;当接触面为圆柱面(如图 5-3)时,挤压面面积 A_{bs} 就是实际接触面在直径平面上的投影面积,如图 5-7(c)所示。

通过直接试验,并按名义挤压应力公式计算,得到挤压破坏时材料的极限挤压应力 σ°_{bs}。

再除以安全系数,即得材料的许用挤压应力$[\sigma_{bs}]$。从而获得挤压的强度条件

$$\sigma_{bs} = \frac{F_{bs}}{A_{bs}} \leqslant [\sigma_{bs}] \tag{5-4}$$

例5.3 销钉联接如图 5-8(a)所示。已知外力 $P = 18$ kN,被联接的构件 A 和 B 的厚度分别为 $t = 8$ mm 和 $t_1 = 15$ mm,螺钉直径 $d = 15$ mm,销钉材料的许用剪应力$[\tau] = 60$ MPa,许用挤压应力$[\sigma_{bs}] = 200$ MPa。试校核销钉的强度。

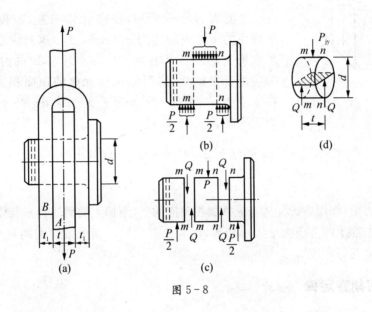

图 5-8

解:分析作用在销钉上的外力如图 5-8(b)。

① 校核销钉的剪切强度。如图 5-8(d)所示,销钉有两个受剪面 $m-m$ 和 $n-n$,由截面法可求得这两个面上的剪力 Q 为

$$Q = \frac{P}{2}$$

将剪力 Q 代入式 5-1,得销钉受剪面上的名义剪应力为

$$\tau = \frac{Q}{A_\tau} = \frac{P}{2A_\tau}$$

求得 $\qquad \tau = 51 \text{ MPa} < [\tau]$

② 校核销钉的挤压强度。如图 5-8(c)所示,力 P 和 $P/2$ 实际上就是作用在销钉侧面上的挤压力。由于销钉中间受挤压部分的长度 t 小于两边的长度之和 $2t_1$,而这两部分上挤压力相等,故应取长度为 t 的中间一段销钉来进行挤压强度校核,即

$$\sigma_{bs} = \frac{F_{bs}}{A_{bs}} = \frac{P}{td} = \frac{18\,000}{0.008 \times 0.015} = 150 \text{ MPa} \leqslant [\sigma_{bs}]$$

由此可知,销钉是安全的。

5.3 剪切胡克定律

5.3.1 剪应力互等定理

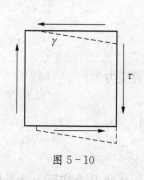

图 5 - 9

从受剪的联接件上取一微元体,研究其受力情况,如图 5 - 9 所示。

由前面的分析可知,在微元体的左、右侧面上,作用有由剪应力 τ 构成的剪力 $\tau \times dz \times dy$。这对大小相等、方向相反的剪力形成一个矩为 $\tau \times dz \times dy \times dx$ 的力偶。因为微元体应处于平衡状态,所以在微元体的顶面和底面上,必然存在剪应力 τ',形成一个矩为 $\tau' \times dz \times dx \times dy$ 的力偶与上述力偶平衡,即

$$\tau \times dz \times dy \times dx = \tau' \times dz \times dx \times dy$$

由此得
$$\tau = \tau' \qquad (5-5)$$

式 5-5 表明,作用在微元体与纵截面相对应的上、下面上的剪应力 τ' 与作用在与横截面相对应的左、右面上的剪应力 τ 大小相等,两者的方向同时指向或背离两者作用面的交线。这称为"剪应力互等定理"。

5.3.2 剪切胡克定律

微元体在剪应力作用下会产生剪切变形(见图 5-10),直角的改变量称为剪应变或角应变,用 γ 表示,单位为 rad。

图 5 - 10

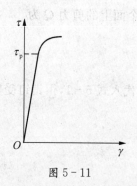

图 5 - 11

通过薄圆管的扭转试验可以得到剪应力与剪应变关系曲线(见图 5 - 11)。实验结果表明:当剪应力不超过材料的剪切比例极限 τ_p 时,剪应力与剪应变成正比,即

$$\tau = G\gamma \qquad (5-6)$$

这称为剪切胡克定律。式中比例系数 G 称为剪切弹性模量,其值随材料而异,并由试验测定。G 与 E 具有相同的量纲。

小结

本章介绍了联接件强度的简化计算法或实用计算法。由联接件的受力特点,可知有剪切破坏、挤压破坏两种可能的破坏形式,故应对它进行剪切和挤压的强度计算。

(1) 剪切的实用计算:假设剪应力在受剪面上均匀分布,则

$$\tau = \frac{Q}{A_\tau} \leqslant [\tau]$$

(2) 挤压的实用计算:假设挤压应力在挤压面上均匀分布,则

$$\sigma_{bs} = \frac{F_{bs}}{A_{bs}} \leqslant [\sigma_{bs}]$$

(3) 联接件的受剪面、挤压面及其面积的计算关键是计算联接件的强度。对于由联接件与被联接件组成的接头,应从三个方面校核接头的强度。

(4) 剪应力互等定理:作用在微元体与纵截面相对应的上、下面上的剪应力 τ' 与作用在与横截面相对应的左、右面上的剪应力 τ 大小相等,两者的方向同时指向或背离两者作用面的交线。

(5) 剪切胡克定律:当剪应力不超过材料的剪切比例极限 τ_p 时,剪应力与剪应变成正比,即

$$\tau = G\gamma$$

习题

5.1 如图 5-12 所示的夹剪,销子 C 的直径 $d = 5$ mm。当加力 $P = 0.2$ kN,剪直径与销子直径相同的铜丝时,求铜丝与销子横截面上的平均剪应力。已知 $a = 30$ mm,$b = 150$ mm。

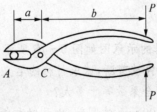

图 5-12

5.2 试确定图 5-13 所示联接或接头中的剪切面和挤压面。

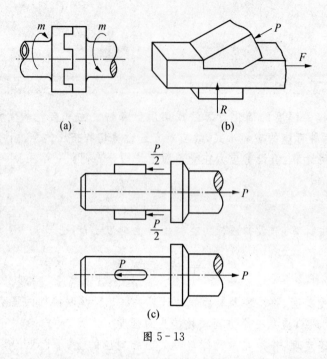

图 5－13

5.3 试校核图 5－14 所示联接销钉的剪切强度。已知 $P = 100\ kN$，销钉直径 $d = 30\ mm$，材料的需用剪应力 $[\tau] = 60\ MPa$。若强度不够，应改用多大直径的销钉？

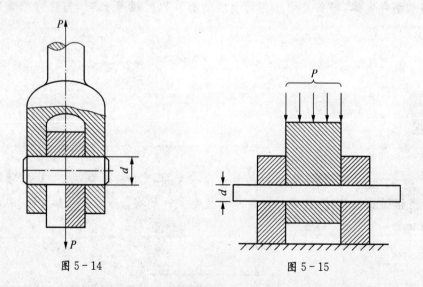

图 5－14   图 5－15

5.4 测定材料剪切强度的剪切器的示意图如图 5－15 所示。设圆试件的直径 $d = 15\ mm$，当压力 $P = 31.5\ kN$ 时，试件被剪断，试求材料的名义剪切极限应力。若取剪切许用应力为 $[\tau] = 80\ MPa$，试问安全系数等于多大？

5.5 一机轴采用两段直径 $d = 100\ mm$ 的圆轴，由凸缘和螺栓加以联接，共有 8 个螺栓布置在 $D_0 = 200\ mm$ 的圆周上，如图 5－16 所示。已知轴在扭转时的最大剪应力为 70 MPa。螺栓的许用剪应力 $[\tau] = 60\ MPa$。试求螺栓所需的直径 d_1。

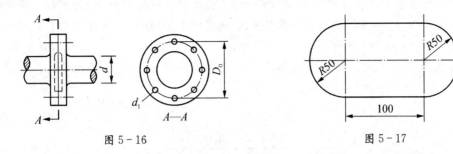

图 5-16

图 5-17

5.6 在厚度 $t = 5$ mm 的钢板上,冲出一个形状如图 5-17 所示的孔,钢板剪断时的剪切极限应力 $\tau^{\circ} = 300$ MPa,求冲床所需的冲力 P。

5.7 图 5-18 所示机床花键轴有 8 个齿。轴与轮的配合长度 $l = 60$ mm,外力偶矩 $m = 4$ kN·m。轮与轴的挤压许用应力为 $[\sigma_{bs}] = 140$ MPa,试校核花键轴的挤压强度。

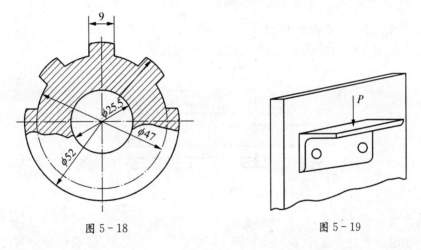

图 5-18

图 5-19

5.8 用两个铆钉将 $140 \times 140 \times 120$ mm 的等边角钢铆接在立柱上,构成支托,如图 5-19 所示。若 $P = 30$ kN,铆钉的直径为 21 mm,试求铆钉的剪应力和挤压应力。

5.9 试校核如图所示拉杆头部的剪切强度和挤压强度。已知图 5-20 中尺寸 $D = 32$ mm,$d = 20$ mm 和 $h = 12$ mm,杆的许用剪应力 $[\tau] = 100$ MPa,许用挤压应力 $[\sigma_{bs}] = 240$ MPa。

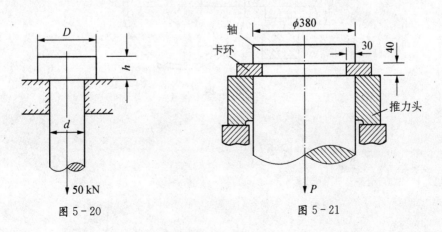

图 5-20

图 5-21

5.10 水轮发电机组的卡环尺寸如图 5-21 所示。已知轴向载荷 $P = 1\,450\,\text{kN}$,卡环材料的许用剪应力 $[\tau] = 80\,\text{MPa}$,许用挤压应力 $[\sigma_{bs}] = 150\,\text{MPa}$。试对卡环进行强度校核。

5.11 拉力 $P = 80\,\text{kN}$ 的螺栓联接如图 5-22 所示。已知 $b = 80\,\text{mm}$,$t = 10\,\text{mm}$,$d = 22\,\text{mm}$,螺栓的许用剪应力 $[\tau] = 130\,\text{MPa}$,钢板的许用挤压应力 $[\sigma_{bs}] = 300\,\text{MPa}$,许用拉应力 $[\sigma] = 170\,\text{MPa}$。试校核该接头的强度。

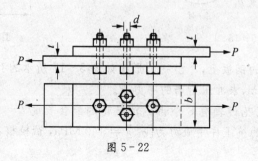

图 5-22

5.12 如图 5-23 所示一螺栓接头,已知 $P = 40\,\text{kN}$,螺栓的许用剪应力 $[\tau] = 130\,\text{MPa}$,许用挤压应力 $[\sigma_{bs}] = 300\,\text{MPa}$。试按强度条件计算螺栓所需的直径。

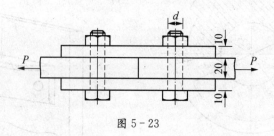

图 5-23

5.13 齿轮与轴用平键联接,已知轴的直径 $d = 70\,\text{mm}$,键的尺寸 $b \times h \times l = 20 \times 12 \times 100\,\text{mm}$,传递的力偶矩 $m = 2\,\text{kN} \cdot \text{m}$,如图 5-24 所示。键材料的许用应力 $[\tau] = 80\,\text{MPa}$,$[\sigma_{bs}] = 200\,\text{MPa}$,试校核键的强度。

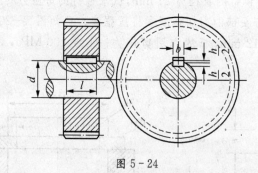

图 5-24

第6章

圆 轴 扭 转

学习目标

．．．

1. 正确理解关于剪应力的基本概念：

(1) 剪应力与剪应变的定义；

(2) 弹性范围内的剪应力与剪应变的关系—剪切胡克定律；

2. 正确理解圆轴扭转时受力与变形的特点；了解分析圆轴扭转时横截面上的剪应力分析方法；正确理解和应用圆轴扭转时的剪应力公式和相对扭转角公式，注意公式的应用条件。

3. 正确理解圆轴扭转的强度条件与刚度条件，并能正确应用其解决圆轴的强度和刚度问题。

6.1 扭转的概念

扭转是工程实践中常见的一种变形形式。例如，图 6-1(a)所示，驾驶汽车转弯时，驾驶员通过方向盘对转向轴的上端施加一力偶，同时转向轴的下端受到来自转向器的阻抗力偶作用，此时，转向轴将产生扭转变形；又例如，图 6-1(b)所示，传动轴 AB 上安装有主动轮 A 和从动轮 B，主动轮 A 受到主动力偶 M_A 作用，从动轮受到一个等值反向的阻力偶 M_B 作用，在这两个力偶的作用下，传动轴 AB 也将产生扭转变形。

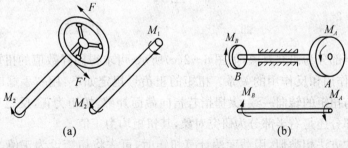

(a)　　　　　　　　　　(b)

图 6-1

当构件两端分别受到两个垂直于构件轴线的力偶作用，并且两力偶的力偶矩大小相等，转向相反时，构件的各横截面将发生绕轴线的相对转动，这样的一种变形形式称为"扭转"变形。工程上通常把以扭转变形为主的构件称为传动轴，并且大多是圆轴。本章主要讨论圆轴扭转时的强度和刚度问题,对于扭转的同时伴有其他变形的轴,将在组合变形中讨论。

6.2　圆轴扭转时的内力

6.2.1　外力偶矩的计算

当作用在轴上的外力偶矩 M 未直接给出时,M 可根据轴所传递的功率 P 和转速 $n(\text{r/min})$ 得出,当 P 的单位为千瓦(kW)时

$$M = 9\,549\,\frac{P}{n} \qquad 单位:\text{N} \cdot \text{m} \tag{6-1}$$

作用在功率输入端的外力偶是带动轴转动的主动力偶,它的方向与轴的转向一致,而作用在功率输出端的外力偶是被带动零件产生的阻力偶,它的方向与轴的转向相反。

6.2.2　扭矩和扭矩图

确定了作用在轴上的外力偶矩之后,就可以计算扭转时轴的内力。内力的计算仍然采用截面法。

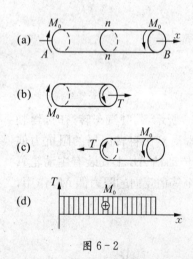

图 6-2

如图 6-2(a)所示的轴 AB,在其两端垂直于轴线的平面内,作用着一对力偶,其力偶矩 M_0 大小相等,转向相反,求任意横截面 $n-n$ 上的内力。首先假想地用一截面将轴沿 $n-n$ 截面截开,分成左、右两部分。由于轴原来在外力作用下处于平衡状态,截开以后的任一部分必然也处于平衡状态。现取左半部分为研究对象,如图 6-2(b)所示,由力偶的平衡条件可知,外力是力偶,故作用在横截面 $n-n$ 上的分布内力系必然也构成一内力偶与之平衡,该内力偶作用于横截面 $n-n$ 内,转向与外力偶相反,此内力偶矩称为扭矩,用符号 T 表示。其大小可由平衡方程求得:

$$\sum m_x = 0 \qquad\qquad T - M_0 = 0$$

即 $$T = M_0$$

如果选右半部分为研究对象,如图 6-2(c)所示,可求得同样数值的扭矩,但两者转向相反,因为它们是作用和反作用的关系。扭矩的正负号规定如下:用右手螺旋法则判定,即让四指弯曲方向与扭矩的转向一致,大拇指若指向截面外部,扭矩为正,反之为负。图 6-2 中无论是选左半部分还是右半部分为研究对象,其扭矩均为正值。

与求轴力的方法相类似,用截面法计算扭矩时,可先将扭矩设为正值,计算结果如果为正,说明该扭矩与所设方向相同,计算结果如果为负,说明该扭矩与所设相反。

另外,特别注意,在列方程时,扭矩的正负号是随坐标轴的方向确定的,让四指的弯曲方向与扭矩的转向一致,若大拇指指向坐标轴正向,则方程中扭矩为正,反之为负。

当轴上有多个外力偶矩作用时,各横截面上的外力偶矩可能不同。此时,为了表示各个

横截面上的扭矩沿轴线的变化情况,可仿照轴力图的作法,用横坐标表示横截面的位置,纵坐标表示相应横截面上扭矩的大小(按一定比例画出),据此画出的图形称为扭矩图。如图 6 - 2(d)所示。扭矩图形象直观地表示了扭矩沿轴线的变化情况,并能方便地确定最大扭矩的数值及所在位置。

例 6.1　传动轴如图 6 - 3(a)所示,主动轮 A 输入功率 $P_A = 50\text{ kW}$,从动轮 B、C 输出功率 $P_B = 30\text{ kW}$,$P_C = 20\text{ kW}$,轴的转速为 $n = 300\text{ r/min}$,试画出轴的扭矩图。

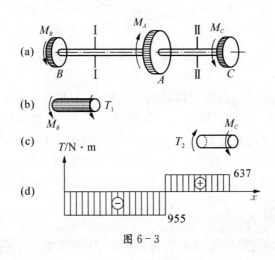

图 6 - 3

解:(1) 计算外力偶矩

$$M_A = 9\,549\,\frac{P_A}{n} = 9\,549 \times \frac{50}{300} = 1\,592(\text{N} \cdot \text{m})$$

$$M_B = 9\,549\,\frac{P_B}{n} = 9\,549 \times \frac{30}{300} = 955(\text{N} \cdot \text{m})$$

$$M_C = 9\,549\,\frac{P_C}{n} = 9\,549 \times \frac{20}{300} = 637(\text{N} \cdot \text{m})$$

(2) 用截面法求内力:该轴需分成 BA、AC 两段来求其扭矩。现在用截面法,根据平衡条件计算各段内的扭矩。求 BA 段的内力时,可在该段的任一截面Ⅰ-Ⅰ处将轴截开,现取左部为研究对象如图 6 - 3(b)所示,截面上的扭矩先设为正向,由平衡条件得

$$\sum m_x = 0 \Rightarrow M_B + T_1 = 0 \Rightarrow T_1 = -M_B = -955\text{ N} \cdot \text{m}$$

式中负号表示实际扭矩的转向与所设的方向相反,应为负扭矩。显然,该段内各截面上的扭矩均为 T_1。按同样的方法,求 AC 段的内力,在该段任一截面Ⅱ-Ⅱ处截开,可取右部为研究对象如图 6 - 3(c)所示。

由平衡方程得

$$\sum m_x = 0 \Rightarrow M_C - T_2 = 0 \Rightarrow T_2 = M_C = 637\text{ N} \cdot \text{m}$$

(3) 绘制扭矩图:根据所得数据,把各截面上的扭矩沿轴线变化的情况,按一定比例尺画在 T - x 的坐标系内,得图 6 - 3(d)所示的扭矩图。从图上可以看出最大扭矩发生在 BA 段内

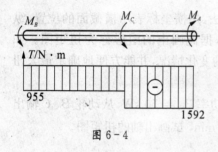

图 6-4

$$|T|_{max} = |T_1| = 955\,\text{N} \cdot \text{m}$$

对同一根轴来说,若把主动轮 A 置于轴的一端,如右端,则轴的扭矩图将如图 6-4 所示。这时轴的最大扭矩是 $|T|_{max} = 1\,592\,\text{N} \cdot \text{m}$。

可见,传动轴上主动轮和从动轮安置的位置不同,轴所承受的最大扭矩也就不同。两者相比,显然图 6-3 布局比较合理。

6.3 圆轴扭转时的应力

上面用截面法得出了圆轴扭转时横截面上的扭矩,我们还应进一步研究横截面上的应力分布规律,以便求出最大应力。解决这一问题,要从几何、物理、静力三方面考虑;首先,由杆件的扭转变形找出应变的变化规律,也就是研究圆轴扭转的变形几何关系;其次,由应变规律找出应力的分布规律,也就是建立应力和应变间的物理关系;最后,根据扭矩和应力之间的静力关系,求出应力的计算公式。下面按上述三方面进行讨论。

6.3.1 变形几何关系

为观察圆轴扭矩时的变形现象,先在圆轴表面画圆周线和纵向线如图 6-5(a),然后在两端作用一对力偶,使轴产生扭转,可以观察到圆轴变形后表面各圆周线的大小、形状、间距均不变,只是绕轴线相对地转了一个角度。在小变形下,各纵向线仍近似地保持为直线,只是倾斜了一个角度,变形前圆轴表面的方格,变形后扭曲成平行四边形,如图 6-5(b)所示。如果推想圆轴内部的变形与上述表面的情况相似,则可假设:圆轴扭转时,各横截面的大小、形状及间距都不变,半径仍保持直线,也就是横截面犹如刚性平面一样,只是绕轴线旋转了一个角度。这就是圆轴扭转时的平面假设,由此假设导出的应力和变形公式已为实验所证实,所以该假设是正确的。

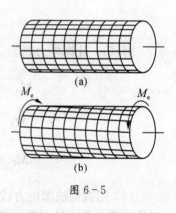

图 6-5

由于假设各横截面的间距不变,没有轴向的拉伸(压缩)变形,所以横截面上不存在正应力,只能有剪应力。为了分析剪应力的分布规律,现取出如图 6-6(a)所示的 $\text{d}x$ 长的一段圆轴,在力偶的作用下,截面 $n-n$ 对 $m-m$ 的相对转角为 $\text{d}\varphi$,轴表面所画的矩形 $ABCD$ 变为平行四边形 $ABC'D'$,其变形程度可用原矩形直角的改变量 γ 表示,称为剪应变。现再用过轴线的两径向平面 $OO'AD$ 和 $OO'BC$ 切出如图 6-6(b)所示的楔形块,由图可见,在小变形下轴表面层的剪应变为

$$\gamma \approx \tan\gamma = \frac{DD'}{AD} = \frac{R\text{d}\varphi}{\text{d}x}$$

同样离圆心为 ρ 处的剪应变为

$$\gamma_\rho = \frac{dd'}{ad} = \frac{\rho\text{d}\varphi}{\text{d}x}$$

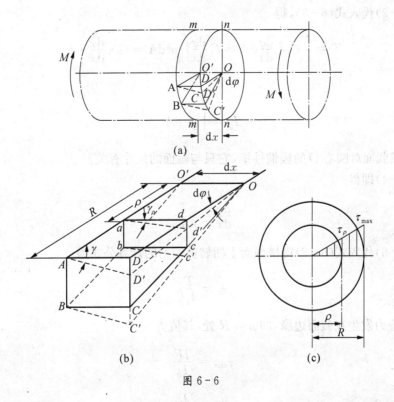

图 6-6

对某一个给定平面来说，$\mathrm{d}\varphi/\mathrm{d}x$ 是常量，所以剪应变 γ_ρ 与 ρ 成正比，即剪应变的大小与该点到圆心的距离成正比。

6.3.2 物理关系

根据胡克定律，在弹性范围内，材料横截面上距圆心为 ρ 的任意点处的剪应力 τ_ρ，与该点处的剪应变 γ_ρ 成正比，即

$$\tau_\rho = G\gamma_\rho = G\rho\,\frac{\mathrm{d}\varphi}{\mathrm{d}x} \tag{6-2}$$

G 为材料的剪切弹性模量。

上式表明：横截面上任意点处的剪应力 τ_ρ 与该点到圆心的距离 ρ 成正比，即剪应力呈线性分布如图 6-6(c) 所示。

6.3.3 静力关系

式 6-2 表示了剪应力的分布规律，但因 $\mathrm{d}\varphi/\mathrm{d}x$ 尚未知，不能确定各点剪应力的大小，故还要用静力关系来解决。如图 6-7 所示，距圆心 ρ 处的微面积 $\mathrm{d}A$ 上作用的微内力 $\tau_\rho\mathrm{d}A$，它对圆心的矩为 $\rho\tau_\rho\mathrm{d}A$，整个横截面上各处的微内力对圆心之矩的总和应等于该截面上的扭矩 T，即

$$\int_A \rho\tau_\rho\mathrm{d}A = T \tag{6-3}$$

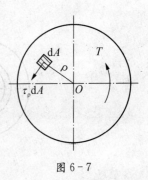

图 6-7

将式(6-2)代入式(6-3),得

$$T = \int_A G\rho^2 \frac{\mathrm{d}\varphi}{\mathrm{d}x}\mathrm{d}A = G\frac{\mathrm{d}\varphi}{\mathrm{d}x}\int_A \rho^2 \mathrm{d}A = G \cdot \frac{\mathrm{d}\varphi}{\mathrm{d}x} \cdot I_\mathrm{p} \tag{6-4}$$

式中:

$$I_\mathrm{p} = \int_A \rho^2 \mathrm{d}A \tag{6-5}$$

I_p 称为横截面对圆心 O 的极惯性矩,它只与截面的尺寸有关。

由式(6-4)即得

$$\frac{\mathrm{d}\varphi}{\mathrm{d}x} = \frac{T}{GI_\mathrm{p}} \tag{6-6}$$

把式(6-6)代入式(6-2)得横截面上扭转剪应力的计算公式为

$$\tau_\rho = \frac{T}{I_\mathrm{p}}\rho \tag{6-7}$$

最大剪应力发生在截面边缘,即 $\rho = R$ 处,其值为

$$\tau_{\max} = \frac{TR}{I_\mathrm{p}} \tag{6-8}$$

令

$$W_\mathrm{p} = \frac{I_\mathrm{p}}{R} \tag{6-9}$$

W_p 称为抗扭截面模量。于是可把式(6-8)写为

$$\tau_{\max} = \frac{T}{W_\mathrm{p}} \tag{6-10}$$

式(6-7)和式(6-10)是以平面假设为基础导出的。试验结果表明,只有对横截面不变的圆轴,平面假设才是正确的。因此,这些公式只适用于等直圆杆和 $\tau_{\max}$ 不超出材料的剪切比例极限的情况。

现在讨论导出公式时,引进的截面极惯性矩 I_p 和抗扭截面模量 W_p 的计算方法。在实心圆轴的情况下如图 6-8(a)所示,若取微面积为一圆环,$\mathrm{d}A = 2\pi\rho\mathrm{d}\rho$,则由式(6-5)得

$$I_\mathrm{p} = \int_A \rho^2 \mathrm{d}A = \int_0^{\frac{D}{2}} 2\pi\rho^3 \mathrm{d}\rho = \frac{\pi D^4}{32} \tag{6-11}$$

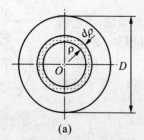
(a)

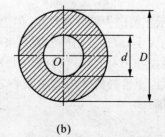
(b)

图 6-8

式中 D 为圆截面的直径。由此求出

$$W_p = \frac{I_p}{R} = \frac{I_p}{\frac{D}{2}} = \frac{\pi D^3}{16} \qquad (6-12)$$

I_p 的量纲是长度的 4 次方，W_p 的量纲是长度的 3 次方。

对空心圆截面如图 6-8(b)所示，则同样可积分得

$$I_p = \int_A \rho^2 \mathrm{d}A = 2\pi \int_{\frac{d}{2}}^{\frac{D}{2}} \rho^3 \mathrm{d}\rho = \frac{\pi}{32}(D^4 - d^4) = \frac{\pi D^4}{32}(1-\alpha^4) \qquad (6-13)$$

$$W_p = \frac{I_p}{R} = \frac{\pi}{16D}(D^4 - d^4) = \frac{\pi D^3}{16}(1-\alpha^4) \qquad (6-14)$$

式中 $\alpha = d/D$，D 和 d 分别为空心圆截面的外径和内径，R 为外半径。

6.4 圆轴扭转时的强度计算

为保证受扭圆轴安全可靠地工作，必须使轴横截面上的最大剪应力满足条件：

$$\tau_{\max} \leqslant [\tau] \qquad (6-15)$$

此即圆轴扭转时的强度条件。对于等截面圆轴，最大剪应力 $\tau_{\max}$ 发生于由扭矩图确定的 $T_{\max}$ 所在截面的边缘上，这时上式可写成：

$$\tau_{\max} = \frac{T_{\max}}{W_p} \leqslant [\tau] \qquad (6-16)$$

最大扭矩 $T_{\max}$ 作用的截面称为危险截面。对于阶梯轴，由于各段轴的 W_p 不同，$\tau_{\max}$ 不一定发生于 $T_{\max}$ 所在的截面上。这就要综合考虑扭矩 T 和抗扭截面模量 W_p 两者的变化情况来确定 $\tau_{\max}$，故其强度条件可表示为

$$\tau_{\max} = \left(\frac{T}{W_p}\right)_{\max} \leqslant [\tau] \qquad (6-17)$$

上式中的[τ]称为扭转许用剪应力，在静载情况下，扭转许用剪应力[τ]与许用拉应力[σ]之间有如下的关系：

塑性材料 $[\tau] = (0.5 \sim 0.6)[\sigma]$

脆性材料 $[\tau] = (0.8 \sim 1.0)[\sigma]$

应用式(6-15)可解决圆轴扭转时的三类强度问题：

(1) 扭转强度校核：已知轴的横截面尺寸、轴受的外力偶矩和材料的许用剪应力，校核构件是否满足强度条件，是否安全。

(2) 圆轴截面尺寸设计：已知轴受的外力偶矩和材料的许用剪应力，应用强度条件确定圆轴的截面尺寸。

(3) 确定圆轴的许可载荷：已知圆轴的截面尺寸和许用剪应力，由强度条件确定圆轴所能承受的许可载荷。

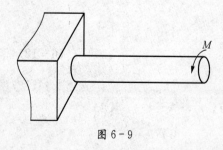

图 6-9

例 6.2 一传动轴如图 6-9 所示,杆端受平衡力偶的作用,其力偶矩 $M = 3\ kN \cdot m$,已知圆轴的直径 $d = 70\ mm$,许用剪应力 $[\tau] = 50\ MPa$。试对该轴进行强度校核。

解:如图 6-9 所示,由截面法知该轴所有截面上的扭矩都相等,且

$$T = M = 3\ kN \cdot m$$

应用公式 $\tau_{max} = \dfrac{T}{W_p} \leqslant [\tau]$

式中 $W_p = \dfrac{\pi d^3}{16}$

将已知数据代入公式,得 $\tau_{max} = \dfrac{T}{W_p} = \dfrac{T}{\dfrac{\pi d^3}{16}} = \dfrac{3 \times 10^3 \times 16}{3.14 \times 0.07^3} = 44.6\ MPa < [\tau]$

故该轴是安全的。

例 6.3 试校核例 6.1 中圆轴的扭转强度,若 AB 段 $d_1 = 50\ mm$,AC 段 $d_2 = 35\ mm$,材料的 $[\tau] = 80\ MPa$(见图 6-10)。

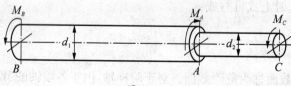

图 6-10

解:由于轴 BA 和 AC 段的扭矩及轴径均不等,故需分别求出每段轴内的最大剪应力,并进行强度校核。

由例 6.1 已解得两段轴横截面上的扭矩为

$$T_1 = 955\ N \cdot m, \quad T_2 = 637\ N \cdot m$$

由轴径算得相应的抗扭截面模量为

$$W_{p1} = \frac{\pi d_1^3}{16} = \frac{\pi}{16} \times 50^3 = 24.5 \times 10^3\ mm^3$$

$$W_{p2} = \frac{\pi d_2^3}{16} = \frac{\pi}{16} \times 35^3 = 8.42 \times 10^3\ mm^3$$

用强度条件校核两段轴的强度,即

$$BA\ 段\ \tau_{max1} = \frac{T_1}{W_{p1}} = \frac{955 \times 10^3}{24.5 \times 10^3} = 39\ N/mm^2 = 39\ MPa < [\tau]$$

$$AC\ 段\ \tau_{max2} = \frac{T_2}{W_{p2}} = \frac{637 \times 10^3}{8.42 \times 10^3} = 75.7\ N/mm^2 = 75.7\ MPa < [\tau]$$

所以该轴满足强度条件。

例 6.4　一空心轴 $\alpha = d/D = 0.8$,转速 $n = 250$ r/min,功率 $P = 60$ kW,$[\tau] = 40$ MPa,求轴的外直径 D 和内直径 d。

解:首先利用外力偶矩的计算公式求出作用在空心圆轴上的外力偶矩如下:

$$M = 9\,549\,\frac{P}{n} = 9\,549 \times \frac{60}{250} = 2\,291.76(\text{N} \cdot \text{m})$$

$$T_{\max} = T = M = 2\,291.76\ \text{N} \cdot \text{M}$$

然后依据强度条件确定截面尺寸

由　　　$$\tau_{\max} = \frac{T_{\max}}{W_P} = \frac{T_{\max}}{\frac{\pi D^3}{16}(1 - \alpha^4)} = \frac{2\,291.76}{\frac{\pi D^3}{16}(1 - 0.8^4)} \leqslant 40 \times 10^6$$

求得

$$D = 79.1\ \text{mm},\ d = 63.3\ \text{mm}$$

6.5　圆轴扭转时的变形及刚度计算

对于工程中受扭的构件,不仅要求它们具有足够的强度,保证在承受载荷作用时不会发生破坏,而且要求它们必须具有足够的刚度,以避免在承受载荷作用时不会发生过大的变形而影响正常工作。

6.5.1　相对扭转角

圆轴扭转时的变形用相对扭转角来表示。圆轴扭转时,两个截面间绕轴线相对转动的角度,称为这两个截面的"相对扭转角"。由式(6-6)可知,相距 $\mathrm{d}x$ 的两个横截面的相对扭转角为

$$\mathrm{d}\varphi = \frac{T}{GI_\mathrm{p}}\mathrm{d}x$$

若在 l 长度内,扭矩 T 及 GI_p 均为常量,则两端截面间的相对扭转角(见图 6-11)为

$$\varphi = \int_0^l \frac{T}{GI_\mathrm{p}}\mathrm{d}x = \frac{Tl}{GI_\mathrm{p}} \tag{6-18}$$

相对扭转角的单位为 rad(弧度);式中的 GI_p 反映了材料以及轴的截面形状和尺寸对扭转变形的影响,所以称为圆轴的"抗扭刚度"。

若轴上各段内的扭矩不等或截面不等(例如阶梯轴),则应分段按式(6-18)计算各段的两端截面间的相对扭转角,然后相加,得到

$$\varphi = \sum_{i=1}^{n} \frac{T_i l_i}{GI_{\mathrm{p}i}} \tag{6-19}$$

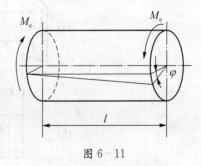

图 6-11

6.5.2　圆轴的刚度计算

对于传动轴,有时即使满足了强度条件,也不一定能保证它正常工作。例如:机器的传动轴如有过大的扭转角,将会使机器在运转中产生较大的振动;精密机床上的轴若变形过大,则将影响机器的加工精度等。因此对传动轴的扭转变形要加以限制。

由式(6-18)表示的扭转角与轴的长度 l 有关,为消除长度的影响,通常用单位长度扭转角 θ 表示。由式(6-18)可知,单位长度扭转角 θ 为

$$\theta = \frac{\varphi}{l} = \frac{T}{GI_p} \text{ rad/m} \tag{6-20}$$

或

$$\theta = \frac{T}{GI_p} \times \frac{180}{\pi} °/m \tag{}$$

为保证受扭圆轴具有足够的刚度,即保证轴在弹性范围内的扭转变形不超过一定的限度,通常规定:单位长度扭转角的最大值 θ_{max} 不得超过许用值 $[\theta]$,即

$$\theta_{max} = \frac{T_{max}}{GI_p} \leqslant [\theta] \text{ rad/m} \tag{6-21}$$

或

$$\theta_{max} = \frac{T_{max}}{GI_p} \times \frac{180}{\pi} \leqslant [\theta] °/m \tag{6-22}$$

这称为圆轴扭转时的"刚度计算准则"或"刚度条件"。$[\theta]$ 的数值按照对机器的要求和轴的工作条件来确定,可从有关手册中查到。

空心圆轴与实心圆轴相比,在截面面积相等的情况下,由于它们的截面极惯性矩较大,因此其承载能力及抵抗变形的能力增大。在工程实践中我们经常可以看到采用空心轴作为传动轴的例子。

例 6.5　等截面圆轴承受外力偶作用,如图 6-12 所示。已知:$M_B = 76$ N·m,$M_C = 114$ N·m,轴的极惯性矩 $I_p = 2 \times 10^5$ mm^4,各段长度 $L_1 = L_2 = 2$ m;材料的剪切弹性模量 $G = 80$ GPa。求:C 截面相对于 A 截面的扭转角。

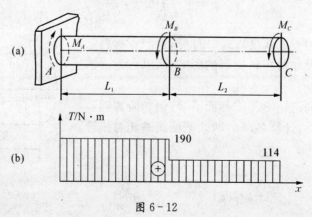

图 6-12

解:(1) 分段计算扭矩画扭矩图。

由截面法可求得 AB 和 BC 段各截面上的扭矩

AB 段:$T_1 = M_B + M_C = 190\,\text{N}\cdot\text{m}$

BC 段:$T_2 = M_C = 114\,\text{N}\cdot\text{m}$

据此画出的扭矩图如图 6-12(b)所示。

(2) 计算相对扭转角。

$$\varphi_{AC} = \varphi_{AB} + \varphi_{BC}$$

$$\varphi_{AB} = \frac{T_1 \times L_1}{G \times I_p} = \frac{190 \times 10^3 \times 2 \times 10^3}{80 \times 10^3 \times 2 \times 10^5} = 2.38 \times 10^{-2}\,(\text{rad})$$

$$\varphi_{BC} = \frac{T_2 \times L_2}{G \times I_p} = \frac{114 \times 10^3 \times 2 \times 10^3}{80 \times 10^3 \times 2 \times 10^5} = 1.43 \times 10^{-2}\,(\text{rad})$$

以上计算中长度单位均为 mm,力的单位均为 N,据此 G 的单位用 MPa。

所以 $\varphi_{AC} = \varphi_{AB} + \varphi_{BC} = (2.38 + 1.43) \times 10^{-2} = 3.81 \times 10^{-2}\,(\text{rad}) = 2.18°$

例6.6 如图 6-13 所示镗孔装置,在刀杆端部装有两把镗刀,已知切削功率 $P = 8\,\text{kW}$,刀杆转速 $n = 60\,\text{r/min}$,刀杆直径 $d = 50\,\text{mm}$,材料的 $[\tau] = 60\,\text{MPa}$,$G = 80\,\text{GPa}$,刀杆的 $[\theta] = 0.5°/\text{m}$,试校核该刀杆的扭转强度和刚度。

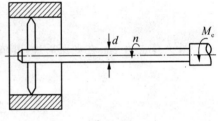

图 6-13

解:(1) 确定扭矩。刀杆上的外力偶矩为

$$M_e = 9\,549\,\frac{P}{n} = 9\,549 \times \frac{8}{60} = 1\,273\,\text{N}\cdot\text{m}$$

截面内的扭矩为:

$$T = M_e = 1\,273\,\text{N}\cdot\text{m}$$

(2) 校核刀杆的强度。

$$\tau_{\max} = \frac{T}{W_p} = \frac{1\,273 \times 10^3}{\frac{\pi}{16} \times 50^3} = 51.9\,\text{MPa} < [\tau]$$

满足强度要求。

(3) 校核刀杆的刚度。

$$\theta_{\max} = \frac{T}{GI_p} \times \frac{180}{\pi} = \frac{1\,273 \times 10^3}{80 \times 10^3 \times \frac{\pi}{32} \times 50^4} \times \frac{180}{\pi} = 1.48 \times 10^{-3}\,°/\text{mm} = 1.48\,°/\text{m} > [\theta]$$

可见该刀杆刚度不够。在机械中当轴的传动精度要求较高时,扭转刚度往往是设计中的主要因素。该刀杆若从刚度要求进行设计时,其直径应满足

$$\theta_{\max} = \frac{T}{G \cdot \frac{\pi d^4}{32}} \times \frac{180}{\pi} \leqslant [\theta]$$

由此得

$$d \geqslant \sqrt[4]{\frac{180}{\pi^2} \cdot \frac{32M_e}{G[\theta]}} = \sqrt[4]{\frac{180}{\pi^2} \times \frac{32 \times 1\,273 \times 10^3}{80 \times 10^3 \times 0.5 \times 10^{-3}}} = 65.6(\text{mm})$$

即轴径必须在 65.6 mm 以上。

 # 小结

(1) 直杆的两端受到垂直于轴线平面内的一对反向力偶作用时,将产生扭转变形。变形特点是:它的横截面绕轴产生了相对转动。圆轴扭转时横截面上的内力是一个力偶——扭矩 T,当扭矩矢量的方向与截面外法线一致时为正,反之为负。

(2) 通过分析轴横截面上的应力和变形,认识分析问题的基本方法;并由此掌握剪应力呈线性分布规律及应力、变形的计算公式。剪应力计算公式为

$$\tau_\rho = \frac{T}{I_p}\rho$$

最大剪应力 τ_{max} 在截面周边,其值为

$$\tau_{max} = \frac{T}{W_p}, \quad W_p = \frac{I_p}{R}$$

$I_p = \int_A \rho^2 \mathrm{d}A$ 称为截面对中心的极惯性矩,W_p 称为抗扭截面模量。

对于圆截面:$I_p = \frac{\pi D^4}{32}$, $W_p = \frac{\pi D^3}{16}$

对于空心圆截面:$I_p = \frac{\pi D^4}{32}(1-\alpha^4)$, $W_p = \frac{\pi D^3}{16}(1-\alpha^4)$, $\alpha = \frac{d}{D}$

(3) 扭转角的计算公式为:$\varphi = \frac{Tl}{GI_p} \text{rad}$

式中 GI_p 称为圆轴的抗扭刚度。单位长度扭转角的计算式为

$$\theta = \frac{\varphi}{l} = \frac{T}{GI_p} \cdot \frac{180}{\pi} \,°/\text{m}$$

(4) 圆轴正常工作时,必须同时满足强度条件和刚度条件:

$$\tau_{max} = \left(\frac{T}{W_p}\right)_{max} \leqslant [\tau]$$

$$\theta_{max} = \frac{T_{max}}{G \cdot I_p} \times \frac{180}{\pi} \leqslant [\theta]$$

从力学观点分析,圆轴扭转时,空心圆截面较实心圆截面合理。

习题

6.1 用截面法求图6-14所示各轴在截面1-1，2-2和3-3上的扭矩。

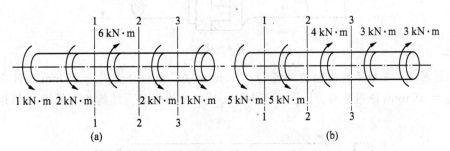

图6-14

6.2 作图6-15所示各轴的扭矩图，并确定最大扭矩值。

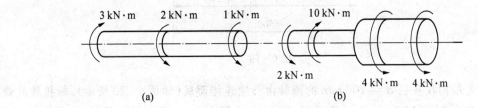

图6-15

6.3 圆轴横截面上的扭矩为 T(见图6-16)，试画出横截面上与 T 对应的剪应力分布图。

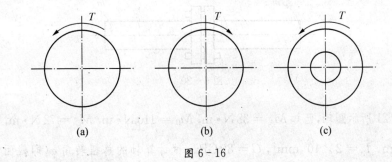

图6-16

6.4 如图6-17所示的圆轴，力偶 $M_A = 1\,592\,\text{N} \cdot \text{m}$，$M_B = 955\,\text{N} \cdot \text{m}$，$M_C = 637\,\text{N} \cdot \text{m}$，若 BA 段 $d_1 = 50\,\text{mm}$，AC 段 $d_2 = 35\,\text{mm}$，材料的 $[\tau] = 80\,\text{MPa}$，试计算其工作剪应力并校核其强度。

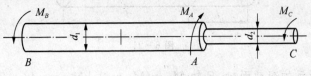

图6-17

6.5 如图 6-18 所示的实心轴和空心轴通过牙嵌离合器连接在一起,已知轴的转速 $n =$ 120 r/min,传递的功率 $P = 14$ kW,材料的许用剪应力$[\tau] = 60$ MPa,空心轴的 $\alpha = d/D = 0.8$。试确定实心轴的直径 d_1 和空心轴外径 D、内径 d。

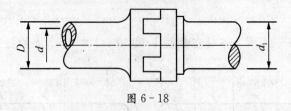

图 6-18

6.6 如题图 6-19 所示传动轴的外径 $D = 50$ mm,AC 段的内径 $d_1 = 25$ mm,CB 段的内径 $d_2 = 38$ mm,许用剪应力$[\tau] = 70$ MPa,试求作用于轴两端的外力偶矩 m 的许可值。

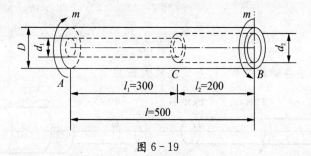

图 6-19

6.7 一轴是用两段直径 $d = 100$ mm 的圆轴由凸缘连接而成(如图 6-20 所示),轴扭转时最大剪应力为 70 MPa,螺栓直径 $d_1 = 20$ mm,布置在 $D_0 = 200$ mm 圆周上。螺栓的许用应力$[\tau] = 60$ MPa,试求螺栓的个数。

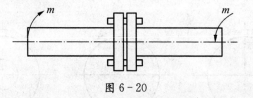

图 6-20

6.8 如图 6-21 所示圆轴,已知 $M_A = 38$ N·m,$M_B = 110$ N·m,$M_C = 72$ N·m,$l_1 = \frac{1}{2}l_2 =$ 1 000 mm,$I_p = 2 \times 10^5$ mm⁴,$G = 80$ GPa,试计算轴的总扭转角 φ(即截面 C 相对截面 A 的转角 φ_{AC})。

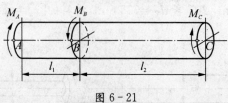

图 6-21

6.9 如图 6-22 所示的变截面轴,已知 $M_B = M_C = 2$ kN·m,$L = 750$ mm,轴径 AB 段

$d_1 = 75\,\text{mm}$，BC 段 $d_2 = 50\,\text{mm}$，材料的剪切弹性模量 $G = 80\,\text{GPa}$，试求全轴的最大剪应力和最大相对扭转角。

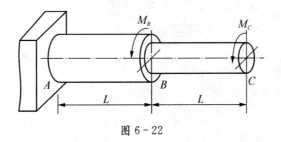

图 6‑22

6.10 如图 6‑23 所示变截面轴，AE 为空心，外径为 $D = 140\,\text{mm}$，内径 $d = 100\,\text{mm}$，BC 段为实心，直径 $d = 100\,\text{mm}$，$M_A = 18\,\text{kN·m}$，$M_B = 32\,\text{kN·m}$，$M_C = 14\,\text{kN·m}$，$[\tau] = 80\,\text{MPa}$，$[\theta] = 1.2°/\text{m}$，$G = 50\,\text{GPa}$，试校核该轴的强度和刚度。

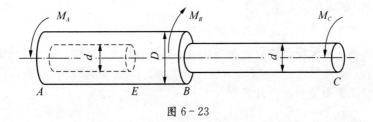

图 6‑23

6.11 已知钢制传动轴，其转速 $n = 300\,\text{r/min}$，所传递的功率 $60\,\text{kW}$，材料的许用剪应力 $[\tau] = 60\,\text{MPa}$，剪切弹性模量 $G = 80\,\text{GPa}$，单位长度的许用相对扭转角 $[\theta] = 0.5°/\text{m}$，试设计轴的直径。

6.12 某发动机汽缸的内壁用镗刀加工(见图 6‑24)。已知镗刀上的切削力 $P = 5\,\text{kN}$，汽缸内径 $D = 100\,\text{mm}$，支持刀具的圆轴长度 $l = 300\,\text{mm}$，若此轴材料的剪切弹性模量 $G = 80\,\text{GPa}$，许用剪应力 $[\tau] = 30\,\text{MPa}$，单位长度的许用扭转角 $[\theta] = 0.12°/\text{m}$，试按强度和刚度条件设计轴的直径。

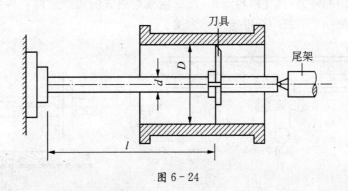

图 6‑24

第7章

弯 曲

学习目标

....

（1）熟练掌握截面法求弯曲梁的内力（剪力、弯矩）以及剪力图、弯矩图的绘制；

（2）在理解弯曲梁正应力的分析方法与过程的基础上，能正确计算梁内各点的正应力，并确定危险截面、危险点的位置；

（3）熟练掌握弯曲梁的强度准则及其应用；

（4）正确理解弯曲变形与位移的基本概念，尤其是挠度、转角及其相互关系，掌握挠度和转角的叠加法；

（5）熟练掌握弯曲梁刚度的计算。

7.1 基本概念

7.1.1 弯曲和平面弯曲

在工程结构中，经常会遇到很多发生弯曲变形的杆件，如图7-1(a)所示的桥式起重机的大梁，图7-1(b)所示的火车轮轴等。这类杆件的受力特点是：在轴线平面内受到外力偶或垂直于轴线方向的外力；其变形特点是：杆的轴线弯曲成曲线。这样一种变形形式称为弯曲。以弯曲为主要变形形式的杆件通常称为梁。

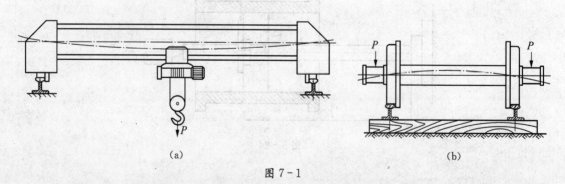

(a)   (b)

图 7-1

工程实际中，绝大部分弯曲梁的横截面都有对称轴。如图7-2所示，梁的横截面形状常见的有：圆形、矩形、T字形以及工字形等。由横截面的对称轴和梁的轴线组成的平面，称为纵向对称面,如图7-3所示。如果梁上的外力都作用在纵向对称面内,那么变形后梁的轴线将变成该平面内的一条平面曲线,这种弯曲称为平面弯曲。

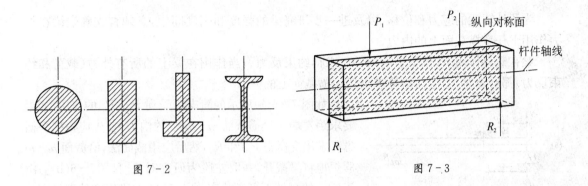

图7-2　　　　　　　　　　　　图7-3

7.1.2　梁的类型

力学中将梁分为两大类,即静定梁和超静定梁。如果梁的全部支座反力均可由静力平衡方程求出,则称这种梁为静定梁,否则称为超静定梁。本章主要介绍静定梁。静定梁有三种基本形式:

(1) 简支梁:一端为固定铰链支座,一端为活动铰链支座的梁,如图7-4(a)所示。

(2) 外伸梁:具有一端或两端外伸部分的简支梁,如图7-4(b)所示。

(3) 悬臂梁:一端为固定端支座,另一端为自由端的梁,如图7-4(c)所示。

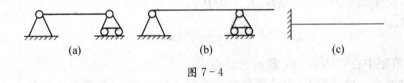

(a)　　　　　　　　　(b)　　　　　　　　(c)

图7-4

7.1.3　梁上载荷的类型

作用在梁上的外力,包括载荷与支座反力,可以简化为三种形式:

(1) 集中力:通过微小梁段作用在梁上的力,可近似地简化为作用在一点上的集中力,如图7-5中的力P,其单位为牛顿(N)或千牛(kN)。

(2) 集中力偶:通过微小梁段作用在梁上的力偶,可看作为一个集中力偶,如图7-5中的力偶矩M_0,其单位为牛顿·米(N·m)或千牛米(kN·m)。

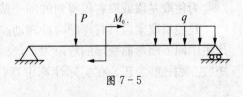

图7-5

(3) 分布载荷:沿梁轴线方向、在一定长度上连续分布的力系称为分布载荷,如均匀分布,则称为均布载荷,其大小用载荷q表示,其单位为牛顿/米(N/m)或千牛/米(kN/m)。

图7-5中的集中力和分布载荷的作用线都垂直于梁的轴线,有时将它们统称为横向载荷。

7.2 梁弯曲时的内力—剪力和弯矩

为了计算梁的应力和位移,以及进一步研究梁的强度和刚度问题,必须首先确定梁在外力作用下任意横截面上的内力。

梁在载荷作用下,根据平衡条件可求得约束反力。当作用在梁上的所有外力(载荷和约束反力)都已知时,用截面法可求出任一横截面上的内力。

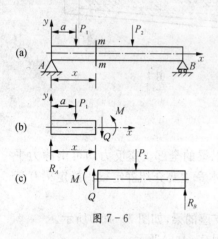

图 7-6

如图 7-6(a)所示的简支梁受到 P_1, P_2 的作用,如果要求距左端 x 处横截面 $m-m$ 上的内力,首先应根据平衡方程求出支反力 R_A 和 R_B,然后应用截面法,沿截面 $m-m$ 假想地将梁截开,并取左段为研究对象[见图7-6(b)]。由于原来的梁处于平衡状态,所以梁的左段仍应处于平衡状态。作用于左段梁上的力,除外力 R_A 和 P_1 外,在截面 $m-m$ 上还有右段对它作用的内力。因未知内力与 R_A, P_1 相平衡,且 R_A, P_1 平行于截面 $m-m$,所以作用在 $m-m$ 截面上的内力必有一个与截面相切的内力 Q 和一个内力偶矩 M,前者 Q 称为剪力,后者 M 称为弯矩。剪力和弯矩的数值可由静力平衡条件求得。

由 $\sum y = 0$, 得: $\qquad R_A - P_1 - Q = 0 \Rightarrow Q = R_A - P_1$ $\qquad\qquad$ (7-1)

由 $\sum m_C = 0$, 得: $\qquad M - R_A x + P_1(x-a) = 0$

$$M = R_A x - P_1(x-a) \qquad\qquad (7-2)$$

式中的取矩中心 C 为 $m-m$ 截面的形心。

由此可知,在一般情况下,梁的横截面上存在着两种内力,即剪力和弯矩。

从式(7-1)可以看出,剪力 Q 在数值上等于截面 $m-m$ 左段梁上所有横向外力的代数和;从式(7-2)可以看出,弯矩 M 在数值上等于截面左段梁上所有外力对该截面形心的力矩的代数和。

如取右段为研究对象,如图 7-6(c)所示,用相同的方法也可以求得截面 $m-m$ 上的剪力和弯矩,其数值和左段计算的数值相等,但方向相反,是作用力和反作用力的关系。

为使取左段或取右段得到的同一截面上的内力符号一致,特规定如下:

凡使所取梁段具有作顺时针转动趋势的剪力为正,反之为负,如图 7-7 所示;凡使梁段产生中间下凹弯曲变形的弯矩为正,反之为负,如图 7-8 所示。即,剪力"左上右下"为正;弯矩"左顺右逆"为正。在实际计算中,剪力和弯矩的符号一般皆设为正,如计算结果为正,表

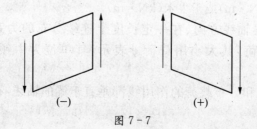

(−) $\qquad\qquad$ (+)

图 7-7

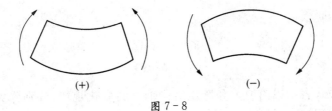

图 7 - 8

明实际的剪力和弯矩与图示方向一致;若结果为负,则与图示方向相反。

例7.1 求图 7 - 9 所示的外伸梁 1 - 1、2 - 2、3 - 3、4 - 4 截面上的剪力和弯矩。

解:(1) 计算支座反力。

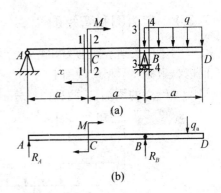

由 $\sum m_B = 0 \Rightarrow R_A \times 2a + M + \frac{1}{2}qa^2 = 0 \Rightarrow R_A = -\frac{M}{2a} - \frac{1}{4}qa$

由 $\sum y = 0 \Rightarrow R_A + R_B - qa = 0 \Rightarrow R_B = \frac{M}{2a} + \frac{5qa}{4}$

(2) 计算剪力和弯矩。

如图 7 - 9(c)所示,设 1 - 1 截面上的剪力为 Q_1,弯矩为 M_1(图示均设为正向)。

由 $\sum y = 0 \Rightarrow R_A - Q_1 = 0 \Rightarrow Q_1 = R_A$

由 $\sum m_C = 0 \Rightarrow R_A \times a - M_1 = 0 \Rightarrow M_1 = R_A \times a$

同理可得:

图 7 - 9

$$Q_2 = R_A \qquad\qquad M_2 = R_A a + M$$
$$Q_3 = R_A \qquad\qquad M_3 = 2R_A a + M$$
$$Q_4 = R_A + R_B \qquad M_4 = 2R_A a + M$$

由以上分析可知:①计算弯曲内力时,选用截面左侧还是右侧计算应以计算简便为原则。②集中力作用处,左、右两侧的剪力不同,弯矩相同,且左、右侧的剪力差的绝对值等于集中力的数值。③集中力偶作用处,左、右两侧面上的剪力相同,但弯矩不同,且左、右侧的弯矩差值的绝对值等于集中力偶矩的数值。

7.3　剪力图和弯矩图

7.3.1　剪力方程和弯矩方程

由上节的分析可知,一般情况下,梁弯曲时内部各横截面的剪力和弯矩是随横截面的位置而变化的。而梁上剪力和弯矩沿轴线变化的规律是分析梁的强度、刚度等问题所必须了解和掌握的。

若以梁轴线的坐标 x 来表示横截面的位置,则任一横截面上的剪力和弯矩都可以表示

为坐标 x 的函数,即

$$Q = Q(x)$$
$$M = M(x)$$

以上两个函数式表示梁内剪力和弯矩沿梁轴线的变化规律,分别称为剪力方程和弯矩方程。在写这些方程时,一般是以梁的左端为坐标 x 的原点。有时为了方便计算,也可以把坐标原点取在梁的右端。

7.3.2　剪力图和弯矩图

为了形象地表明剪力和弯矩沿梁轴线的变化情况,可以用横坐标 x 表示横截面的位置,而以纵坐标表示相应截面上的剪力和弯矩,按一定比例尺,可分别绘出 $Q = Q(x)$ 的图形和 $M = M(x)$ 的图形,这两种图形分别称为剪力图(Q 图)和弯矩图(M 图)。

例7.2　已知梁如图 7-10(a)所示,作内力图。

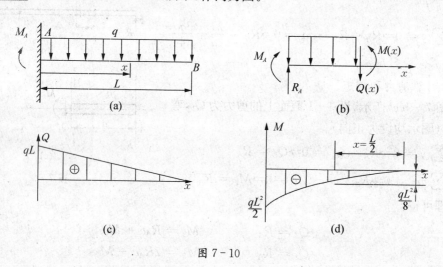

图 7-10

解:将梁的左端 A 点定为坐标原点,显然梁 AB 段内没有集中载荷不需分段。

(1) 求支座反力。

由 $\sum y = 0 \Rightarrow R_A - qL = 0 \Rightarrow R_A = qL$

由 $\sum m_A = 0 \Rightarrow -M_A - \frac{1}{2}qL^2 = 0 \Rightarrow M_A = -\frac{1}{2}qL^2$

(2) 列内力方程,设距离 A 端为 x 的横截面上剪力和弯矩分别为 Q、M:

由 $\sum y = 0 \Rightarrow R_A - qx - Q(x) = 0 \Rightarrow Q(x) = R_A - qx$　　　$(0 < x \leqslant L)$

由 $\sum m_C = 0 \Rightarrow M(x) - R_A x - M_A + \frac{1}{2}qx^2 = 0$

$\Rightarrow M(x) = M_A - \frac{1}{2}qx^2 + R_A x$　　　$(0 \leqslant x \leqslant L)$

(3) 绘制剪力图与弯矩图。

根据剪力方程可知,剪力是一条倾斜直线,斜率小于 0,点 B 处剪力为 0。在 A 端右侧处剪力值为 R_A,绘出剪力图如图 7-10(c)所示。

根据弯矩方程可知,弯矩方程是二次多项式,弯矩图应是二次抛物线,最少用三点的弯矩值才能绘出曲线。例如在两端点值之外,当 $x = L/2$ 时 $M = -qL^2/8$,根据这三点绘出弯矩图,如图 7-10(d)所示。

由内力图可一目了然地看出剪力和弯矩的极值以及它们相应的位置,在固定端约束的左侧剪力和弯矩均为最大值,分别为 $Q_{max} = qL$,$M_{max} = \dfrac{qL^2}{2}$(负值)。

例7.3 已知图 7-11(a)所示梁的载荷 F、a,$M_0 = Fa$。①列出梁的剪力方程和弯矩方程;②作剪力图和弯矩图;③确定 $|Q_{max}|$ 和 $|M_{max}|$。

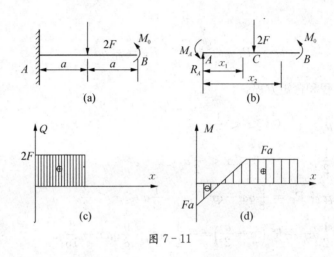

图 7-11

解:(1) 求约束反力。

$$\sum y = 0 \Rightarrow R_A - 2F = 0 \Rightarrow R_A = 2F$$

$$\sum m_A = 0 \Rightarrow M_A - 2Fa + M_0 = 0 \Rightarrow M_A = Fa$$

(2) 列剪力方程和弯矩方程。

$$Q_1(x) = R_A = 2F \qquad (0 < x < a)$$
$$M_1(x) = R_A x - M_A = 2Fx - Fa \qquad (0 < x \leqslant a)$$
$$Q_2(x) = R_A - 2F = 0 \qquad (a < x \leqslant 2a)$$
$$M_2(x) = R_A x - M_A - 2F(x - a) = Fa \qquad (a < x \leqslant 2a)$$

(3) 画 Q 图和 M 图:剪力 Q_1 为常值,在剪图中为水平直线段;Q_2 为 0,在剪图中与 x 轴重合,如图 7-11(c)所示。弯矩 M_1 是一次函数,在弯矩图中为一倾斜直线;弯矩 M_2 为常值,在弯矩图中为水平线段,如图 7-11(d)所示。

(4) 最大剪力和最大弯矩值:

$$|Q_{max}| = 2F \qquad |M_{max}| = Fa$$

例7.4 已知梁如图 7-12(a)所示,$AC = a/2$,$CB = a$,作剪力图和弯矩图,确定 $|Q_{max}|$ 和 $|M_{max}|$。

解:(1) 求约束反力。

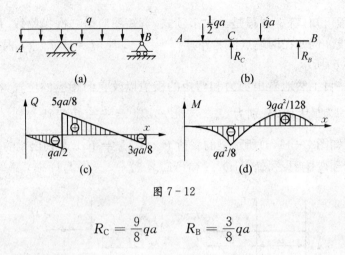

图 7 - 12

$$R_C = \frac{9}{8}qa \qquad R_B = \frac{3}{8}qa$$

(2) 列剪力方程和弯矩方程。

$$Q_1(x) = -qx \qquad 0 \leqslant x < \frac{1}{2}a$$

$$M_1(x) = -\frac{1}{2}qx^2 \qquad 0 \leqslant x < \frac{1}{2}a$$

$$Q_2(x) = -qx + R_C = \frac{9}{8}qa - qx \qquad \frac{1}{2}a \leqslant x \leqslant \frac{3}{2}a$$

$$M_2(x) = -\frac{1}{2}qx^2 + R_C\left(x - \frac{a}{2}\right) = -\frac{1}{2}qx^2 + \frac{9}{8}qax - \frac{9}{16}qa^2 \qquad \frac{1}{2}a \leqslant x \leqslant \frac{3}{2}a$$

(3) 绘制 Q 图和 M 图。

剪力方程皆为一次函数,剪力图为两直线段,如图 7 - 12(c)所示。弯矩方程皆为二次函数,弯矩图为二次抛物线,AC 段抛物线端点值分别为 0,$-\frac{1}{8}qa^2$,且 A 点为极值点;CB 段抛物线两端值分别为:$-\frac{1}{8}qa^2$,0,极值点为:$\left(x = \frac{9}{8}a,\ \frac{9}{128}qa^2\right)$,如图 7 - 12(d)所示。

(4) 最大剪力和最大弯矩值:

$$|Q_{max}| = \frac{5}{8}qa \qquad\qquad |M_{max}| = \frac{1}{8}qa^2$$

由上述例题分析可总结出列写剪力与弯矩方程和绘制剪力图与弯矩图时应注意以下要点:

(1) 在列剪力、弯矩方程时任一截面上的剪力 $Q(x)$ 和弯矩 $M(x)$ 始终假定为正向。这样由平衡方程所得结果的正负号就与剪力、弯矩的正负号规定相一致。

(2) 在列写剪力、弯矩方程时,截面位置参数 x 可以都从坐标原点算起,也可以从另外的点算起,仅需写清方程的适用范围(x 的区间)即可。

(3) 剪力、弯矩方程的适用范围,在集中力(包括支座反力)作用处,剪力方程应为开区间,因在此处剪力图有突变;而在集中力偶作用处,弯矩方程应为开区间,因在此处弯矩图有突变。

(4) 若所得方程为 x 的二次或二次以上方程,则在作图时除计算该段的端值外,还应注意曲线的凸凹向与极值。

7.3.3 剪力、弯矩和分布载荷集度之间的微分关系

研究表明,弯曲梁某横截面上的弯矩、剪力和作用于该截面处的载荷集度之间存在着一定的微分关系。

$$\frac{d^2 M(x)}{dx^2} = \frac{dQ(x)}{dx} = q(x) \qquad (7-3)$$

由此可以总结出剪力、弯矩与载荷的关系如表 7-1 所示。

表 7-1 剪力、弯矩与载荷的关系

载荷	$q(x)=0$	$q=C>0$	$q=C<0$	F	M_o
Q 图	水平直线 (+)或(-)	上斜直线	下斜直线	F	(剪力图无突变)
M 图	斜直线 或	下凸 抛物线	上凸 抛物线	F 处有尖角	M_o

7.4 纯弯梁横截面上的正应力

前面研究了梁的内力大小及其分布规律,但要对梁进行强度计算,还必须确定梁横截面上的应力。本节首先分析一种最简单也是最基本的情形——纯弯梁横截面上的应力。

7.4.1 纯弯曲的概念

所谓纯弯曲是指梁在产生弯曲变形时,其横截面上只有弯矩作用而没有剪力,如图 7-13 弯曲梁中的 DE 段。与纯弯曲变形相对应,如果梁的横截面上既有剪力又有弯矩,则称为横力弯曲,如图 7-13 弯曲梁中的 AD 段和 EB 段。

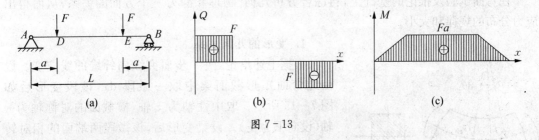

图 7-13

7.4.2 实验现象与推论

为了研究横截面上的正应力分布规律,可作纯弯曲实验。

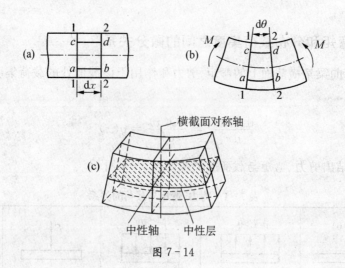

图 7-14

取一矩形等截面直梁,实验前,在梁的侧面画上纵向线 $a-b$、$c-d$,横向线 $1-1$、$2-2$,如图 7-14(a)所示。然后在材料试验机上加载,使其产生纯弯曲变形,如图 7-14(b)所示。这时可以观察到:纵向线 $a-b$、$c-d$ 变为弧线,且 $a-b$ 伸长,$c-d$ 缩短;横向线 $1-1$、$2-2$ 仍为直线,且仍与变形后的弧线 $a-b$、$c-d$ 垂直,只是相对转过了一个角度;原来的矩形截面变成上窄下宽的扇形截面。

根据以上的实验现象,可以作出如下推断:

(1) 假设梁是由无数层纵向纤维组成的,产生弯曲变形之后,内凹一侧的纤维层发生不同程度的缩短,外凸一侧的纤维层发生不同程度的伸长,中间必有一层纤维既不伸长也不缩短,保持其原来的长度,这一层纤维称为中性层,如图 7-14(c)所示。中性层与横截面的交线称为中性轴,梁弯曲时各横截面均绕中性轴旋转。理论上可以证明,中性轴必然通过横截面的形心。

(2) 由于横截面与纵向线始终保持垂直,说明横截面间无相对错动,即无剪切变形,因此横截面上无剪应力。

(3) 由于横截面间相对转过了一个角度,使纵向纤维产生了伸长与缩短,所以在横截面上存在正应力。

7.4.3 弯曲正应力的计算

在弯曲试验及推论的基础上,再综合分析几何、物理和静力三个方面的关系,从而得出应力分布的规律和大小。

1. 变形的几何关系

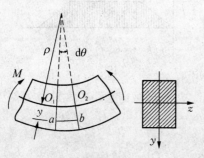

图 7-15

根据上述推论,进一步研究纵向纤维的线应变。设由纯弯曲矩形截面梁中取一微段 dx,该段变形后如图 7-15 所示。取中性轴为 z 轴,横截面的对称轴为 y 轴(设向下为正)。设梁变形后,该微段两端面的相对转角为 $d\theta$,中性层 O_1O_2 的曲率半径为 ρ,因中性层的纵向纤维 O_1O_2 在弯曲后的长度保持不变,故有:

$$O_1O_2 = \rho d\theta = dx$$

而距中性层为 y 处的纵向纤维 ab 变形后的长度为 $ab = (\rho + y)\mathrm{d}\theta$，故其纵向线应变为：

$$\varepsilon = \frac{ab - \overline{ab}}{\overline{ab}} = \frac{(\rho + y)\mathrm{d}\theta - \rho\mathrm{d}\theta}{\rho\mathrm{d}\theta} = \frac{y}{\rho}$$

即
$$\varepsilon = \frac{y}{\rho} \tag{7-4}$$

对一个给定的截面来说，ρ 是一个常数。因此式(7-4)说明，纵向纤维的线应变与它到中性层的距离成正比。这就是纯弯曲时梁纵向纤维线应变的变化规律。

2. 变形的物理关系

如前所述，设想梁由无数纵向纤维所组成，它们之间不因弯曲而相互挤压，各纵向纤维都处于单向拉伸或单向压缩状态。因此当正应力不超过材料的比例极限时，应力与应变的关系应服从胡克定律，即 $\sigma = E\varepsilon$，将式(7-4)代入，则得

$$\sigma = E \cdot \frac{y}{\rho} \tag{7-5}$$

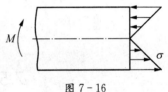

图 7-16

这就是横截面上正应力分布的表达式。式(7-5)说明，横截面上任一点处的正应力与该点到中性轴的距离成正比，即横截面上的正应力呈线性分布如图 7-16 所示，在中性轴上，$y = 0$，其正应力也为零。

3. 变形的静力关系

我们虽已得出了横截面正应力的分布规律，但因曲率半径 ρ 尚未确定，所以仍然不能由式(7-5)计算应力，这就需要用静力关系来解决。

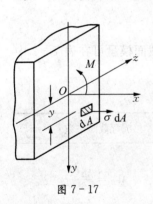

图 7-17

如图 7-17 所示，取梁横截面上离中性轴为 y 的微面积 $\mathrm{d}A$ 来研究，若该点的正应力为 σ，则微面积上的微内力为 $\sigma\mathrm{d}A$，对 z 轴之矩为 $y\sigma\mathrm{d}A$。这些微力矩之总和就是横截面上的弯矩，因此有

$$M = \int_A y\sigma\mathrm{d}A \tag{7-6}$$

将式(7-5)代入(7-6)得

$$M = \int_A y\sigma\mathrm{d}A = \frac{E}{\rho}\int_A y^2\mathrm{d}A = \frac{E}{\rho}I_z$$

$$\frac{1}{\rho} = \frac{M}{EI_z} \tag{7-7}$$

式中 $I_z = \int_A y^2\mathrm{d}A$

I_z 称为横截面对 z 轴的惯性矩，其大小与截面形状和尺寸有关，单位为米[4]（m^4）或毫米[4]（mm^4）。EI_z 称为梁的抗弯刚度。将式(7-7)代入式(7-5)，得到横截面上距中性轴 y 处的正应力为：

$$\sigma = \frac{My}{I_z} \tag{7-8}$$

这就是纯弯曲时梁横截面上正应力的计算公式。此式表明,横截面上的正应力 σ 与该截面上的弯矩 M 成正比,与惯性矩 I_z 成反比,并沿截面高度成线性分布。在中性轴上的各点正应力为零。在中性轴的上、下两侧,一侧受拉,另一侧受压。距中性轴越远,正应力越大。

当 $y = y_{max}$ 时,弯曲正应力最大,其值为

$$\sigma_{max} = \frac{M y_{max}}{I_z} = \frac{M}{W_z} \qquad (7-9)$$

式中

$$W_z = \frac{I_z}{y_{max}} \qquad (7-10)$$

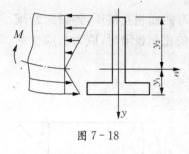

图 7-18

W_z 是一个只与截面形状和尺寸有关的量,称为抗弯截面模量,其单位为米³(m³)或毫米³(mm³)。

若梁的横截面对中性轴不对称如图 7-18 所示,则其最大拉应力和最大压应力并不相等。这时可以分别把 y_1 和 y_2 代入式 7-8,计算最大拉应力和最大压应力。

$$\sigma_{max}^+ = \frac{M y_1}{I_z}; \qquad \sigma_{max}^- = \frac{M y_2}{I_z}$$

7.5 惯性矩和抗弯截面模量

惯性矩和抗弯截面模量是与截面形状、尺寸和轴的位置有关的参数,表示截面的几何性质。

7.5.1 简单截面的惯性矩和抗弯截面模量

工程上常用的矩形、圆形等简单图形的截面,其惯性矩和抗弯截面模量可在表 7-2 中查得。

表 7-2 简单截面的惯性矩和抗弯截面模量

截面形状	惯性矩	抗弯截面系数
	$I_z = \dfrac{bh^3}{12}$ $I_y = \dfrac{hb^3}{12}$	$W_z = \dfrac{bh^2}{6}$ $W_y = \dfrac{hb^2}{6}$
	$I_z = \dfrac{BH^3 - bh^3}{12}$ $I_y = \dfrac{HB^3 - hb^3}{12}$	$W_z = \dfrac{BH^3 - bh^3}{6H}$ $W_y = \dfrac{HB^3 - hb^3}{6B}$

（续表）

截面形状	惯性矩	抗弯截面系数
	$I_z = \dfrac{BH^3 - bh^3}{12}$	$W_z = \dfrac{BH^3 - bh^3}{6H}$
	$I_z = I_y = \dfrac{\pi d^4}{64}$	$W_z = W_y = \dfrac{\pi d^3}{32}$
	$I_z = I_y = \dfrac{\pi D^4}{64}(1 - \alpha^4)$ $\alpha = d/D$	$W_z = W_y = \dfrac{\pi D^3}{32}(1 - \alpha^4)$ $\alpha = d/D$

7.5.2 平行移轴公式

同一平面图形对于平行的两对坐标轴的惯性矩并不相同，当其中一对轴是图形的形心轴时，如图 7-19 所示。它们之间的关系为

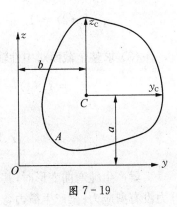

$$I_y = I_{y_c} + a^2 A \qquad (7-11)$$

$$I_z = I_{z_c} + b^2 A \qquad (7-12)$$

上式称为平行移轴公式，式中 a、b 是图形形心在 Oyz 坐标系中的坐标，它们是有正负的。由上式可以看出，在所有相互平行的坐标轴中，平面图形对过形心的坐标轴的惯性矩为最小。

图 7-19

7.5.3 组合截面的惯性矩

工程实际中，不少构件的横截面都是简单图形组合而成的，称为组合截面，组合截面对某一轴的惯性矩等于其各个组成部分对同一轴的惯性矩之和，即

$$I_y = \sum_{i=1}^{n} I_y(i) \qquad (7-13)$$

$$I_z = \sum_{i=1}^{n} I_z(i) \qquad (7-14)$$

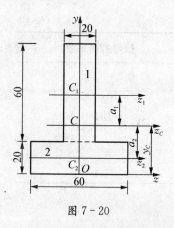

图 7 - 20

例7.5 有一 T 形截面,尺寸如图 7 - 20 所示,求其对形心轴 z_C 的惯性矩。

解:(1)确定形心轴 z_C 的位置。将截面分成两个矩形,各矩形的面积及其形心的纵坐标分别为

$$A_1 = 20 \times 60 = 1\ 200 (\text{mm}^2)$$

$$y_1 = 20 + \frac{1}{2} \times 60 = 50 (\text{mm})$$

$$A_2 = 60 \times 20 = 1\ 200 (\text{mm}^2)$$

$$y_2 = \frac{1}{2} \times 20 = 10 (\text{mm})$$

所示截面形心 C 的纵坐标为

$$y_C = \frac{A_1 y_1 + A_2 y_2}{A_1 + A_2} = \frac{1\ 200 \times 50 + 1\ 200 \times 10}{1\ 200 + 1\ 200} = 30 (\text{mm})$$

(2)求各部分对形心轴 z_C 的惯性矩。设两矩形的形心为 C_1 和 C_2,其形心轴为 z_1 和 z_2,它们距 z_C 轴的距离分别为

$$a_1 = CC_1 = 20 \text{ mm}, \ a_2 = CC_2 = 20 \text{ mm}$$

根据平行移轴公式,两矩形对 z_C 轴的惯性矩分别为

$$I_{z_c}(1) = I_{z_1} + a_1^2 A_1 = \frac{20 \times 60^3}{12} + 20^2 \times 1\ 200 = 84 \times 10^4 (\text{mm}^4)$$

$$I_{z_c}(2) = I_{z_2} + a_2^2 A_2 = \frac{60 \times 20^3}{12} + 20^2 \times 1\ 200 = 52 \times 10^4 (\text{mm}^4)$$

(3)求整个截面对中性轴的惯性矩。将两矩形对 z_C 轴惯性矩相加得:

$$I_{z_c} = I_{z_c}(1) + I_{z_c}(2) = 84 \times 10^4 + 52 \times 10^4 = 136 \times 10^4 (\text{mm}^4)$$

7.6 梁弯曲时的强度计算

梁产生纯弯曲变形时,其横截面上只存在弯矩不存在剪力,因而梁的横截面上只有正应力没有剪应力;梁产生横力弯曲变形时,其横截面上既存在弯矩又存在剪力,因而梁的横截面上既有正应力又有剪应力。但研究表明,一般情况下,弯曲正应力远远大于弯曲剪应力,所以在弯曲问题中,弯曲正应力是决定梁强度的主要因素,通常只需要按弯曲正应力进行强度计算。

一般情况下,弯矩是沿梁的轴线变化的,即不同的截面上有不同的弯矩值。由公式(7 - 8)可知,最大弯曲正应力为

$$\sigma_{\max} = \left(\frac{My}{I_z} \right)_{\max} \tag{7-15}$$

产生最大正应力的截面称为危险截面,在危险截面上具有最大应力的点称为危险点。梁弯

曲时的强度条件是危险截面上危险点的应力(即最大弯曲正应力)不得超过材料的许用弯曲应力,即

$$\sigma_{\max} \leqslant [\sigma] \tag{7-16}$$

应用弯曲强度条件进行计算时需要注意:

(1)如果是等截面梁,根据弯矩图找到弯矩最大值处即为危险截面,危险截面上离中性轴最远的点即为危险点,可用下式进行计算:

$$\sigma_{\max} = \frac{|M_{\max}|}{W_z} \leqslant [\sigma] \tag{7-17}$$

(2)如果是变截面梁,则需根据弯矩和截面变化情况分段计算应力值,找到最大应力所在位置,才能确定危险截面。

(3)对于低碳钢一类的塑性材料,其许用拉应力和许用压应力相等,因此,塑性材料做成的梁在进行强度计算时,只要选取拉应力或压应力中的最大值作为最大应力进行计算。即

$$(\sigma^+ \text{ 或 } \sigma^-)_{\max} \leqslant [\sigma]$$

为了使危险截面上最大拉应力和最大压应力同时接近许用应力,通常将塑性材料梁的横截面做成关于中性轴对称的形状,如工字型、矩形、圆形等。

(4)对于铸铁一类的脆性材料,其许用拉应力小于许用压应力,因此,脆性材料做成的梁在进行强度计算时,需要分别进行最大拉应力和最大压应力校核。即

$$\sigma_{\max}^+ \leqslant [\sigma]^+, \ \sigma_{\max}^- \leqslant [\sigma]^- \tag{7-18}$$

为充分利用材料,这类梁的横截面通常做成关于中性轴不对称的形状,如 T 形截面。

材料弯曲时的许用应力,可以近似地用轴向拉压时的许用应力来代替,或从设计手册中查取。

梁弯曲时的强度条件也可以解决强度校核、截面尺寸设计、确定许用载荷这三类工程问题。

例7.6　如图 7-21 所示,一材料为铸铁的 T 形截面悬臂梁,已知 $F = 4.5\ kN$,截面对于中性轴 z 的惯性矩 $I_z = 1.35 \times 10^7\ mm^4$,材料的许用应力$[\sigma]^+ = 40\ MPa$,$[\sigma]^- = 80\ MPa$,梁的自重不计,校核梁的强度。

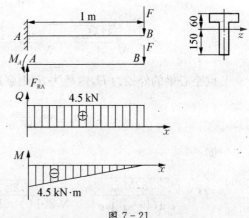

图 7-21

解:(1)选悬臂梁为研究对象,由静力学平衡方程求得约束反力

$$F_{RA} = 4.5\ kN, \ M_A = 4.5\ kN \cdot m$$

(2)用截面法求剪力和弯矩,并绘制剪力图和弯矩图,如图 7-21 所示。

(3)校核梁的强度

由弯矩图可知,最大弯矩发生在 A 截面处,A 截面为危险截面,其弯矩值为

$$M_{\max} = -4.5\ kN \cdot m$$

因为最大弯矩为负值,所以梁产生上凸下凹的变形,中性轴以上的边缘点产生最大拉应力,中性轴以下的边缘点产生最大压应力,根据强度条件:

$$\sigma_{max}^{+} = \frac{\mid M_{max} \mid y_{max}^{+}}{I_z} = \frac{4.5 \times 10^6 \times 60}{1.35 \times 10^7} \text{ MPa} = 20 \text{ MPa} \leqslant [\sigma]^{+}$$

$$\sigma_{max}^{-} = \frac{\mid M_{max} \mid y_{max}^{-}}{I_z} = \frac{4.5 \times 10^6 \times 150}{1.35 \times 10^7} \text{ MPa} = 50 \text{ MPa} \leqslant [\sigma]^{-}$$

故此悬臂梁强度安全。

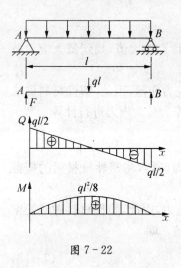

图 7 - 22

例 7.7 如图 7-22 所示,简支梁受均布载荷作用,已知 $l = 2$ m,$[\sigma] = 140$ MPa,$q = 2$ kN/m,按以下两种方案设计梁的截面尺寸,并比较重量。①实心圆截面梁;②$\alpha = 0.8$ 的空心圆截面梁。

解:(1)选简支梁为研究对象,由静力学平衡方程求得约束反力

$$F_{NA} = F_{NB} = \frac{1}{2}ql$$

(2)用截面法求剪力和弯矩,并绘制剪力图和弯矩图,如图 7-22 所示。

(3)按照强度条件设计截面直径

由弯矩图可知危险截面在梁的中点处,其弯矩值为

$$M_{max} = \frac{1}{8}ql^2 = \frac{1}{8} \times 2 \times 2^2 = 1 \text{ kN} \cdot \text{m} = 1 \times 10^6 \text{ N} \cdot \text{mm}$$

设实心梁的直径为 d_1,由强度条件得

$$\sigma_{max} = \frac{M_{max}}{W_z} = \frac{M_{max} \times 32}{\pi d_1^3} \leqslant [\sigma]$$

即

$$d_1 \geqslant \sqrt[3]{\frac{32M_{max}}{\pi[\sigma]}} = \sqrt[3]{\frac{32 \times 1 \times 10^6}{3.14 \times 140}} \text{ mm} = 41.75 \text{ mm} \approx 42 \text{ mm}$$

设空心梁的外径为 D,内径为 d,由强度条件得

$$\sigma_{max} = \frac{M_{max}}{W_z} = \frac{M_{max} \times 32}{\pi D^3(1-\alpha^4)} \leqslant [\sigma]$$

即

$$D \geqslant \sqrt[3]{\frac{32M_{max}}{\pi(1-\alpha^4)[\sigma]}} = \sqrt[3]{\frac{32 \times 1 \times 10^6}{3.14 \times (1-0.8^4) \times 140}} \text{ mm} = 49.76 \text{ mm} \approx 50 \text{ mm}$$

$$d = 0.8D = 40 \text{ mm}$$

(4)比较重量。

空心梁和实心梁在材料、长度相同的条件下,重量之比就是横截面的面积之比:

$$\frac{A_{空}}{A_{实}} = \frac{D^2 - d^2}{d_1^2} = \frac{50^2 - 40^2}{42^2} = 0.510$$

结果表明,空心截面梁的重量比实心截面梁小很多,因此在满足强度要求的前提下,采用空心截面梁不仅可以节省材料,而且可以大大减轻结构重量。

例 7.8 如图 7-23 所示的简支梁,中点作用有集中力 F,梁的跨度 $l = 10$ m,其横截面为 32a 号工字钢,梁材料的许用应力为 $[\sigma] = 180$ MPa,求梁所能承受的载荷 F。

解:(1)选简支梁为研究对象,由静力学平衡方程求得约束反力

$$F_{NA} = F_{NB} = \frac{1}{2}F$$

(2)用截面法求剪力和弯矩,并绘制剪力图和弯矩图,如图 7-23 所示。

(3)按照强度理论计算许用载荷 F

由弯矩图可知,危险截面在梁的中点,其弯矩为

$$M_{max} = \frac{1}{4}Fl$$

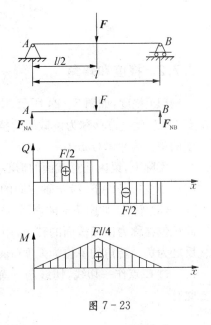

图 7-23

由强度条件得:

$$\sigma_{max} = \frac{M_{max}}{W_z} = \frac{Fl}{4W_z} \leqslant [\sigma]$$

即

$$F \leqslant \frac{4W_z[\sigma]}{l}$$

从型钢规格表中查得 32a 号工字钢的抗弯截面模量 $W_z = 692$ cm^3,代入上式得

$$F \leqslant \frac{4W_z[\sigma]}{l} = \frac{4 \times 692 \times 10^3 \times 180}{10 \times 10^3} \text{N} = 49\,824 \text{ N} = 49.8 \text{ kN}$$

即梁所能承受的载荷为 $F = 49.8$ kN

7.7 梁的弯曲变形和刚度计算

在工程实际中,梁不仅要有足够的强度,而且要具有足够的刚度,即梁的变形不能超过规定的许可范围,否则就会影响其正常的工作能力。例如,车床中的齿轮轴,如果弯曲变形太大,就会造成齿轮啮合不良,轴和轴承配合不好,传动不平稳,丧失正常工作的能力。因此,研究梁的变形问题,对梁进行刚度计算是非常重要的。

7.7.1 挠曲线

如图 7-24 所示的悬臂梁 AB,在其自由端 B 处有一集中力 P 作用,弯曲变形前梁的轴线为一条直线,受外力作用后,梁的轴线在纵向对称平面内产生变形,成为一条连续、光滑的

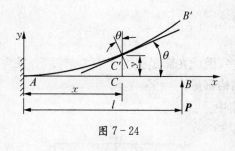

图 7-24

曲线,此曲线称为梁的挠曲线或弹性曲线。

如图 7-24 所示,若选 A 点为坐标原点,变形前梁的轴线 AB 为 x 轴,y 轴垂直向上,则梁变形后的挠曲线 AB' 可以用数学表达式表示为

$$y = f(x) \tag{7-19}$$

上式称为挠曲线方程。

7.7.2 挠度和转角

(1) 挠度:如图 7-24 所示,梁弯曲时,梁内任意截面的形心 C 沿 y 轴方向产生线位移,至 C' 点,此线位移称为该截面的挠度,用 y 表示。通常规定向上的挠度为正,反之为负。挠度的单位为毫米(mm)。

实际上,梁内任意截面的形心 C 既有沿 y 轴方向的线位移,又有沿 x 轴方向的线位移,但在小变形条件下,沿 x 轴方向的线位移很小,可以忽略不计。

(2) 转角:如图 7-24 所示,梁弯曲时,梁内各个横截面将绕其中性轴转动,产生角位移,此角位移称为该横截面的转角,用 θ 表示。通常规定,从 x 轴开始截面转角逆时针转向为正,反之为负。转角的单位为弧度(rad)。

过 C' 点作一切线,切线与 x 轴之间的夹角就等于横截面的转角,由于转角 θ 很小,因此有

$$\theta = \tan\theta = \frac{\mathrm{d}y}{\mathrm{d}x} = f'(x) \tag{7-20}$$

上式表明,挠曲线上任意一点处切线的斜率等于该点处横截面的转角,上式也称为转角方程。

7.7.3 挠曲线的近似微分方程

由前面得到的纯弯梁变形基本公式(7-7)可知:

$$\frac{1}{\rho} = \frac{M(x)}{EI_z}$$

同时,由高等数学可知,任一平面曲线的曲率可以写成:

$$\frac{1}{\rho} = \frac{\dfrac{\mathrm{d}^2 y}{\mathrm{d}x^2}}{\left[1 + \left(\dfrac{\mathrm{d}y}{\mathrm{d}x}\right)^2\right]^{\frac{3}{2}}}$$

在小变形条件下,$\dfrac{\mathrm{d}y}{\mathrm{d}x}$ 是一个很小的量,因而式中 $\left(\dfrac{\mathrm{d}y}{\mathrm{d}x}\right)^2 \ll 1$,可忽略不计,于是上式可简化为

$$\frac{1}{\rho} = \frac{\mathrm{d}^2 y}{\mathrm{d}x^2}$$

将 $\dfrac{1}{\rho} = \dfrac{M(x)}{EI_z}$ 代入,得

$$\frac{\mathrm{d}^2 y}{\mathrm{d}x^2} = \frac{M(x)}{EI_z} \qquad (7-21)$$

此式即为挠曲线近似微分方程,解微分方程可得挠曲线方程和转角方程,从而求得任一横截面的挠度和转角。

7.7.4　叠加法求梁的变形

由上节的分析可知,求梁变形的基本方法是积分法,但是在载荷复杂的情况下,其计算过程相当繁琐。为简便起见,工程上通常采用叠加法来计算复杂载荷下梁的变形。

叠加法原理:在弹性范围内加载及小变形的前提下,梁的挠度和转角均与载荷成线性关系,梁上某一载荷引起的变形,可以认为不受同时作用的其他载荷的影响,即每个载荷对弯曲变形的影响都是独立的。所以,当梁上同时作用若干个不同载荷时,可先分别求出各个载荷单独作用下梁的挠度和转角,然后将它们代数相加,得到这些载荷共同作用时梁的挠度和转角。

表7-3列出了常见简单载荷作用下梁的变形,运用叠加法求梁的变形时可直接查用。

表7-3　简单载荷作用下梁的变形

序号	梁的简图	挠曲线方程	端截面转角	最大挠度
1		$y = -\dfrac{Mx^2}{2EI}$	$\theta_B = -\dfrac{Ml}{EI}$	$y_B = -\dfrac{Ml^2}{2EI}$
2		$y = -\dfrac{Mx^2}{2EI},\ 0 \leqslant x \leqslant a$ $y = -\dfrac{Ma}{EI}\left[(x-a)+\dfrac{a}{2}\right],$ $a \leqslant x \leqslant l$	$\theta_B = -\dfrac{Ma}{EI}$	$y_B = -\dfrac{Ma}{EI}\left(l-\dfrac{a}{2}\right)$
3		$y = -\dfrac{Px^2}{6EI}(3l-x)$	$\theta_B = -\dfrac{Pl^2}{2EI}$	$y_B = -\dfrac{Pl^3}{3EI}$
4		$y = -\dfrac{Px^2}{6EI}(3a-x),$ $0 \leqslant x \leqslant a$ $y = -\dfrac{Pa^2}{6EI}(3x-a),$ $a \leqslant x \leqslant l$	$\theta_B = -\dfrac{Pa^2}{2EI}$	$y_B = -\dfrac{Pa^2}{6EI}(3l-a)$

（续表）

序号	梁的简图	挠曲线方程	端截面转角	最大挠度
5		$y = -\dfrac{qx^2}{24EI}(x^2 - 4lx + 6l^2)$	$\theta_B = -\dfrac{ql^3}{6EI}$	$y_B = -\dfrac{ql^4}{8EI}$
6		$y = -\dfrac{Mx}{6EIl}(l-x)(2l-x)$	$\theta_A = -\dfrac{Ml}{3EI}$ $\theta_B = \dfrac{Ml}{6EI}$	$x = \left(1-\dfrac{1}{\sqrt{3}}\right)l,$ $y_{max} = -\dfrac{Ml^2}{9\sqrt{3}EI}$ $x = \dfrac{l}{2},\ y_{\frac{l}{2}} = -\dfrac{Ml^2}{16EI}$
7		$y = -\dfrac{Mx}{6EIl}(l^2 - x^2)$	$\theta_A = -\dfrac{Ml}{6EI}$ $\theta_B = \dfrac{Ml}{3EI}$	$x = \dfrac{l}{\sqrt{3}},$ $y_{max} = -\dfrac{Ml^2}{9\sqrt{3}EI}$ $x = \dfrac{l}{2},\ y_{\frac{l}{2}} = -\dfrac{Ml^2}{16EI}$
8		$y = \dfrac{Mx}{6EIl}(l^2 - 3b^2 - x^2),$ $0 \leqslant x \leqslant a$ $y = \dfrac{M}{6EIl}[-x^3 + 3l(x-a)^2 + (l^2 - 3b^2)x],$ $a \leqslant x \leqslant l$	$\theta_A = \dfrac{M}{6EIl}(l^2 - 3b^2)$ $\theta_B = \dfrac{M}{6EIl}(l^2 - 3a^2)$	
9		$y = -\dfrac{Px}{48EI}(3l^2 - 4x^2),$ $0 \leqslant x \leqslant \dfrac{l}{2}$	$\theta_A = -\theta_B = -\dfrac{Pl^2}{16EI}$	$y = -\dfrac{Pl^3}{48EI}$
10		$y = -\dfrac{Pbx}{6EIl}(l^2 - x^2 - b^2),$ $0 \leqslant x \leqslant a$ $y = -\dfrac{Pb}{6EIl}\left[\dfrac{l}{b}(x-a)^3 + (l^2 - b^2)x - x^3\right],$ $a \leqslant x \leqslant l$	$\theta_A = -\dfrac{Pab(l+b)}{6EIl}$ $\theta_B = \dfrac{Pab(l+a)}{6EIl}$	设 $a > b,$ 在 $x = \sqrt{\dfrac{l^2 - b^2}{3}}$ 处, $y_{max} = -\dfrac{Pb(l^2 - b^2)^{\frac{3}{2}}}{9\sqrt{3}EIl}$ 在 $x = \dfrac{l}{2}$ 处, $y_{\frac{l}{2}} = -\dfrac{Pb(3l^2 - 4b^2)}{48EI}$

序号	梁的简图	挠曲线方程	端截面转角	最大挠度
11		$y = \dfrac{qx}{24EI}(l^3 - 2lx^2 + x^3)$	$\theta_A = -\theta_B = -\dfrac{ql^3}{24EI}$	$y = -\dfrac{5ql^4}{384EI}$
12		$y = \dfrac{Pax}{6EIl}(l^2 - x^2),$ $0 \leqslant x \leqslant l$ $y = -\dfrac{P(x-l)}{6EI} \cdot$ $[a(3x-l) - (x-l^2)],$ $l \leqslant x \leqslant (l+a)$	$\theta_A = -\dfrac{1}{2}\theta_B = \dfrac{Pal}{6EI}$ $\theta_C = -\dfrac{Pa}{6EI}(2l + 3a)$	$y_C = -\dfrac{Pa^2}{3EI}(l + a)$
13		$y = -\dfrac{Mx}{6EIl}(x^2 - l^2),$ $0 \leqslant x \leqslant l$ $y = -\dfrac{M}{6EI}(3x^2 - 4xl + l^2),$ $l \leqslant x \leqslant (l+a)$	$\theta_A = -\dfrac{1}{2}\theta_B = \dfrac{Ml}{6EI}$ $\theta_C = -\dfrac{M}{3EI}(l + 3a)$	$y_C = -\dfrac{Ma}{6EI}(2l + 3a)$

例7.9 简支梁 AB，所受载荷如图 7 - 25(a)所示，其抗弯刚度为 EI。试求 C 点的挠度和 A 截面的转角。

解：将梁的受力分解为受集中力 P 和均布载荷 q 两种情况，查表得：

受集中力 P 单独作用时

$$y_C(P) = +\frac{Pl^3}{48EI}, \quad \theta_A(P) = +\frac{Pl^2}{16EI}$$

受均布载荷 q 单独作用时

$$y_C(q) = -\frac{5ql^4}{384EI}, \quad \theta_A(q) = -\frac{ql^3}{24EI}$$

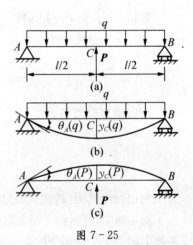

图 7 - 25

P 和 q 同时作用时，根据叠加原理，可得：

$$y_C = y_C(P) + y_C(q) = \frac{Pl^3}{48EI} - \frac{5ql^4}{384EI}$$

$$\theta_A = \theta_A(P) + \theta_A(q) = \frac{Pl^2}{16EI} - \frac{ql^3}{24EI}$$

7.7.5 梁的刚度计算

计算梁的变形，主要目的是要对梁进行刚度计算。梁的刚度条件是指在外力作用下，梁

的最大挠度(或特定截面的挠度)不超过许用挠度,最大转角(或特定截面的转角)不超过许用转角,即

$$y_{max} \leqslant [y], \quad \theta_{max} \leqslant [\theta] \tag{7-22}$$

与梁的强度条件一样,刚度条件也可以用来解决三类工程问题,即刚度校核、截面尺寸设计、确定许用载荷。

例 7.10 如图 7-26 所示工字钢梁,$L = 8$ m,$I_z = 2370$ cm^4,$W_z = 237$ cm^3,$[y] = \dfrac{L}{500}$,$E = 200$ GPa,$[\sigma] = 100$ MPa,试根据梁的刚度条件,确定梁的许用载荷$[F]$,并校核强度。

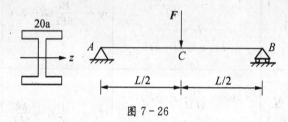

图 7-26

解:(1) 由刚度条件可得:

$$y_{max} = \frac{FL^3}{48EI_z} \leqslant [y] = \frac{L}{500} \Rightarrow F \leqslant \frac{48EI_z}{500L^2}$$

解得 $[F] = 7.11$ kN

(2) 梁的最大弯曲应力为

$$\sigma_{max} = \frac{M_{max}}{W_z} = \frac{FL}{4W_z} = 60 \text{ MPa} \leqslant [\sigma]$$

所以满足强度条件。

7.8 简单静不定梁

前面讨论的梁,其约束反力都是直接通过静力学平衡方程求得的。这种梁称为静定梁。而在工程实际中,有时为了提高梁的强度和刚度,或是构造上的特殊要求,往往还可能在静定梁的基础上增加一个或多个约束。这时梁的未知约束力的数目将多于静力学平衡方程的数目,仅由平衡方程不能求出全部的约束反力和内力,这种梁称为静不定梁或超静定梁。未知约束反力数目与静平衡方程数目之差称为静不定次数。如图 7-27(a)中所示悬臂梁是静定的,若在自由端 B 处增加一个可动铰支座,则梁的弯曲变形变小。但是该梁变成了静不定梁,如图 7-27(b)所示。

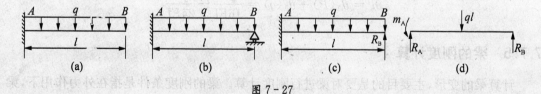

图 7-27

在静不定梁中,凡是多于维持平衡所必需的约束,称为多余约束。解静不定梁时,可将多余约束去掉,代之以约束反力,并保持原约束处的变形条件,该梁称为原静不定梁的相当系统,或称静定基,如图 7-27(c)所示。对同一个静不定梁,根据解除的约束不同,可得到不同的静定基。

求解静不定梁的一般步骤为:

(1) 解除多余约束,建立相当系统。

(2) 列出静力平衡方程、变形协调方程及物理方程。

(3) 联立方程求解所有未知约束力,其后内力、强度、刚度的计算与静定梁完全相同。

例 7.11　　如图 7-27(b)所示的静不定梁,已知均布载荷为 q,梁的跨度为 l,抗弯刚度为 EI_z,求 A、B 处的约束反力。

解:(1) 解除多余约束,建立相当系统如图 7-27(c)所示。

(2) 以 AB 梁为研究对象,受力分析,列静力平衡方程:

$$\sum y = 0 \Rightarrow R_A + R_B - ql = 0$$

$$\sum m_A = 0 \Rightarrow R_B l + m_A - \frac{ql^2}{2} = 0$$

根据叠加法及变形协调条件,列变形协调方程:

$$y_B = y_{R_B} + y_q = 0$$

查简单载荷下梁的变形表(表 7-3),列物理方程:

$$y_{R_B} = \frac{R_B l^3}{3EI}, \ y_q = -\frac{ql^4}{8EI}$$

(3) 联立方程,求解约束反力得:

$$R_B = \frac{3}{8}ql, \ R_A = \frac{5}{8}ql, \ m_A = \frac{ql^2}{8}$$

7.9　提高梁的弯曲强度和刚度的措施

从前面章节可知,等直径梁上的最大弯曲正应力 σ_{max} 和梁上的最大弯矩 M_{max} 成正比,和抗弯截面模量 W_z 成反比。梁的变形和梁的跨度 l 的高次方成正比,和梁的抗弯刚度 EI 成反比。设计梁时,应满足既安全又经济的要求,即在尽量提高梁的强度和刚度的前提下又省料省钱,可采取以下几方面的措施:

1. 合理安排梁的支承及增加约束

当梁的尺寸和截面形状已确定时,合理安排梁的支承或增加约束,可以缩小梁的跨度,降低梁上的最大弯矩。如图 7-28 所示,受均布载荷的简支梁,若能改为两端外伸梁,则梁上的最大弯矩将大为降低。

增加约束,缩短梁的跨度,对提高梁的刚度极为有效:若在图 7-28 所示简支梁中间加一活动铰支座,则梁的最大挠度只有原来的几十分之一。

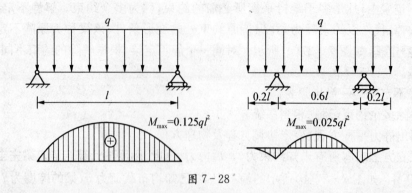

图 7 - 28

2. 合理选择梁的截面

梁的抗弯截面模量与截面的面积、形状有关，在满足 W_z 的情况下选择适当的截面形状，使其面积减小，可达到节约材料、减轻自重的目的。

由于横截面上的正应力和各点到中性轴的距离成正比，靠近中性轴的材料正应力较小，未能充分发挥其潜力，故将靠近中性轴的材料移至界面的边缘，必然使 W_z 增大。工字钢和槽钢制成的梁的截面较为合理。

3. 合理布置载荷

当载荷已确定时，合理地布置载荷可以减小梁上的最大弯矩，提高梁的承载能力。例如，桥梁可简化成图 7 - 29 所示的简支梁，其额定最大承载能力指载荷在桥中间时的最大值，超出额定载荷的物体要过桥时，采用长平板车将集中载荷分为几个载荷，就能安全过桥。吊车采用副梁可以吊起更重的物体也是这个道理。

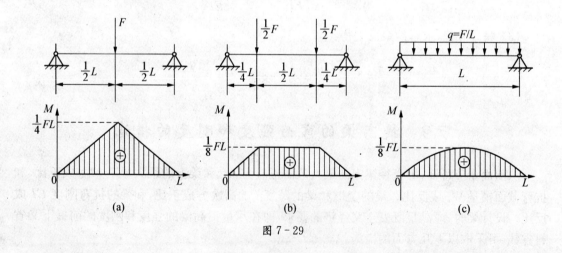

图 7 - 29

 小结

（1）弯曲和平面弯曲。在外力作用下梁的轴线由直线变为曲线，这种变形称为弯曲。如果外力作用在梁的纵向对称平面内,梁轴线将在此平面内弯成一条曲线,这种弯曲称为平面弯曲。

(2) 剪力与弯矩。梁在平面弯曲时,横截面上一般有两种内力:与截面相切的内力叫剪力;在纵向对称平面内的内力偶矩叫弯矩。两种内力可采用截面法求得。

(3) 剪力图与弯矩图。由截面法可求出剪力方程和弯矩方程:

$$Q = Q(x), \ M = M(x)$$

并可由此画出剪力图和弯矩图。剪力图和弯矩图形象地表示了梁内剪力和弯矩沿轴线方向的变化情况。

(4) 弯曲正应力。梁的横截面上距中性轴 y 处各点的正应力为

$$\sigma = \frac{My}{I_z}$$

式中 I_z 是截面对中性轴的惯性矩。中性轴通过截面形心,且与截面纵向对称轴垂直。

对于塑性材料且非组合截面的梁,梁的横截面上的最大正应力为

$$\sigma_{max} = \frac{M_{max}}{W_z}$$

式中 W_z 为抗弯截面模量,这是一个反映截面抗弯强度的几何量。

对于铸铁脆性材料,梁的中性轴应该偏于受拉一边比较合理,用 y_1 和 y_2 表示受拉边缘和受压边缘到中性轴的距离,则

$$\sigma_{max}^{+} = \frac{My_1}{I_z}; \ \sigma_{max}^{-} = \frac{My_2}{I_z}$$

(5) 平行移轴公式。

$$I_y = I_{y_c} + a^2 A; \ I_z = I_{z_c} + b^2 A$$

(6) 梁的强度条件。对于塑性材料,中性轴为对称轴,其强度条件为

$$\sigma_{max} = \frac{|M_{max}|}{W_z} \leqslant [\sigma]$$

对于脆性材料,中性轴偏于受拉一边,其强度条件为

$$\sigma_{max}^{+} = \frac{My_1}{I_z} \leqslant [\sigma]^{+}; \ \sigma_{max}^{-} = \frac{My_2}{I_z} \leqslant [\sigma]^{-}$$

(7) 梁的弯曲变形。梁发生平面弯曲后,其轴线将变为一条平面曲线。此曲线称为挠曲线。在直角坐标系中,挠曲线方程可表示为 $y = f(x)$。挠曲线的近似微分方程可表示为:

$$\frac{\mathrm{d}^2 y}{\mathrm{d}x^2} = \frac{M(x)}{EI_z}$$

梁弯曲后,某横截面绕中性轴转过的角位移 θ 称为截面的转角,其截面形心在垂直于梁轴线方向上的线位移 y 称为挠度。在小变形条件下有

$$\theta = \tan\theta = \frac{\mathrm{d}y}{\mathrm{d}x} = f'(x)$$

(8) 叠加法。在弹性范围内加载及小变形的前提下,由复杂载荷作用所产生的变形可以看作是由若干个简单载荷作用下产生的变形的线性叠加。从而求出复杂载荷作用下梁的挠度和转角。

(9) 梁的刚度条件。 $y_{max} \leqslant [y]$, $\theta_{max} \leqslant [\theta]$

(10) 提高弯曲强度和刚度的措施。合理安排梁的支承及增加约束;合理选择梁的截面;合理布置载荷。

 习题

7.1 设已知如图 7-30 所示各梁的载荷 F、q、m 和尺寸 a,试求图示各梁中截面 1-1、2-2、3-3 上的剪力和弯矩,这些截面无限接近于截面 C 或截面 D。

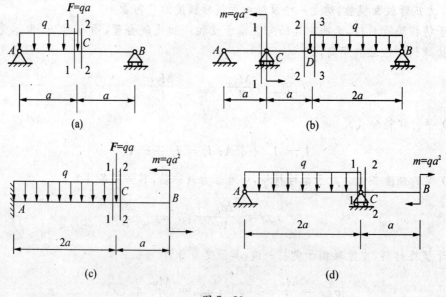

图 7-30

7.2 作出如图 7-31 所示各梁的剪力图和弯矩图,并确定 $|Q|_{max}$ 和 $|M|_{max}$,设 P, q, a, m 均为已知。

7.3 圆截面简支梁承受如图 7-32 所示载荷,试计算支座 B 处梁截面上的最大正应力。

7.4 某圆轴的外伸部分是空心圆截面,载荷情况如图 7-33 所示,已知:圆轴直径为 60 mm,空心截面内径 40 mm。试作该轴的弯矩图,并求该轴内的最大正应力。

7.5 如图 7-34 所示受均布载荷的简支梁,计算:(1)1-1 截面上 a、b 两点处的正应力;(2)此截面的最大正应力;(3)全梁的最大正应力。

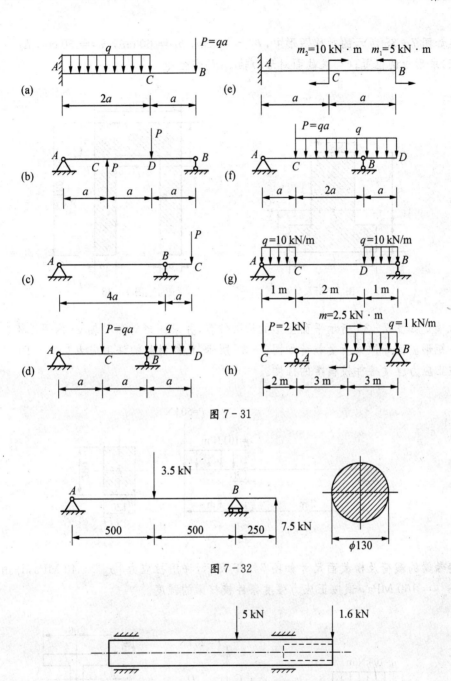

图 7 - 31

图 7 - 32

图 7 - 33

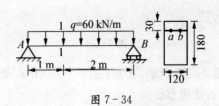

图 7 - 34

7.6 在如图 7-35 所示的对称图形中，$b_1 = 30$ cm，$b_2 = 60$ cm，$h_1 = 50$ cm，$h_2 = 14$ cm，(1)求形心的位置；(2)求截面对形心轴 z_C 的惯性矩。

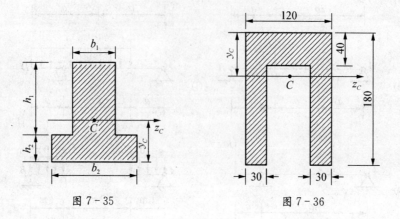

图 7-35   图 7-36

7.7 试确定如图 7-36 所示平面图形的形心位置，并求图形对形心轴 z_C 的惯性矩。

7.8 一矩形截面外伸梁所受载荷如图 7-37 所示，已知材料的许用应力 $[\sigma] = 100$ MPa，试按正应力强度条件校核梁的强度。

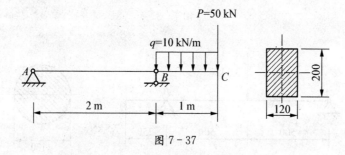

图 7-37

7.9 铸铁梁的载荷及横截面尺寸如图 7-38 所示，许用拉应力 $[\sigma]^+ = 40$ MPa，许用压应力 $[\sigma]^- = 160$ MPa，试按正应力强度条件校核梁的强度。

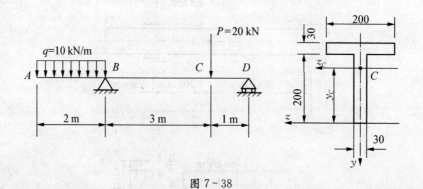

图 7-38

7.10 空心管梁受载荷如图 7-39 所示，已知 $[\sigma] = 150$ MPa，管外径 $D = 60$ mm。在保证安全的条件下，求内径的最大值。

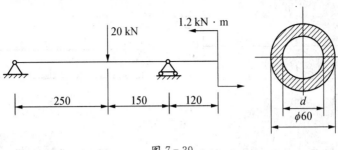

图 7-39

7.11 简支梁受载如图 7-40 所示。已知 $F = 10\,\text{kN}$，$q = 10\,\text{kN/m}$，$L = 4\,\text{m}$，$c = 1\,\text{m}$，$[\sigma] = 160\,\text{MPa}$，试设计正方形截面和 $b/h = 1/2$ 的矩形截面，并比较它们横截面面积的大小。

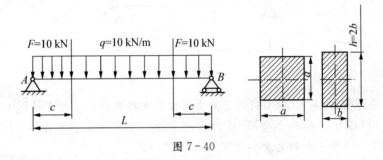

图 7-40

7.12 如图 7-41 所示的轧辊轴直径 $D = 280\,\text{mm}$，跨长 $l = 1\,000\,\text{mm}$，$a = 450\,\text{mm}$，$b = 100\,\text{mm}$，轧辊轴材料的许用弯曲正应力 $[\sigma] = 100\,\text{MPa}$，求轧辊所能承受的最大允许轧制力。

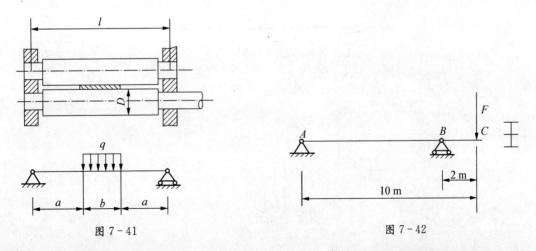

图 7-41　　　　　　　　　　　　　图 7-42

7.13 由 20b 工字钢制成的外伸梁如图 7-42 所示，在外伸端 C 处作用集中载荷 F，已知材料的许用应力 $[\sigma] = 160\,\text{MPa}$，外伸端的长度为 $2\,\text{m}$。求最大许用载荷 $[F]$。

7.14 用叠加法求如图 4-43 所示各梁截面 A 的挠度和截面 B 的转角。EI 为已知常数。

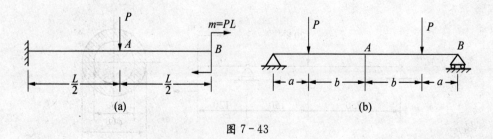

图 7 - 43

7.15 如图 7 - 44 所示的桥式吊车的最大载荷为 $P = 18\,\text{kN}$,吊车大梁为 32a 工字钢,$E = 200\,\text{GPa}$,$l = 9\,\text{m}$,规定 $[y] = \dfrac{l}{500}$,校核大梁的刚度。

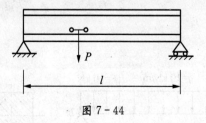

图 7 - 44

*7.16 工字钢悬臂梁,梁长 2 m,在其中点至自由端受均布载荷 $q = 15\,\text{kN/m}$ 作用,材料的 $E = 200\,\text{GPa}$,$[\sigma] = 160\,\text{MPa}$,$[y] = 4\,\text{mm}$,试选取工字钢的型号。

7.17 求图 7 - 45 所示超静定梁的约束反力,已知 EI 为常量。

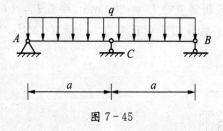

图 7 - 45

第 8 章

组 合 变 形

学习目标
....

(1) 正确理解关于应力的三个重要概念:应力的点的概念;应力的面的概念;一点应力状态的概念。

(2) 正确理解:什么是应力状态;为什么要研究应力状态;怎样描述一点的应力状态。

(3) 正确应用平衡方法确定微单元任意斜截面上的正应力和剪应力。

(4) 正确理解主平面、主应力、主方向、面内最大切应力、一点的最大切应力等概念。正确应用解析方法和应力圆的方法确定主平面、主应力、主方向、面内最大切应力、一点的最大切应力。

(5) 正确理解和应用广义胡克定律。

(6) 正确理解建立强度理论的基本思路和方法:

① 强度失效的共同规律—两种主要失效形式;

② 提出失效形式相同的失效的共同原因;

③ 利用单向拉伸实验结果建立任意应力状态下的强度理论。

(7) 掌握第一、第三、第四强度理论,对常见的复杂应力状态进行强度计算。

(8) 掌握圆轴承受弯曲和扭转共同作用时的强度设计,包括从建立计算模型、受力分析、内力图、应力分布,到确定危险截面、危险点、危险点的应力状态,以及相应的强度条件。

8.1　组合变形的概念

前面章节分别介绍了构件在拉压、扭转、弯曲等几种基本变形形式下,内力、应力、强度和刚度的计算;但在工程实际中,大多数构件在载荷作用下产生的变形往往不是单一形式的,如图 8-1(a)所示的皮带轮轴,A 端作用有力偶矩 M_A,B 端作用有皮带紧边和松边的拉力 T_1、T_2,若将皮带拉力向轴线简化,可得合力 $T = T_1 + T_2$ 和附加力偶 $M_B = (T_1 - T_2) \cdot R$,如图 8-1(b)所示。显然,$T$ 将使轴产生弯曲变形,而力偶 M_A 和 M_B 则使轴扭转,所以该轴同时存在弯曲和扭

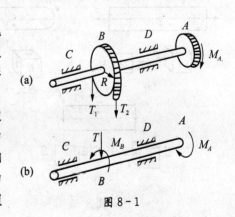

图 8-1

转两种基本变形。这种构件在载荷作用下同时产生两种或两种以上基本变形的情况,称为组合变形。构件在组合变形的情况下,如何建立强度条件正是本章要研究的主要问题。在研究组合变形强度条件之前,首先要学习一下应力状态和强度理论的有关知识。

8.2 应力状态

8.2.1 应力状态的概念

前面研究杆件在各种基本变形下的应力时,主要是研究杆件横截面上的应力,并根据横截面上的最大应力建立相应的强度条件。但对某些杆件来说,仅仅研究横截面上的应力是不够的,有些杆件破坏时并不是沿着横截面。例如,图8-2所示的铸铁圆杆,其受扭破坏时,将沿着图示斜截面破坏,这就必然与斜截面上的应力有关,斜截面的方位即为危险方位。

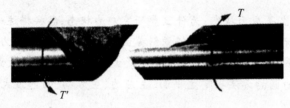

图 8-2

因此,在找到危险截面、危险点之后,还应进一步确定危险点上的哪个方位是危险方位,这就需要了解危险点在各个方位上的应力大小和方向。受力构件内某点处各个方向上的应力情况,称为这点的应力状态。

8.2.2 应力状态的描述

描述构件上一点的应力状态的方法,是围绕这一点作一个微小正六面体,当六面体的各边边长充分小时,便趋于宏观上的"点"。这种六面体称为"微单元体",简称"微元"。如果已知微元上三对互相垂直面上的应力,就可以用截面法和平衡条件,求得过这一点的任意方向面上的应力。因此,微元及其三对互相垂直面上的应力,可以描述一点的应力状态。

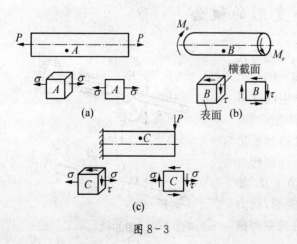

图 8-3

如图8-3(a)所示,在矩形截面拉杆上取一微元,可求出微元左、右两侧面有正应力 σ,无剪应力作用。该应力状态称为"单向应力状态"。又如,只受扭转的圆轴,轴表面各点的应力状态如图8-3(b)所示。因为横截面只有剪应力而无正应力作用,于是微元左、右两侧面只有剪应力。根据剪应力互等定理,上、下面上也有剪应力作用。这种应力状态称为"纯剪应力状态"。再如,自由端承受集中载荷的矩形截面悬臂梁,在中性层以上部位取一点 C,对应微元的应力状态如图 8-3(c)所示。该微元左、右面上既有正应力又有剪应力作用,剪应力方向与横截面上的剪力同向,由于 C 点位于中性层之上,正应力则为拉应力。这种一个面上既有正应力又有剪应力作用的状态,称为复杂应力状态。以上在受力物体内截取的"单元体",都是使其相互垂直的三个面上的应力与我们前面已求出的三种基本受力变形形式下的应力相一致,这样的单元体称为"基本应力单元体"。

8.2.3 主平面和主应力

从图 8-3 可看出,单元体的面上有的既有 σ 又有 τ;有的只有 σ 或 τ;有的面上应力等于 0。剪应力等于零的面,称为主平面;主平面上的正应力称为主应力。理论证明,受力构件内的任意点,通过不同方位的截取,总可截出一个特殊的单元体,其三个相互垂直的面都是主平面,这样的单元体称为"主应力单元体",其上作用的应力对应三个主应力,一般用 σ_1,σ_2,σ_3 表示,且规定按代数值大小顺序排列,即

$$\sigma_1 \geqslant \sigma_2 \geqslant \sigma_3 \tag{8-1}$$

在单元体上,虽然主平面上的剪应力为零,但在其他方向面上还存在剪应力。可以证明,微元上的最大剪应力 τ_{max} 可由主应力值求得为

$$\tau_{max} = \frac{\sigma_1 - \sigma_3}{2} \tag{8-2}$$

一点的应力状态通常用该点的三个主应力来表示。只有一个主应力不等于零的应力状态,称为单向应力状态;当两个主应力不为零时,称为二向应力状态,又称平面应力状态;当三个主应力均不为零时,称三向应力状态。二向、三向应力状态也称为复杂应力状态,单向应力状态又称为简单应力状态。

8.3 平面应力状态分析

工程中许多受力构件的危险点都是处于平面应力状态,对这类构件进行强度计算时,常需要知道构件在危险点处主应力的大小及方位。为此,首先必须确定危险点单元体任一斜截面上的的应力,也就是求解该点的应力状态。平面应力状态应力的分析方法通常有两种,一种是解析法,另一种是图解法,下面分别进行介绍。

8.3.1 解析法

在平面应力状态下,研究单元体斜截面上的应力时,所指斜截面并不是任意方位的面,而是与主应力等于零的主平面相垂直的斜截面。如图 8-4(a)所示单元体为平面应力状态最一般的情况,在外法线分别与 x 轴和 y 轴重合的两对平面上,应力 σ_x,τ_x(或写成 τ_{xy},表示与 x 轴垂直且与 y 轴平行的方向上的应力),σ_y,τ_y(或写成 τ_{yx},表示与 y 轴垂直且与 x 轴平行的方向上的应力)是已知的。现以与前后两个面垂直的某个平面去截此单元体,得一斜截面 EF 如图 8-4(b)所示,设此斜截面 EF 的外法线 n 与 x 轴正向夹角为 α,并规定从 x 轴逆时针转到外法线 n 的 α 角为正,求此斜截面上的应力 σ_α 和 τ_α。

用截面法取如图 8-4(c)所示的楔形体 EBF 为研究对象,设斜截面面积为 dA,则 BE 和

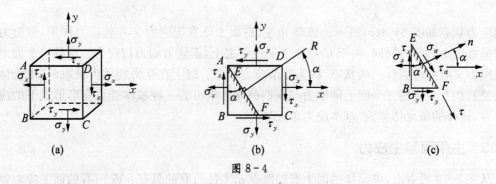

图 8-4

BF 的相应面积分别为 $\mathrm{d}A\cos\alpha$ 和 $\mathrm{d}A\sin\alpha$,由平衡条件可得

$$\sum F_n = 0$$

$$\sigma_\alpha \mathrm{d}A + (\tau_x \mathrm{d}A\cos\alpha)\sin\alpha - (\sigma_x \mathrm{d}A\cos\alpha)\cos\alpha + (\tau_y \mathrm{d}A\sin\alpha)\cos\alpha - (\sigma_y \mathrm{d}A\sin\alpha)\sin\alpha = 0$$

$$\sum F_\tau = 0$$

$$\tau_\alpha \mathrm{d}A - (\tau_x \mathrm{d}A\cos\alpha)\cos\alpha - (\sigma_x \mathrm{d}A\cos\alpha)\sin\alpha + (\tau_x \mathrm{d}A\sin\alpha)\sin\alpha + (\sigma_y \mathrm{d}A\sin\alpha)\cos\alpha = 0$$

由剪应力互等定理知 $\tau_x = \tau_y$,并利用 $2\sin\alpha\cos\alpha = \sin 2\alpha$, $\cos^2\alpha = \dfrac{1+\cos 2\alpha}{2}$, $\sin^2\alpha = \dfrac{1-\cos 2\alpha}{2}$,上两式可化简为

$$\sigma_\alpha = \frac{\sigma_x + \sigma_y}{2} + \frac{\sigma_x - \sigma_y}{2}\cos 2\alpha - \tau_x \sin 2\alpha \qquad (8-3)$$

$$\tau_\alpha = \frac{\sigma_x - \sigma_y}{2}\sin 2\alpha + \tau_x \cos 2\alpha \qquad (8-4)$$

式(8-3)、式(8-4)为计算平面应力状态下斜截面上应力的公式,这种方法称为解析法。

需要注意的是,正应力 σ_x, σ_y, σ_α 以拉应力为正,反之为负;剪应力 τ_x, τ_y, τ_α 对单元体内任一点产生顺时针转动效应为正,反之为负。

将正应力公式对 α 取导数,得

$$\frac{\mathrm{d}\sigma_\alpha}{\mathrm{d}\alpha} = -2\left[\frac{\sigma_x - \sigma_y}{2}\sin 2\alpha + \tau_x \cos 2\alpha\right]$$

若 $\alpha = \alpha_0$ 时,能使导数 $\dfrac{\mathrm{d}\sigma_\alpha}{\mathrm{d}\alpha} = 0$,则

$$\frac{\sigma_x - \sigma_y}{2}\sin 2\alpha_0 + \tau_x \cos 2\alpha_0 = 0$$

$$\tan 2\alpha_0 = -\frac{2\tau_x}{\sigma_x - \sigma_y} \qquad (8-5)$$

式(8-5)有两个解,α_0 和 $\alpha_0 + 90°$,在它们所确定的两个互相垂直的平面上,正应力取得极值。且其中一个对应最大正应力所在的平面,另一个是最小正应力所在的平面。由此可求出最大或最小正应力为

$$\sigma_{\max} = \frac{\sigma_x + \sigma_y}{2} + \sqrt{\left(\frac{\sigma_x - \sigma_y}{2}\right)^2 + \tau_x^2} \qquad (8-6)$$

$$\sigma_{\min} = \frac{\sigma_x + \sigma_y}{2} - \sqrt{\left(\frac{\sigma_x - \sigma_y}{2}\right)^2 + \tau_x^2} \qquad (8-7)$$

将 α_0 代入切应力公式,可得 $\tau_{\alpha_0} = 0$,这就说明正应力为最大或最小所在的平面就是主平面。所以主应力就是最大或最小的正应力。

根据主平面和主应力的定义,平面应力状态中,除了上述两个主平面和主应力外,还有第三个主平面,这就是与上两个主平面即 α_0、$\alpha_0 + 90°$ 都垂直的平面,因为这一平面上的剪应力亦是零。研究可知第三个主平面上的主应力为零。

实际应用时,习惯将三个主应力($\sigma_{\max}$、$\sigma_{\min}$,0)按代数值大小顺序排列,并用 σ_1,σ_2,σ_3 表示,即 $\sigma_1 \geqslant \sigma_2 \geqslant \sigma_3$。

用完全相似的方法,可以确定最大和最小剪应力以及它们所在的平面。

若 $\alpha = \alpha_1$ 时,能使导数 $\dfrac{\mathrm{d}\tau_\alpha}{\mathrm{d}\alpha} = 0$,则 α_1 所确定的截面上,剪应力取得极值。

$$\tan 2\alpha_1 = \frac{\sigma_x - \sigma_y}{2\tau_x} \qquad (8-8)$$

求得剪应力的最大值和最小值是

$$\tau_{\max} = \sqrt{\left(\frac{\sigma_x - \sigma_y}{2}\right)^2 + \tau_x^2} \qquad (8-9)$$

$$\tau_{\min} = -\sqrt{\left(\frac{\sigma_x - \sigma_y}{2}\right)^2 + \tau_x^2} \qquad (8-10)$$

主应力所在的平面与剪应力极值所在的平面之间有如下的关系

$$\tan 2\alpha_0 = -\frac{1}{\tan 2\alpha_1} \Rightarrow 2\alpha_1 = 2\alpha_0 + \frac{\pi}{2} \Rightarrow \alpha_1 = \alpha_0 + \frac{\pi}{4} \qquad (8-11)$$

这表明最大和最小剪应力所在的平面与主平面的夹角为 $45°$。

8.3.2 图解法

1. 应力圆的概念

将式(8-3)、式(8-4)中消去参数 2α,并整理可得

$$\left(\sigma_\alpha - \frac{\sigma_x + \sigma_y}{2}\right)^2 + \tau_\alpha^2 = \left(\frac{\sigma_x - \sigma_y}{2}\right)^2 + \tau_x^2 \qquad (8-12)$$

可以看出,上式是以 τ_α 和 σ_α 为变量,以 τ 和 σ 为纵、横坐标的坐标系内的一个圆,其圆心坐标为 $\left(\dfrac{\sigma_x + \sigma_y}{2}, 0\right)$,圆的半径为 $R = \sqrt{\left(\dfrac{\sigma_x - \sigma_y}{2}\right)^2 + \tau_x^2}$,而圆周上任一点的纵横坐标值分别代表单元体内某一斜截面的剪应力和正应力。这样的圆称为应力圆,如图 8-5 所示。

2. 应力圆的画法

现以图 8-5(a)所示单元体为例,说明应力圆的画法。其作图步骤如下:

(1) 建立 $\sigma O \tau$ 坐标系,如图 8-5(b)所示。

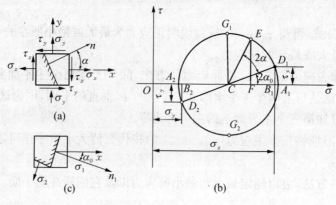

图 8-5

(2) 按选定的比例,在 $\sigma O \tau$ 坐标系中定出 $D_1(\sigma_x, \tau_x)$ 点和 $D_2(\sigma_y, -\tau_x)$ 点,则 D_1 和 D_2 两点分别代表单元体上法线为 x 轴和 y 轴的平面。

(3) 连接 D_1 和 D_2 两点,连线与横坐标交与 C 点。以 C 点为圆心, CD_1 或 CD_2 为半径作圆,此圆即为图 8-5(a)所示单元体的应力圆。

利用应力圆求 α 截面上应力的方法如下:将半径 CD_1 逆时针转过 2α 到 CE 处,则 E 点坐标($|OF|$, $|EF|$)即为 α 面上的应力(σ_α, τ_α)。

8.4 空间应力状态分析

8.4.1 三向应力状态

若通过一点的单元体上三个主应力均不为零,称该单元体为处于三向应力状态。可以证明:过该点所有截面上的最大正应力为 σ_1,最小正应力为 σ_3,即

$$\sigma_{\max} = \sigma_1$$
$$\sigma_{\min} = \sigma_3 \tag{8-13}$$

而最大剪应力为

$$\tau_{\max} = \frac{\sigma_1 - \sigma_3}{2} \tag{8-14}$$

$\tau_{\max}$ 位于与 σ_1 和 σ_3 均成 $45°$ 的斜截面内。

8.4.2 广义胡克定律

图 8-6 是从受力物体中某点处取出的主单元体。当应力未超过材料比例极限时,单元体在三个主应力方向的线应变,可用叠加法求得

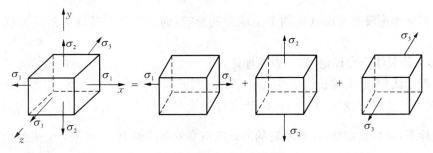

图 8-6

$$\varepsilon_1 = \frac{1}{E}[\sigma_1 - \mu(\sigma_2 + \sigma_3)]$$

$$\varepsilon_2 = \frac{1}{E}[\sigma_2 - \mu(\sigma_1 + \sigma_3)] \quad\quad (8-15)$$

$$\varepsilon_3 = \frac{1}{E}[\sigma_3 - \mu(\sigma_1 + \sigma_2)]$$

此式称为广义胡克定律。

8.5 强 度 理 论

杆件拉伸时(单向应力状态)和圆轴扭转时(纯剪应力状态),都是通过实验确定极限应力(如屈服极限和强度极限)值的,然后直接利用实验结果建立强度准则。但是,这种方法对于复杂应力状态则不适用。

在复杂应力状态下,特别是三向应力状态可构成无穷多种组合,要想通过实验,一一确定每一种应力组合情况下的极限应力是不可能的。但通过对材料各种破坏现象的分析,可以发现材料破坏是有一定规律的。从而总结出材料的失效形式大致分成两种:一种是屈服流动,这种失效伴随着明显的塑性变形;另一种是脆性断裂,这种失效没有明显的塑性变形。对于同一种失效形式,在引起失效的原因中可能包含共同的因素。

所谓"强度理论",就是关于材料在不同应力状态下失效的共同原因的各种假设。根据这些假设,就有可能利用单向拉伸的实验结果,推知材料在复杂应力状态下,何时发生失效,从而建立起相应的强度计算依据,即强度条件。

下面从工程应用出发,介绍四种常用的强度理论:

1. 最大拉应力理论(第一强度理论)

这一理论认为:最大拉应力是引起材料断裂破坏的主要因素,也就是不管材料处于什么应力状态,只要最大拉应力达到单向拉伸断裂时的极限应力 σ_b,即将发生断裂破坏。由于复杂应力状态下的最大拉应力为 σ_1,因此材料发生断裂的条件是

$$\sigma_1 = \sigma_b$$

将极限应力 σ_b 除以安全系数 n_b,得许用应力$[\sigma]$,于是相应的强度条件为

$$\sigma_1 \leqslant \frac{\sigma_b}{n_b} = [\sigma] \quad\quad (8-16)$$

试验表明,脆性材料如铸铁等在复杂应力状态下受拉断裂时,该理论与试验结果是基本

一致的。但该理论没有考虑其他两个主应力的影响,而且对没有拉应力的应力状态也无法应用。

2. 最大伸长线应变理论(第二强度理论)

这一理论认为:最大伸长线应变 ε_1 是引起材料断裂破坏的主要因素,即在复杂应力状态下,只要最大伸长线应变达到单向拉伸断裂时的最大伸长线应变 ε°,材料将发生断裂破坏。

在简单拉伸下,由胡克定律,在拉断时的伸长线应变的极限值为 $\varepsilon^\circ = \dfrac{\sigma_b}{E}$,于是在复杂应力状态下,发生断裂破坏的条件是

$$\varepsilon_1 = \varepsilon^\circ = \frac{\sigma_b}{E}$$

根据广义胡克定律公式

$$\varepsilon_1 = \frac{1}{E}[\sigma_1 - \mu(\sigma_2 + \sigma_3)]$$

整理得

$$\sigma_1 - \mu(\sigma_2 + \sigma_3) = \sigma_b$$

将 σ_b 除以安全系数得许用应力 $[\sigma]$,于是按第二强度理论建立的强度条件是

$$\sigma_1 - \mu(\sigma_2 + \sigma_3) \leqslant [\sigma] \tag{8-17}$$

该理论与某些脆性材料如岩石、混凝土等的压缩试验结果大致相符;对于铸铁,在二向拉—压应力,压应力大于拉应力时,与试验结果也比较接近;其他情况则与实验结果不符。

3. 最大剪应力理论(第三强度理论)

这一理论认为:最大剪应力是引起材料屈服破坏的主要因素。不管材料处于什么应力状态,只要发生屈服破坏,都是由于微元内的最大剪应力 τ_{max} 达到了某个共同的极限值,即单向拉伸屈服时的最大剪应力 τ_s

$$\tau_{max} = \tau_s$$

对于任意应力状态,都有 $\tau_{max} = \dfrac{\sigma_1 - \sigma_3}{2}$,而单向拉伸屈服时,主应力为 $\sigma_1 = \sigma_s$,$\sigma_2 = \sigma_3 = 0$,所以,$\tau_s = \dfrac{\sigma_s}{2}$,由此可得到屈服条件为

$$\sigma_1 - \sigma_3 = \sigma_s$$

考虑安全系数后,保证材料在任意应力状态下不发生屈服的强度条件为

$$\sigma_1 - \sigma_3 \leqslant \frac{\sigma_s}{n_s} = [\sigma] \tag{8-18}$$

这一准则与很多塑性材料在大多数受力形式下的实验结果相吻合,它适用于发生屈服或剪断的情形。

4. 形状改变比能理论(第四强度理论)

这一理论认为,引起材料屈服破坏的主要因素是形状改变比能 u_x,也就是如果复杂应力状态下的形状改变比能 u_x 达到单向拉伸屈服时的形状改变比能 u_x° 时,材料即发生屈服。形状改变比能与微元主应力的关系式为

$$u_x = \frac{1+\mu}{6E}\left[(\sigma_1-\sigma_2)^2 + (\sigma_2-\sigma_3)^2 + (\sigma_3-\sigma_1)^2\right]$$

根据这一理论,考虑安全系数后,可得到在多种应力状态下,不发生屈服的强度条件为

$$\sqrt{\frac{1}{2}\left[(\sigma_1-\sigma_2)^2 + (\sigma_2-\sigma_3)^2 + (\sigma_3-\sigma_1)^2\right]} \leqslant \frac{\sigma_s}{n_s} = [\sigma] \tag{8-19}$$

大量塑性材料的实验结果表明,这一准则比最大剪应力理论更加接近实际,并且由此设计出的构件尺寸比由最大剪应力理论得到的要小,因而在工程上得到广泛应用。

上述各个强度理论只是对确定的失效形式(屈服或断裂)才是适用的。因此,在实际应用中,应先根据材料性能和应力状态判断可能的失效形式,选用相应的强度准则。一般说来,脆性材料如铸铁、石料等,通常以断裂形式破坏,所以采用第一和第二强度理论。塑性材料如碳钢等,通常发生屈服破坏,宜采用第三和第四强度理论。

上述四个强度理论的强度条件,可写成统一形式:

$$\sigma_r \leqslant [\sigma] \tag{8-20}$$

$$\begin{cases} \sigma_{r1} = \sigma_1 \\ \sigma_{r2} = \sigma_1 - \mu(\sigma_2 + \sigma_3) \\ \sigma_{r3} = \sigma_1 - \sigma_3 \\ \sigma_{r4} = \sqrt{\frac{1}{2}\left[(\sigma_1-\sigma_2)^2 + (\sigma_2-\sigma_3)^2 + (\sigma_3-\sigma_1)^2\right]} \end{cases} \tag{8-21}$$

σ_r 称为相当应力。

应用强度理论进行强度计算时,应遵循以下步骤:

(1) 对构件受力进行分析,绘出构件的受力图;

(2) 计算内力并由内力图判断可能的危险截面;

(3) 确定危险点及其应力状态;

(4) 根据可能的失效形式选择合适的强度理论进行强度计算。

8.6　组合变形的强度计算

8.6.1　拉(压)弯组合变形的强度计算

图 8-7 所示悬臂梁 AB 在 B 端承受载荷 F 的作用,固定端 A 受约束反力 F_{Ax}、F_{Ay} 以及约束力偶 M_A 的作用。为了分析变形,将载荷 F 分解成两个分量 F_x,F_y,则

$$F_x = F\cos\alpha \qquad F_y = F\sin\alpha$$

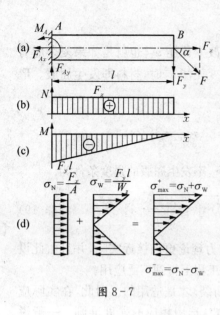

图 8-7

F_x 和 F_{Ax} 使杆轴向拉伸，F_y、F_{Ay} 和 M_A 使杆发生弯曲，因此，杆 AB 上发生轴向拉伸与弯曲的组合变形。

画出杆的轴力图和弯矩图，如图 8-7(b)、(c)所示，由内力图可知，截面 A 为危险截面，该截面上的轴力 $N = F_x$，弯矩 $M = F_y l$。危险截面上的应力分布情况如图 8-7(d)所示，其中

$$\sigma_N = \frac{N}{A} = \frac{F_x}{A}, \ \sigma_w = \frac{M}{W_z} = \frac{F_y l}{W_z}$$

由应力分布图可知，危险点为危险截面的上边缘各点。由于两种基本变形在危险点引起的应力均为正应力，故危险点处于单向应力状态，只需将这两个同向应力代数相加，即得危险点的最终应力，即危险截面上边缘各点的应力(截面上的最大拉应力)为

$$\sigma_{max}^+ = \sigma_N + \sigma_w = \frac{F_x}{A} + \frac{F_y l}{W_z}$$

危险截面下边缘各点的应力(截面上的最大压应力)为

$$\sigma_{max}^- = \sigma_N - \sigma_w = \frac{F_x}{A} - \frac{F_y l}{W_z}$$

当杆件发生轴向拉压和弯曲组合变形时，对于拉、压强度相同的塑性材料，只需按截面上的最大应力进行强度计算，其强度条件为

$$|\sigma|_{max} = \left| \frac{N}{A} \right| + \left| \frac{M}{W_z} \right| \leqslant [\sigma] \qquad (8-22)$$

但对于抗压强度大于抗拉强度的脆性材料，则要分别按最大拉应力和最大压应力进行强度计算，故强度条件分别为

$$\sigma_{max}^+ = \frac{N}{A} + \frac{M}{W_z} \leqslant [\sigma]^+$$
$$\sigma_{max}^- = \left| -\frac{N}{A} - \frac{M}{W_z} \right| \leqslant [\sigma]^- \qquad (8-23)$$

例8.1 一简易起重机如图 8-8 所示，横梁 AB 为 18a 工字钢。滑车可沿梁 AB 移动，滑车自重与起重物体的重力合计为 $G = 30$ kN，梁 AB 的材料的许用应力为 $[\sigma] = 140$ MPa，当滑车移动到梁 AB 的中点时，试校核梁的强度。

解：(1) 外力计算：横梁 AB 的受力如图 8-8(b)所示。

$$\sum m_A = 0 \Rightarrow F_N(\sin 30°)L - G\frac{L}{2} = 0 \Rightarrow F_N = 30 \text{ kN}$$

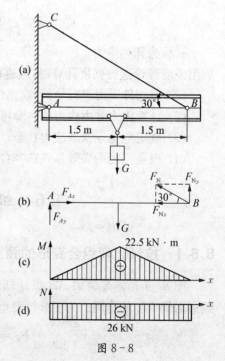

图 8-8

$$\sum x = 0 \Rightarrow F_{Ax} - F_{N}\cos 30° = 0 \Rightarrow F_{Ax} = 26 \text{ kN}$$

由分析可知,梁 AB 在外力作用下发生轴向压缩和弯曲组合变形。

(2) 内力分析:梁的弯矩图和轴力图如图 8-8(c)、(d)所示,由图可知,危险截面为梁的跨中截面,其上的轴力和弯矩分别为

$$N = F_{Ax} = 26 \text{ kN}$$

$$M_{max} = \frac{GL}{4} = \frac{30 \times 3}{4} = 22.5 \text{ kN} \cdot \text{m}$$

(3) 校核梁的强度:梁的最大正应力为压应力,发生在危险截面的上边缘各点处,查型钢表,18a 工字钢的横截面面积 $A = 3\,060 \text{ mm}^2$,抗弯截面模量 $W_z = 185 \text{ cm}^3 = 185 \times 10^3 \text{ mm}^3$,代入上式得

$$\bar{\sigma}_{max} = \left(\frac{26 \times 10^3}{3\,060} + \frac{22.5 \times 10^6}{185 \times 10^3} \right) \text{MPa} = 130.1 \text{ MPa} < [\sigma]$$

故梁满足强度要求,安全。

8.6.2 弯扭组合变形的强度计算

在小变形的前提下,拉(压)弯组合变形的强度计算均采用叠加原理解决。而另一类组合变形——弯曲与扭转组合的强度计算,则需要运用强度理论解决。现以如图 8-9(a)所示的电机轴的外伸段 AB 为例,说明圆轴在弯曲与扭转组合变形时的强度计算方法。电机的外伸端装有直径为 D 的皮带轮,皮带紧边和松边的拉力分别为 $2F$ 和 F,不计带轮自重。

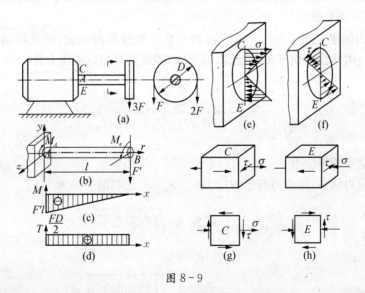

图 8-9

1. 外力分析

将电机轴的外伸部分简化为悬臂梁,将皮带拉力 $2F$ 和 F 分别向 AB 轴的轴线简化,得力 F' 和力偶 M_e,如图 8-9(b)所示,其值为

$$F' = 3F$$

$$M_e = 2F\frac{D}{2} - F\frac{D}{2} = \frac{FD}{2}$$

力 F' 使轴在垂直平面内发生弯曲变形,力偶 M_e 使轴扭转,故轴上产生弯扭组合变形。

2. 内力分析

轴的弯矩图和扭矩图如图 8-9(c)、(d)所示。由图可知,固定端截面 A 为危险截面,其上的弯矩和扭矩分别为

$$M = F'l$$
$$T = M_e = \frac{FD}{2}$$

3. 应力分析

由于危险截面上同时作用着弯矩和扭矩,故该截面上必然同时存在弯曲正应力和扭转剪应力,其分布情况如图 8-9(e)、(f)所示。由应力分布图可见,C、E 两点的正应力和切应力均分别达到了最大值,因此,C、E 两点为危险点,该两点的弯曲正应力和扭转切应力分别为

$$\sigma = \frac{M}{W_z}, \ \tau = \frac{T}{W_p}$$

取 C、D 两点的单元体如图 8-9(g)、(h)所示,它们均属于平面应力状态,故需按强度理论来建立强度条件。

4. 建立强度条件

对于塑性材料制成的转轴,因其抗拉、压强度相同,因此 C、E 两点的危险程度是相同的,只需取其中一点来研究。

现取 C 点为例建立强度条件。由于转轴一般由塑性材料制成,故采用第三或第四强度理论进行计算。由前面知识可知,单元体第三、第四强度理相应的应力分别为

$$\sigma_{r3} = \sigma_1 - \sigma_3$$

$$\sigma_{r4} = \sqrt{\frac{1}{2}\left[(\sigma_1 - \sigma_2)^2 + (\sigma_2 - \sigma_3)^2 + (\sigma_3 - \sigma_1)^2\right]}$$

故需计算出危险点的主应力。

对于二向应力状态,主应力与已知应力 σ_x, σ_y, τ_x 之间的关系为

$$\sigma_1 = \sigma_{max} = \frac{\sigma_x + \sigma_y}{2} + \sqrt{\left(\frac{\sigma_x - \sigma_y}{2}\right)^2 + \tau_x^2}$$

$$\sigma_2 = 0$$

$$\sigma_3 = \sigma_{min} = \frac{\sigma_x + \sigma_y}{2} - \sqrt{\left(\frac{\sigma_x - \sigma_y}{2}\right)^2 + \tau_x^2}$$

因为对于 C 点有 $\sigma_x = \sigma$, $\sigma_y = 0$, $\tau_x = \tau$,代入上式可得主应力为

$$\sigma_1 = \frac{\sigma}{2} + \frac{1}{2}\sqrt{\sigma^2 + 4\tau^2}$$

$$\sigma_2 = 0$$

$$\sigma_3 = \frac{\sigma}{2} - \frac{1}{2}\sqrt{\sigma^2 + 4\tau^2} \tag{8-24}$$

将上述主应力代入式第三、第四强度条件公式,可得弯扭组合变形的强度条件为

$$\sigma_{r3} = \sigma_1 - \sigma_3 = \sqrt{\sigma^2 + 4\tau^2} \leqslant [\sigma]$$

$$\sigma_{r4} = \sqrt{\frac{1}{2}\left[(\sigma_1 - \sigma_2)^2 + (\sigma_2 - \sigma_3)^2 + (\sigma_3 - \sigma_1)^2\right]} = \sqrt{\sigma^2 + 3\tau^2} \leqslant [\sigma] \tag{8-25}$$

如果把 $\sigma = \dfrac{M}{W_z}$,$\tau = \dfrac{T}{W_p}$,$W_p = 2W_z$ 代入式(8-25)可得

$$\sigma_{r3} = \frac{\sqrt{M^2 + T^2}}{W_z} \leqslant [\sigma]$$

$$\sigma_{r4} = \frac{\sqrt{M^2 + 0.75T^2}}{W_z} \leqslant [\sigma] \tag{8-26}$$

上式为圆截面构件弯扭组合的强度计算公式。

例8.2 手摇铰车的结构和受力如图 8-10(a)所示。若起吊重物的重量 $P = 500$ N,鼓轮半径为 150 mm,其他尺寸均示于图中。已知轴的许用应力 $[\sigma] = 80$ MPa,试按最大剪应力理论设计铰车轴的直径。

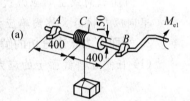

解:(1) 轴的受力分析:为设计轴的直径,必须首先分析轴的受力。将作用在缆绳上的重力 P 和作用在摇把上的外力偶矩 M_{e1} 向 AB 轴的轴心简化,得到 AB 轴的受力简图如图 8-10(b)所示。其中

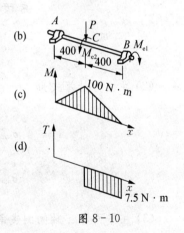

图 8-10

$$M_{e1} = M_{e2} = P \times 150 = 500 \times 150 = 75 \times 10^3 \text{ N} \cdot \text{mm}$$

AB 轴在 P 力作用下产生弯曲,AB 轴的 CB 段在外力偶矩 M_{e1} 和 M_{e2} 作用下产生扭转,所以 CB 段承受弯扭组合变形。

(2) 内力图和危险截面:轴的弯矩图和扭矩图如图 8-10(c)、(d)所示,可见 C 截面上弯矩最大,扭矩也最大,故该截面为危险截面,其上弯矩和扭矩值分别为

$$M = \frac{Pl}{4} = \frac{500 \times 800}{4} = 100 \times 10^3 \text{ N} \cdot \text{mm}$$

$$T = M_{e1} = 75 \times 10^3 \text{ N} \cdot \text{mm}$$

(3) 设计轴的直径:根据最大剪应力理论设计圆轴直径

$$\frac{32\sqrt{M^2 + T^2}}{\pi d^3} \leqslant [\sigma]$$

即 $d \geqslant \sqrt[3]{\dfrac{32\sqrt{(M^2 + T^2)}}{\pi[\sigma]}} = \sqrt[3]{\dfrac{32 \times \sqrt{(100 \times 10^3)^2 + (75 \times 10^3)^2}}{3.14 \times 80}} = 25$ mm

小结

1. 应力状态

（1）应力状态的概念：通过受力构件的一点的各个截面上的应力情况的集合，称为该点的应力状态。

（2）一点的应力状态的表示方法——单元体：通过该点的任意方位截面上的应力可利用单元体各个面上的已知应力用解析法或图解法确定。

（3）主平面、主应力：单元体上剪应力为 0 的平面称为主平面，主平面上的正应力称为主应力。

（4）应力状态的分类：

① 单向应力状态，只有一个主应力不为零，另两个主应力均为零。

② 二向或平面应力状态，两个主应力不为零，另一个为零。

③ 三向或空间应力状态，三个主应力都不为零。

单向应力状态又称简单应力状态，二向、三向应力状态称为复杂应力状态。

2. 平面应力状态分析的解析法

（1）任意 α 斜截面上的应力，

$$\sigma_\alpha = \frac{\sigma_x + \sigma_y}{2} + \frac{\sigma_x - \sigma_y}{2}\cos 2\alpha - \tau_x \sin 2\alpha$$

$$\tau_\alpha = \frac{\sigma_x - \sigma_y}{2}\sin 2\alpha + \tau_x \cos 2\alpha$$

（2）主应力计算式为

$$\sigma_{\max} = \frac{\sigma_x + \sigma_y}{2} + \sqrt{\left(\frac{\sigma_x - \sigma_y}{2}\right)^2 + \tau_x^2}$$

$$\sigma_{\min} = \frac{\sigma_x + \sigma_y}{2} - \sqrt{\left(\frac{\sigma_x - \sigma_y}{2}\right)^2 + \tau_x^2}$$

（3）主平面与 x 轴间的夹角 α_0 可按下式计算

$$\tan 2\alpha_0 = -\frac{2\tau_x}{\sigma_x - \sigma_y}$$

3. 平面应力状态分析的图解法

单元体与应力圆的对应关系：

（1）对于某一平面应力状态而言，单元体的应力状态一定和一个应力圆相对应。

（2）应力圆上两点沿圆弧所对应的圆心角是单元体上与这两点对应的两个平面间夹角的两倍，且转向相同。

4. **空间应力状态和广义胡克定律**

(1) 空间应力状态：通过一点的单元体上三个主应力均不为零，称该单元体为处于三向应力状态。过该点所有截面上的最大正应力为 σ_1，最小正应力为 σ_3，

$$\sigma_{\max} = \sigma_1$$
$$\sigma_{\min} = \sigma_3$$

则最大剪应力为

$$\tau_{\max} = \frac{\sigma_1 - \sigma_3}{2}$$

(2) 广义胡克定律：当应力未超过材料比例极限时，单元体在三个主应力方向的线应变，可用叠加法求得，即

$$\varepsilon_1 = \frac{1}{E}[\sigma_1 - \mu(\sigma_2 + \sigma_3)]$$

$$\varepsilon_2 = \frac{1}{E}[\sigma_2 - \mu(\sigma_1 + \sigma_3)]$$

$$\varepsilon_3 = \frac{1}{E}[\sigma_3 - \mu(\sigma_1 + \sigma_2)]$$

5. **强度理论**

(1) 材料失效破坏现象的两种类型：塑性材料屈服失效和脆性材料断裂失效。

(2) 四种强度理论的统一形式：

$$\sigma_r \leqslant [\sigma]$$
$$\sigma_{r1} = \sigma_1$$
$$\sigma_{r2} = \sigma_1 - \mu(\sigma_2 + \sigma_3)$$
$$\sigma_{r3} = \sigma_1 - \sigma_3$$
$$\sigma_{r4} = \sqrt{\frac{1}{2}\left[(\sigma_1 - \sigma_2)^2 + (\sigma_2 - \sigma_3)^2 + (\sigma_3 - \sigma_1)^2\right]}$$

(3) 强度理论的选用：一般情况下，脆性材料选用第一、第二强度理论，塑性材料选用第三、第四强度理论。

6. **组合变形的强度计算**

(1) 拉伸（或压缩）与弯曲的组合，对于塑性材料有

$$|\sigma|_{\max} = \left|\frac{N}{A}\right| + \left|\frac{M}{W_z}\right| \leqslant [\sigma]$$

对于脆性材料有

$$\sigma_{\max}^+ = \frac{N}{A} + \frac{M}{W_z} \leqslant [\sigma]^+$$

$$\sigma_{\max}^- = \left|-\frac{N}{A} - \frac{M}{W_z}\right| \leqslant [\sigma]^-$$

(2) 对于弯曲和扭转组合的圆截面杆,按第三和第四强度理论计算,分别为:

$$\sigma_{r3} = \frac{\sqrt{M^2 + T^2}}{W_z} \leqslant [\sigma]$$

$$\sigma_{r4} = \frac{\sqrt{M^2 + 0.75T^2}}{W_z} \leqslant [\sigma]$$

 习题

....

8.1 指出图 8-11 所示单元体主应力 σ_1, σ_2, σ_3 的值,并说明属于哪一种应力状态(应力单位 MPa)。

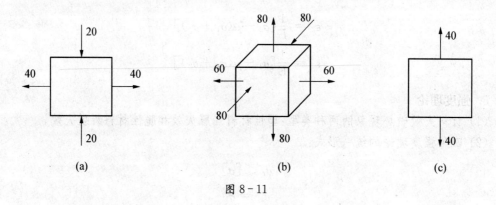

图 8-11

8.2 在图 8-12 所示各单元体中,试用解析法与应力圆法求指定斜截面上的应力(应力单位 MPa)。

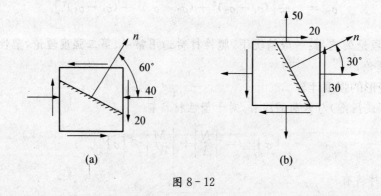

图 8-12

8.3 一矩形截面梁,尺寸及载荷如图 8-13 所示,尺寸单位为 mm,求(1)画出梁上各指定点的单元体及其面上的应力;(2)画出各单元体的应力圆,并确定主应力与最大切应力的值。

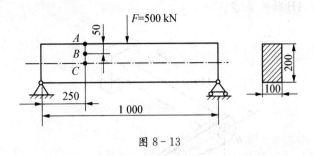

图 8 - 13

8.4 试求图 8 - 14 所示各单元体的主应力及最大切应力（应力单位 MPa）。

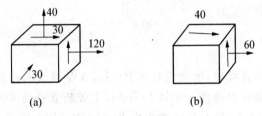

(a)　　　　　　　　(b)

图 8 - 14

8.5 圆轴受力如图 8 - 15 所示,已知轴径 $d = 20$ mm,轴材料的许用应力 $[\sigma] = 140$ MPa,试用第三强度理论校核轴的强度。

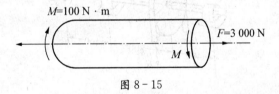

图 8 - 15

8.6 一铸铁构件在复杂受力状态下,求得其危险点的主应力是 $\sigma_1 = 24$ MPa, $\sigma_2 = 0$, $\sigma_3 = -36$ MPa,材料的许用拉应力 $[\sigma]^+ = 35$ MPa,许用压应力 $[\sigma]^- = 120$ MPa,材料的泊松比 $\mu = 0.25$,试按第一、第二强度理论校核该构件的强度。

8.7 车轮与钢轨接触点处的主应力为 -800 MPa、-900 MPa、$-1\,100$ MPa,若 $[\sigma] = 300$ MPa,试对接触点作强度校核。

8.8 圆形钢杆如图 8 - 16 所示,已知轴向拉力 $P = 126$ kN,外力偶矩 $m = 0.64$ kN·m,钢杆直径 $d = 40$ mm,材料的许用应力 $[\sigma] = 160$ MPa,试按第三和第四强度理论校核圆杆的强度。

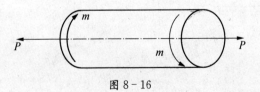

图 8 - 16

8.9 曲拐轴受铅垂载荷作用如图 8 - 17 所示,已经 $P = 20$ kN, $[\sigma] = 160$ MPa,试按最大剪

应力准则设计 AB 轴的直径。

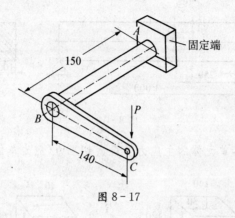

图 8-17

8.10 如图 8-18 所示的传动轴,电动机功率 $P = 7.5\ \text{kW}$ 通过联轴器 A 直接输入,然后通过皮带轮 B 输出,轴的转速为 $n = 100\ \text{r/min}$,皮带轮直径为 600 mm,且已知皮带拉力 $F_1 > F_2$, $F_2 = 1\,500\ \text{N}$,轴材料的许用应力 $[\sigma] = 80\ \text{MPa}$,直径 $d = 60\ \text{mm}$,试校核该轴是否安全。

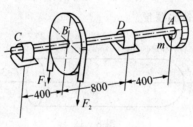

图 8-18

第 9 章

压 杆 稳 定

学习目标

（1）了解压杆平衡的稳定性和不稳定性，掌握计算各种支承条件下压杆临界力的公式及影响压杆临界力的因素。

（2）理解压杆柔度的概念，能正确区分三类不同的压杆并选择合适的公式计算各类压杆的临界应力。

（3）能应用安全系数法对压杆进行稳定校核。

9.1 压杆稳定的基本概念

某些承受轴向压力的杆件，如连杆机构中的连杆、支承机械的千斤顶等，当压力超过一定数值后，其直线平衡形式会忽然转变为弯曲形式而使杆件丧失其承载能力，这被称为"稳定失效"。稳定性和强度、刚度问题一样，在机械或其零部件的设计中占有重要地位，是材料力学研究的一个重要问题。

取一根两端铰支且施加轴向压力 P 的细长杆，使其处于平衡状态[见图 9-1(a)]，对压杆施以微小的横向干扰力后，杆离开平衡位置而呈微弯状态[见图 9-1(b)]。这时再除去干扰力，压杆的形状将随着轴向压力大小的变化而发生不同的变化：

（1）当轴向压力 P 小于某一数值时，杆经过几次摆动仍可恢复到原有直线平衡状态

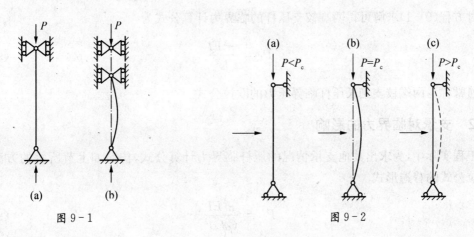

图 9-1   图 9-2

[见图 9-2(a)]。此时称压杆原来的直线位置平衡是"稳定的"。

（2）当轴向压力 P 逐渐增大到某一值时，压杆摆动后处于微弯状态，不能自动恢复原状。这时的压力称为临界力，以 P_c 表示，这就是压杆由稳定平衡转化为不稳定平衡的临界状态，如图 9-2(b)所示。

（3）当轴向压力 P 大于临界力时，压杆一旦受微干扰力作用，会发生突然弯曲，丧失稳定，这时，杆件已丧失了承载能力，如图 9-2(c)所示。工程中由于一般杆件总有某些缺陷，如材料不均或载荷偏心等，即使无干扰力作用，压杆也会因突然变弯而失稳。

9.2　压杆临界力的计算

由上节可知，要研究压杆的稳定性问题，关键在于确定压杆的临界力。确定压杆临界力的方法比较多，现以两端铰支的等截面直杆[图 9-3(a)]为例来说明确定压杆临界力的"静力方法"。

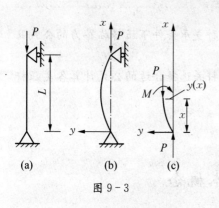

图 9-3

9.2.1　细长压杆的临界力

设图 9-3(b)为压杆由稳定平衡转化为不稳定平衡的临界状态，分析受力如图 9-3(c)所示。若设在距底端为 x 处的截面上，挠度为 $y(x)$，弯矩为 M，则有

$$M(x) = -Py(x)$$

根据小挠度近似微分方程，有

$$\frac{\mathrm{d}^2 y}{\mathrm{d}x^2} = \frac{M(x)}{EI} = -\frac{Py(x)}{EI}$$

即

$$\frac{\mathrm{d}^2 y}{\mathrm{d}x^2} + K^2 y = 0 \tag{9-1}$$

这是用挠度表示的压杆在临界状态下的平衡方程，其中 $K^2 = \dfrac{P}{EI}$

对方程(9-1)求解可得两端铰支压杆的临界力计算公式为

$$P_c = \frac{\pi^2 EI}{L^2} \tag{9-2}$$

此式通常称为两端铰支细长压杆临界压力的欧拉公式。

9.2.2　支承对临界力的影响

工程实际中，为求出其他支承情况的压杆临界力计算公式，仿照如上节所示的方法，得到欧拉公式的普遍形式

$$P_c = \frac{\pi^2 EI}{(\mu L)^2} \tag{9-3}$$

其中 μ 为长度折算系数,它反映不同支承对压杆临界力的影响;μL 为相当长度。

图 9-4 为几种常见支承压杆的微弯曲线,它们的长度系数分别为:

(1) 图 9-4(a)所示,一端固定,另一端自由。 $\mu = 2$

(2) 图 9-4(b)所示,两端铰支。 $\mu = 1$

(3) 图 9-4(c)所示,一端固定,另一端铰支。 $\mu = 0.7$

(4) 图 9-4(d)所示,两端固定。 $\mu = 0.5$

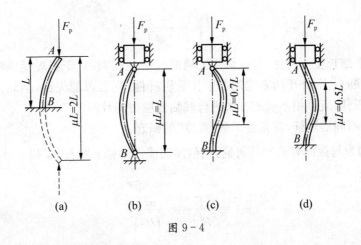

(a)   (b)   (c)   (d)

图 9-4

例 9.1 两端铰支压杆受力如图 9-5 所示。杆的直径 $d = 40\,\text{mm}$,杆长 $l = 2\,\text{m}$,材料为 A3 钢,$E = 206\,\text{GPa}$。

(1) 求压杆的临界力;

(2) 若杆长 $l = 0.5\,\text{m}$,临界力是否等于杆长 $l = 2\,\text{m}$ 时的 16 倍。

解:(1) 根据通用欧拉公式

$$P_C = \frac{\pi^2 EI}{(\mu l)^2}$$

因为两端为铰支,故 $\mu = 1$,圆截面对各形心轴的惯性矩均相等:$I = \pi d^4 / 64$。

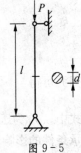

图 9-5

代入上式得

$$P_C = \frac{\pi^3 \times 206 \times 10^6 \times 40^4 \times 10^{-12}}{64(1 \times 2)^2} = 63.9\,\text{kN}$$

(2) 当 $l = 0.5\,\text{m}$ 时,如果仍应用欧拉公式,将 μ、l、E、$I = \pi d^4 / 64$ 等数据代入后,得

$$P_C = 1\,022\,\text{kN}$$

此值确为 $l = 2\,\text{m}$ 压杆临界力的 16 倍。

不过,若对这时的压杆进行强度校核

$$\sigma = \frac{P_C}{A} = \frac{1\,022 \times 10^3 \times 4}{\pi(40 \times 10^{-3})^2} = 813\,\text{MPa} > [\sigma]$$

则压杆发生强度失效,因此不能应用欧拉公式计算这种情形下压杆的临界力。

9.3 临界应力与柔度 三类不同的压杆

9.3.1 临界应力与柔度

压杆的临界应力即在临界力作用下压杆横截面上的应力,用 σ_C 表示

$$\sigma_C = \frac{P_C}{A} = \frac{\pi^2 EI}{(\mu l)^2 A} \tag{9-4}$$

工程上,对于细长受压杆件,发生弹性失稳的可能性较大;对于粗短受压杆件,一般直接发生压缩屈服或断裂;而介于两者之间的中长受压杆件,则有可能失稳,但局部会发生屈服。因此,对这三类压杆,应该用不同的方法进行其临界应力的计算。

要区分三类不同的压杆,首先要了解"柔度"的概念。

因 I 与 A 均为与截面有关的几何量,用截面的惯性半径 i 来表示,以 $i = \sqrt{I/A}$ 代入公式(9-4),得

$$\sigma_C = \frac{\pi^2 E i^2}{(\mu l)^2} = \frac{\pi^2 E}{\left(\dfrac{\mu l}{i}\right)^2}$$

令

$$\lambda = \frac{\mu l}{i} \tag{9-5}$$

因此可得

$$\sigma_C = \frac{\pi^2 E}{\lambda^2} \tag{9-6}$$

式中,λ 称为压杆的柔度,它反映了截面尺寸和形状对压杆临界力的影响,也反映了杆长及支承条件的影响。因此,柔度是压杆稳定问题中的一个重要参数。

9.3.2 三类不同的压杆

欧拉公式的导出应用了小挠度近似微分方程,而该方程只有在材料服从胡克定律,亦即材料处于弹性范围内时才适用,因此

$$\sigma_C = \frac{\pi^2 E}{\lambda^2} \leqslant \sigma_p \text{ 或 } \lambda \geqslant \sqrt{\frac{\pi^2 E}{\sigma_p}}$$

令

$$\lambda_1 = \sqrt{\frac{\pi^2 E}{\sigma_p}} \tag{9-7}$$

这是发生弹性屈曲时,压杆柔度的最小值。

1. 大柔度杆

满足条件

$$\lambda \geqslant \lambda_1 \tag{9-8}$$

的压杆称为大柔度杆或细长杆,其临界载荷为

$$P_C = \sigma_C \cdot A$$

式(9-7)表明,λ_1 与材料的性质有关。材料不同,λ_1 值也不同。例如,对于 A3 钢,$E = 206$ GPa,$\sigma_p = 200$ MPa,代入后得

$$\lambda_1 = \sqrt{\frac{\pi^2 \times 206 \times 10^3}{200}} \approx 101$$

因此,A3 钢压杆只有当 $\lambda \geqslant 101$ 时,才能应用欧拉公式来计算杆的临界力和临界应力。

2. 中柔度杆

满足条件

$$\lambda_2 \leqslant \lambda < \lambda_1 \tag{9-9}$$

的压杆称为中柔度杆或中长杆。这类压杆的失稳是应力超过比例极限以后出现的,工程上一般多采用经验公式来计算临界力和临界应力。

较简单的公式为直线公式:

$$\sigma_C = a - b\lambda \tag{9-10}$$

其中 a、b 为与材料性能有关的常数。表 9-1 中列出了几种常用材料的 a、b 值。

表 9-1 直线公式的系数 a 和 b

材料(σ_S、σ_b 的单位为 MPa)	a/MPa	b/MPa
Q235 钢 ($\sigma_S = 235$,$\sigma_b \geqslant 372$)	304	1.12
优质碳素钢 ($\sigma_S = 306$,$\sigma_b \geqslant 417$)	461	2.568
硅钢 ($\sigma_S = 353$,$\sigma_b = 510$)	578	3.744
铬钼钢	9 807	5.296
铸铁	332.2	1.454
强铝	373	2.15
木材	28.7	0.19

中柔度杆的柔度下限值 λ_2,是当压杆中的临界应力等于屈服强度时的柔度值,即 $\lambda = \lambda_2$ 时,$\sigma_C = \sigma_S$。由此可得

$$\lambda_2 = \frac{a - \sigma_S}{b} \tag{9-11}$$

例如,对于 Q235 的 A3 钢,将 $\sigma_S = 235$ MPa、$a = 304$ MPa、$b = 1.12$ MPa 代入上式后解得 $\lambda_2 = 61.6$。

3. 小柔度杆

满足条件

$$\lambda < \lambda_2 \tag{9-12}$$

的压杆称为"小柔度杆"或"粗短杆"。这类压杆一般不发生屈曲,而可能发生屈服(塑性材

料)或破裂(脆性材料)。于是,其临界应力的表达式为

$$\sigma_C = \sigma_S(塑性材料) \qquad \sigma_C = \sigma_b(脆性材料) \tag{9-13}$$

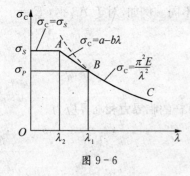

图 9-6

9.3.3 临界应力总图

根据三类不同压杆的临界应力表达式(9-6)、式(9-10)和式(9-13)计算出的 σ_C 随柔度 λ 变化的情况可用"临界应力总图"表达,如图 9-6 所示。

计算压杆的临界力时,应首先根据压杆的柔度值判断出它属于哪一类压杆,然后选择相应的计算公式来计算出临界应力,最后代入公式 $P_C = \sigma_C \cdot A$。

9.4 压杆稳定安全校核

9.4.1 稳定安全准则

为保证压杆在工作中不致失稳,必须使压杆的工作载荷 P 小于临界力 P_C,并要保证压杆有一定的安全储备。因此,压杆的稳定条件为

$$P \leqslant \frac{P_C}{s_C} \tag{9-14}$$

式中,s_C 为"稳定安全系数"。因压杆失稳大都具有突发性,且危害性比较大,故通常规定的稳定安全系数都要大于强度安全系数。式(9-14)也可写成

$$\sigma \leqslant [\sigma]_C \tag{9-15}$$

式中 $\sigma = P/A$,称为"工作应力";$[\sigma]_C$ 称为"稳定许用应力"

$$[\sigma]_C = \frac{\sigma_C}{s_C} \tag{9-16}$$

式(9-14)或式(9-15)是进行稳定安全计算的准则。

例 9.2　如图 9-7 所示,压杆材料为 Q235 钢,其中图 9-7(a)为主视图,此时杆两端可以绕销钉转动;图 9-7(b)为俯视图,杆两端被夹具夹紧。已知:$l = 2.3\ \mathrm{m}$,$b = 40\ \mathrm{mm}$,$h = 60\ \mathrm{mm}$,材料的弹性模量 $E = 205\ \mathrm{GPa}$。求此压杆的临界力。

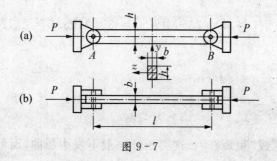

图 9-7

解:当压杆在主视图平面内失稳时,两端可简化为两端铰支,在俯视图平面内失稳时,两端可简化为两端固定。压杆在这两个方向都有失稳的可能性,应分别计算该两个方向的柔度,并选取 λ_{max} 所在的方向为压杆失稳的方向。

(1)计算两端铰支平面内的柔度 λ_a,因为

$$\mu = 1.0,\ i_a = \sqrt{\frac{I_a}{A}} = \sqrt{\frac{\frac{bh^3}{12}}{bh}} = \frac{h}{2\sqrt{3}}$$

压杆的柔度为

$$\lambda_a = \frac{\mu l}{i_a} = \frac{1 \times 2.30 \times 10^3 \times 2 \times \sqrt{3}}{60} = 132.8$$

(2)计算两端固定平面内的柔度 λ_b,因为

$$\mu = 0.5,\ i_b = \sqrt{\frac{I_b}{A}} = \sqrt{\frac{\frac{hb^3}{12}}{bh}} = \frac{b}{2\sqrt{3}}$$

这时压杆的柔度为

$$\lambda_b = \frac{\mu l}{i_b} = \frac{0.5 \times 2.30 \times 10^3 \times 2 \times \sqrt{3}}{40} = 99.6$$

上述结果表明,$\lambda_a > \lambda_b$,这说明压杆将在主视图平面内失稳。

对于 Q235 钢,$\lambda_a = 132.8$ 的压杆属于大柔度杆,故可用欧拉公式计算其临界力,即

$$P_C = \sigma_C A = \frac{\pi^2 E}{\lambda_a^2} A = \frac{\pi^2 \times 205 \times 10^6 \times 40 \times 60 \times 10^{-6}}{132.8^2} = 275(\text{kN})$$

9.4.2 安全系数法

在工程中,压杆的稳定校核常采用安全系数法。令

$$s = \frac{\sigma_C}{\sigma} = \frac{P_C}{P} \tag{9-17}$$

式中,s 称为"工作安全系数";σ_C 和 P_C 分别为临界应力和临界载荷,对于三类不同压杆可采用不同的表达式计算;σ 和 P 分别为工作应力和工作载荷。

压杆安全工作条件为

$$s \geqslant s_C \tag{9-18}$$

例9.3 1 000 吨双动薄板液压冲压机的顶出器杆为一端固定、一端铰支的压杆。已知杆长 $l = 2$ m,直径 $d = 65$ mm,材料的 $E = 210$ GPa,$\sigma_P = 280$ MPa,顶杆工作时承受压力 $P = 18.3$ 吨,取稳定安全系数 $s_C = 3$,试校核该顶杆的稳定性。

解:(1)求顶杆的柔度。

$$\mu = 0.7, \quad i = \sqrt{\frac{I}{A}} = \frac{d}{4} = \frac{65}{4} = 16.25 \text{ mm}$$

$$\lambda = \frac{\mu l}{i} = \frac{0.7 \times 2 \times 10^3}{16.25} = 86.2$$

(2) 求顶杆材料的 λ_1。

$$\lambda_1 = \sqrt{\frac{\pi^2 E}{\sigma_p}} = \sqrt{\frac{\pi^2 \times 210 \times 10^3}{280}} = 85.9$$

因为 $\lambda > \lambda_1$，此杆属细长杆。

(3) 计算临界力 P_C。

$$P_C = \frac{\pi^2 EI}{(\mu l)^2} = \frac{\pi^2 \times 210 \times 10^3 \times \dfrac{\pi}{64} \times 65^4}{(0.7 \times 2 \times 10^3)^2} = 925.2 \times 10^3 \text{ N}$$

(4) 稳定校核。

$$s = \frac{P_C}{P} = \frac{925.2 \times 10^3}{18.3 \times 10^3 \times 9.8} = 5.16 > s_C$$

故此顶杆满足稳定性要求。

9.5 提高压杆承载能力的措施

压杆失稳会使整个结构发生坍塌,为提高压杆的承载能力,应提高压杆的临界力或临界应力,而压杆的临界应力与压杆的柔度及材料的机械性质有关,因此,提高压杆稳定性的措施也必须从这两方面考虑。

9.5.1 减小柔度

由细长杆和中长杆的临界应力计算公式可知,柔度越小,临界应力越高,压杆抵抗失稳的能力越强。

压杆的柔度为

$$\lambda = \frac{\mu l}{i} \qquad i = \sqrt{\frac{I}{A}}$$

由上式可知,柔度与杆长、端部约束形式及截面惯性半径有关。减小柔度可从以下几方面着手:

(1) 选用合理的截面形状。当压杆在各个方向的端部约束相同时,失稳会发生在最小惯性矩平面内,因此应使截面在各个方向具有相等的惯性矩。最经济的方法是将截面设计成空心环形或空心正方形,这不仅加大截面的惯性矩,而且使截面对各个方向轴的惯性矩均相同。

(2) 减小压杆长度。减小杆长可有效地提高压杆的临界力。在某些情况下,通过改变结构或增加支点,可以减小杆长,从而达到提高压杆以至整个结构的承载能力的目的。

(3) 加固杆端约束。杆端约束越强,长度系数 μ 值越小,柔度也越小,从而使压杆的临界应力提高。为此,在工艺上应尽可能做到使压杆端部接近刚性连接。

9.5.2 合理选用材料

在其他条件都相同的情形下,选用弹性模量 E 较大的材料可以提高大柔度压杆的承载能力。钢的弹性模量比其他材料如铝合金、铜合金等大,所以,细长压杆多采用钢材制造。因为普通碳素钢、合金钢以及高强钢的弹性模量相差不大,因此,细长杆多选用普通碳素钢来制造。

对于中长杆,因直线公式中的系数与材料有关,强度越高的材料,其临界应力越高。因此,中长杆多采用高强度钢来提高压杆的稳定性。

对于短杆,其临界力与材料的比例极限及屈服强度有关,因而选用高强度钢的优越性是明显的。

 小结

本章主要讨论压杆的稳定问题,学习本章时,应先理解稳定、失稳、临界力的概念,在此基础上,重点掌握计算压杆临界力、临界应力的公式,以及压杆稳定校核的方法。

1. 压杆平衡稳定性

承受中心受压的理想直杆,当压力小于一定数值时,在任意小扰动下,压杆偏离原来的直线平衡位置,当扰动除去后,压杆又能回复到原来的直线平衡位置。则称原来的直线位置平衡是稳定的。当压力超过一定数值时,扰动除去后,压杆不能回复到原来的直线平衡位置,则称原来的直线平衡位置是不稳定的。

2. 压杆临界载荷

介于稳定和不稳定之间的平衡状态称为临界状态,压杆在临界状态下的压力载荷称为"临界载荷"。对于细长杆,其计算公式为

$$P_C = \frac{\pi^2 EI}{(\mu l)^2}$$

常见的各种支承方式的压杆,其失稳情况及长度折算系数如图9-8所示。

支承方式	两端铰支	一端固定一端自由	两端固定	一端固定一端铰支
简图	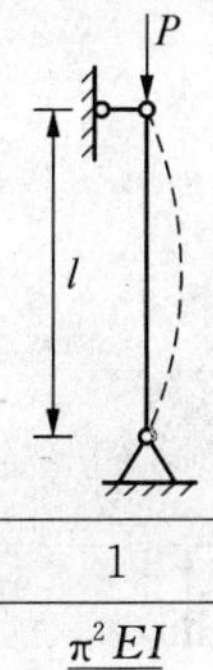	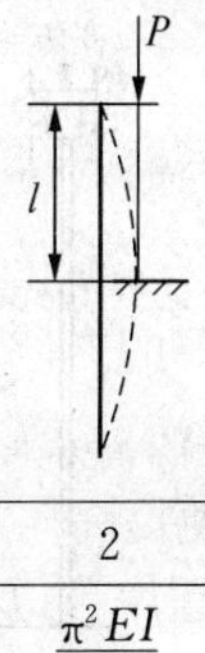		
M	1	2	0.5	0.7
P_C	$\dfrac{\pi^2 EI}{l^2}$	$\dfrac{\pi^2 EI}{(2l)^2}$	$\dfrac{\pi^2 EI}{(0.5l)^2}$	$\dfrac{\pi^2 EI}{(0.7l)^2}$

图9-8

3. 三类不同的压杆及临界应力总图

将三类压杆的不同临界应力表达式用图形表示,如图9-9所示。

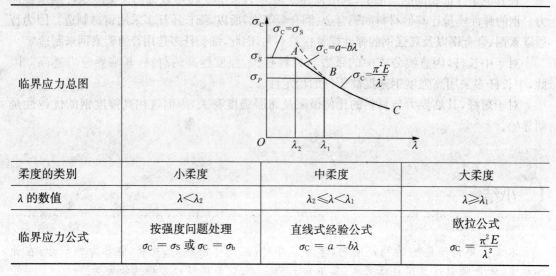

临界应力总图			
柔度的类别	小柔度	中柔度	大柔度
λ 的数值	$\lambda < \lambda_2$	$\lambda_2 \leqslant \lambda < \lambda_1$	$\lambda \geqslant \lambda_1$
临界应力公式	按强度问题处理 $\sigma_C = \sigma_s$ 或 $\sigma_C = \sigma_b$	直线式经验公式 $\sigma_C = a - b\lambda$	欧拉公式 $\sigma_C = \dfrac{\pi^2 E}{\lambda^2}$

图 9-9

4. 用安全系数法校核压杆稳定性的步骤

(1) 根据压杆不同方向的柔度,确定可能失稳的方向。

(2) 由可能失稳方向的柔度,判断压杆属于哪一类柔度的杆件,并按相应的公式计算临界应力和临界力。

(3) 由临界压力和工作压力确定工作安全系数,并按稳定条件进行校核。

 习题

9.1 如图9-10所示之四根压杆均为圆截面直杆,且材料及截面均相同,但杆端约束和杆长各不相同,试分析哪一根压杆最容易失稳? 哪一根压杆最不容易失稳?

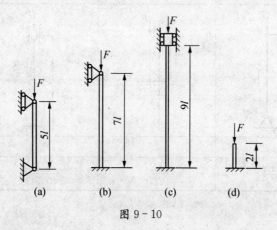

图 9-10

9.2 两端为球铰的压杆,当其截面如图9-11所示各种可能形状时,试分析,压杆失稳由直线平衡形式转变为弯曲平衡形式时,其横截面将绕哪一根轴转动。

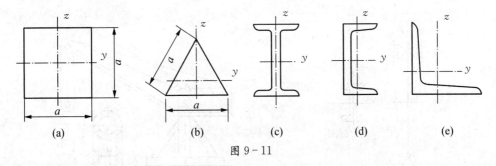

图9-11

9.3 如图9-12所示,压杆的材料为Q235钢,四种截面形状的面积均为3.2×10^3 mm²。试求它们的临界力,并进行比较。已知:$E = 200$ GPa,$\sigma_S = 235$ MPa,$\sigma_C = 304 - 1.12\lambda$,$\lambda_1 = 100$,$\lambda_2 = 61.4$。

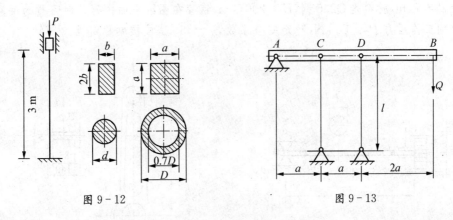

图9-12   图9-13

9.4 一刚性杆AB,A端铰支,C,D处与两根抗弯刚度均为EI的细长杆铰接,如图9-13所示。试求当结构由细长杆的失稳而毁坏时,载荷Q的临界值。

9.5 两端球铰约束的压杆,其矩形截面尺寸为$b = 30$ mm,$h = 50$ mm。若已知材料的弹性模量$E = 200$ GPa,比例极限$\sigma_P = 200$ MPa。试计算可应用欧拉公式确定其临界载荷的最小杆长。

9.6 图9-14所示托架结构中的斜撑杆AB为圆截面杆,其直径$d = 40$ mm,杆长$l = 800$ mm,A、B二处均为铰链约束。若已知材料为A3钢,屈服强度$\sigma_S = 235$ MPa,试求托架的临界载荷Q_C。若$Q = 70$ kN,AB杆的稳定安全系数$s_C = 2.0$,试校核托架是否安全。

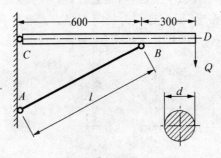

图9-14

9.7 两端铰支的压杆,长 $l = 4$ m,截面为 22a 工字钢,$\sigma_P = 200$ MPa,$E = 200$ GPa,如图 9-15 所示。求它的临界力和临界应力。

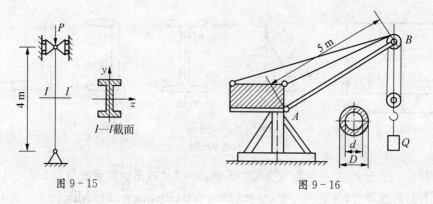

图 9-15   图 9-16

9.8 如图 9-16 所示的简易起重机,起重臂 AB 由钢管制成,长 $l = 5$ m,外径 $D = 10$ cm,内径 $d = 7$ cm,材料是 Q235 钢,$E = 200$ GPa,钢管在图纸平面内弯曲时可视为两端铰支,它的工作压力 $P = 50$ kN,稳定安全系数 $S_C = 5$。试校核其稳定性。

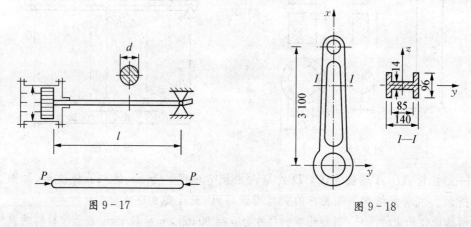

图 9-17   图 9-18

9.9 压缩机的活塞杆,受活塞传来的轴向压力 $P = 100$ kN 作用(见图 9-17),杆长 $l = 100$ cm,直径 $d = 5$ cm,材料为 45 钢,$\sigma_P = 288$ MPa,$\sigma_S = 320$ MPa,稳定安全系数 $s_C = 4$。试进行稳定性校核。

9.10 如图 9-18 所示的连杆,截面为工字形,材料为 Q235 钢,所受最大轴向压力为 465 kN,连杆在摆动平面(xy 平面)内弯曲时,两端可视为铰支;在与摆动平面垂直的平面(xz 平面)内弯曲时,两端可视为固定支座。试确定其工作安全系数 s。

第 10 章

动载荷与交变应力

学习目标

....

(1) 掌握动载荷及交变应力的基本概念：

① 动载荷、交变应力。

② 应力循环、最大应力、最小应力、循环特征、平均应力、应力幅值。

③ 常见的应力循环类型及特点。

(2) 理解疲劳破坏的过程及原因。

(3) 了解构件的疲劳极限和疲劳强度计算。

(4) 理解提高构件疲劳强度的措施。

10.1 基本概念

在前面章节中，讨论杆件的强度、刚度、稳定性问题时，都是在静载荷作用下，所谓静载荷，是指不随时间变化的载荷。但是，在工程实际中，很多的构件所承受的载荷会随时间而变化，或载荷虽不变，但构件本身处于运动状态，此时，构件即承受了动载荷。构件在动载荷作用下产生的应力称为动应力。

10.1.1 交变应力

如果构件在工作时承受的载荷随时间作周期性改变，这种载荷称为交变载荷，相应地在零件内所产生的应力也作周期性变化，这种应力称为交变应力。

现以齿轮上任一齿的齿根处 A 点的应力为例，如图 10-1(a)所示。轴旋转一周，这个齿啮合一次，每次啮合过程中，A 点的弯曲正应力就从零变化到某一最大值，然后再回到零。轴不停地旋转，A 点的应力也就不断地重复上述过程。若以时间 t 为横坐标，弯曲正应力 σ 为纵坐标，应力随时间变化的曲线如图 10-1(b)所示。

又如图 10-2(a)所示的车辆轮轴，虽然集中载荷 P 不随时间改变，但由于轴的转动，而使横截面上的应力也会随时间作周期性的变化。如对于轴中间横截面上的 C 点，当其处于位置 1 时受最大拉应力 σ_{max}，当转到位置 2 时其应力为零，至位置 3 时受最大压应力 σ_{min}，至位置 4 时其应力又为零。这样重复循环下去，弯曲正应力的大小和方向随时间作周期性变化，如图 10-2(b)所示，这也是产生交变应力的一种情况。

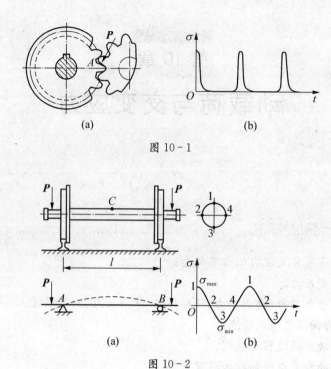

图 10-1

图 10-2

10.1.2　疲劳破坏

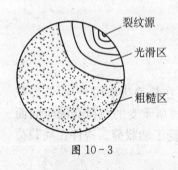

图 10-3

　　构件在交变应力作用下产生的破坏,称为疲劳破坏。实践表明,构件在交变应力作用下的破坏形式与静载荷时全然不同,其主要特点是:破坏时构件内的最大应力远低于材料的强度极限,甚至低于屈服极限;不论是塑性还是脆性材料,均呈脆性断裂,破坏前没有明显的塑性变形;破坏断口表面一般可明显区分成光滑区及晶粒状的粗糙区,如图 10-3 所示。在光滑区有时可看到以疲劳源为中心,逐渐扩展的弧形曲线。

　　通常认为,产生疲劳破坏的原因是:当交变应力的大小超过一定限度时,经过很多次的应力循环,在构件中的应力最大处和材料缺陷处产生了细微的裂纹,随着应力循环次数增加,裂纹逐渐扩大,裂纹两边的材料时合时分,不断挤压形成断口的光滑区。经过长期运转,裂纹不断扩展,有效面积逐渐缩小;当截面削弱到一定程度时,构件突然断裂,形成断口的粗糙区。

　　疲劳破坏往往在没有明显预兆下突然发生,从而容易造成严重的后果,飞机、车辆和机器等发生的事故中,有很大比例是因零件疲劳破坏引起的,所以研究构件的疲劳强度是非常必要的。

10.2　交变应力的循环特征和类型

10.2.1　交变应力的循环特征

　　构件内产生交变应力的原因可分两种:一是构件受交变载荷的作用;另一种是载荷不

变,而构件本身在转动,从而引起构件内部应力发生交替变化。图 10-2(a)所示的火车轮轴即属于后一种情况。当轮轴旋转一周,轮轴横截面边缘上 C 点的位置将由 $1 \to 2 \to 3 \to 4 \to 1$,如图 10-2(b)所示,$C$ 点的应力也经历了从 $\sigma_{max} \to 0 \to \sigma_{min} \to 0 \to \sigma_{max}$ 的变化,这种应力每重复变化一次的过程,称为一个应力循环。

为清楚地看出交变应力的变化规律,可将应力 σ 随时间 t 的变化的情况绘成一条 σ-t 曲线,如图 10-4 所示。图中 σ_{max}、σ_{min} 表示应力的极值。通常可以用最小应力和最大应力的比值来说明应力变化规律,该比值称为循环特征,用 r 表示,即

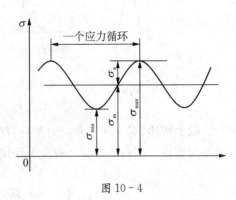

图 10-4

$$r = \frac{\sigma_{min}}{\sigma_{max}} \qquad (10-1)$$

最大应力和最小应力的平均值称为平均应力用 σ_m 表示;最大应力和最小应力之差的一半称为应力幅值,用 σ_a 表示,即

$$\sigma_m = \frac{\sigma_{max} + \sigma_{min}}{2} \qquad (10-2)$$

$$\sigma_a = \frac{\sigma_{max} - \sigma_{min}}{2} \qquad (10-3)$$

式中:σ_{max} 与 σ_{min} 均取代数值,拉应力为正,压应力为负,r 的数值在 -1 与 $+1$ 之间变化。

10.2.2　常见的应力循环类型

1. 对称循环

最大应力与最小应力的数值相等、符号相反的交变应力。例如,图 10-2 所示的车辆轮轴的交变应力。

在对称循环中:

$$r = -1, \sigma_m = 0, \sigma_a = \sigma_{max} = |\sigma_{min}|$$

2. 非对称循环

最大应力与最小应力数值不等的交变应力。例如,图 10-4 所示的交变应力。此时,$r \neq -1$。各种应力循环中,除对称循环外,其余情况统称为不对称循环。

3. 脉冲循环

在非对称循环中,应力符号(方向)不变,大小在零到某一最大值之间的交变应力,这就是工程中较为常见的脉冲循环如图 10-5(a)所示。

在脉冲循环中:

$$r = 0, \sigma_{min} = 0, \sigma_m = \sigma_a = \frac{1}{2}\sigma_{max}$$

4. 静应力

可看作是交变应力的特殊情况,如图 10-5(b)所示。此时,

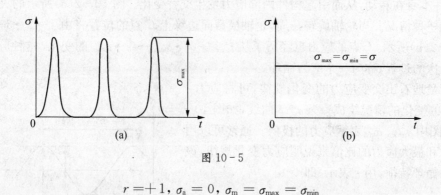

图 10-5

$$r = +1, \sigma_{\mathrm{a}} = 0, \sigma_{\mathrm{m}} = \sigma_{\max} = \sigma_{\min}$$

综上所述,对于任一种应力循环,都可将其看作由一个不变的静应力与一个变动的应力幅叠加而成。当构件在交变剪应力作用下时,以上概念完全适用,只需将 σ 改成 τ 即可。

10.3　材料的疲劳极限及其测定

由于构件在交变应力作用下的破坏与在静应力作用下的破坏有本质的区别,因此,构件在静载荷条件下的强度条件已不适用于交变应力情况,必须重新建立构件在交变应力作用下的强度条件,为此,需要首先测定材料在交变应力下的极限应力。

实验表明,材料是否产生疲劳破坏,不仅与最大应力 $\sigma_{\max}$ 有关,还与循环特征 r 及循环次数 N 有关。在一定的循环特征下,若 $\sigma_{\max}$ 越大,至断裂所经受的循环次数越少,反之,则 N 便可增大。当 $\sigma_{\max}$ 降到某一临界值时,材料经受无数次应力循环而仍不发生疲劳破坏,这一最大应力的临界值称为材料在该应力循环特征下的疲劳极限或持久极限,以 σ_r 表示。下标 r 表示其循环特征,例如对称循环的疲劳极限为 σ_{-1},脉动循环的疲劳极限为 σ_0。

试验还表明,在各种应力循环特征下的疲劳极限中,对称循环的疲劳极限最小。现以弯曲对称循环为例,介绍疲劳极限 σ_{-1} 的测定方法。

试验是在旋转式弯曲疲劳试验机上进行的,其工作原理如图 10-6 所示。试件承受载荷后产生纯弯曲变形,并由电动机带动而旋转,每旋转一周,其横截面上的点便经受一次对称应力循环。

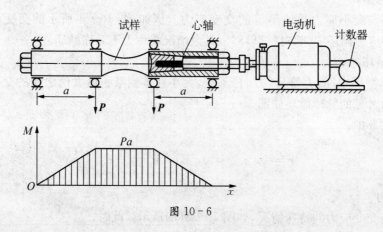

图 10-6

为了使测得的疲劳极限值更符合实际,试验需用材料相同、尺寸相同(直径为 7～10 mm)的光滑小试件约 10 根左右。第 1 根试件的最大应力 σ_{1max} 较高,约取材料强度极限 σ_b 的 70%,经历 N_1 循环后,试件断裂。做第 2 根试件的疲劳破坏时,应减小载荷,使其最大应力 $\sigma_{2max} < \sigma_{1max}$,再读下断裂破坏时的循环次数 N_2,如此逐一做每根试件的疲劳破坏试验,得出与每个 σ_{max} 相对应的试件破坏循环次数 N。在试验过程中,随着应力 σ_{max} 的减小,试件的循环次数会显著增加。若第 7 根试件在应力 σ_{7max} 下经受了 $N_7 = 10^7$ 次循环而不断裂,并且与前一根经过 N_6 次循环断裂的应力 σ_{6max} 之差小于 10 MPa,则 σ_{7max} 即为该材料的疲劳极限 σ_{-1}。

以 σ 为纵坐标,N 为横坐标,将试验结果绘成曲线如图 10-7 所示,称为疲劳曲线。工程上还常用 $\sigma - \lg N$ 坐标绘制疲劳曲线。对于钢材料,循环次数 N 达到 10^7 次时曲线接近水平,这时若试件未断,那么,即使循环次数再增加,试件也不再断裂,故可取 $N = 10^7$ 时试件尚未断裂时的最大应力作为钢材的疲劳极限。

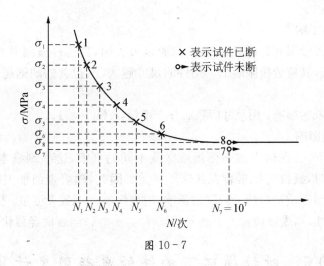

图 10-7

从大量试验数据可以得出,钢材的疲劳极限与其静强度极限 σ_b 之间,存在以下近似关系:

$$弯曲 \qquad \sigma_{-1} \approx 0.4\sigma_b$$
$$拉压 \qquad \sigma_{-1} \approx 0.28\sigma_b$$
$$扭转 \qquad \tau_{-1} \approx 0.22\sigma_b$$

各种材料的疲劳极限值可由有关设计手册中查得,表 10-1 列出了几种材料的对称循环疲劳极限。

表 10-1 几种材料的对称循环疲劳极限

材 料	σ_{-1}(拉力)/MPa	σ_{-1}(弯曲)/MPa	τ_{-1}(扭转)/MPa
A3 钢	120～160	170～220	100～130
45 钢	190～250	250～340	150～200
16 Mn 钢	200	320	

10.4 影响构件疲劳极限的因素

材料的疲劳极限是用光滑小尺寸试件测得的,实验表明,构件的疲劳极限不仅与材料性质有关,而且还与构件的几何形状、尺寸大小、表面质量及工作环境等因素有关。因此,应当考虑这些因素的影响,对由光滑小试件测得的材料疲劳极限进行修正,才能得到实际构件的疲劳极限。

1. 应力集中的影响

在构件的截面突变处,如阶梯轴的过渡段,开孔,切槽等处,会产生应力集中现象。在这些局部区域内,应力有可能达到很高的数值,不仅容易形成微裂纹,而且会促使裂纹扩展,从而使疲劳极限降低。

应力集中对疲劳极限的影响,用有效应力集中因数 $K_\sigma(K_\tau)$ 度量,它表示疲劳极限降低的倍数,$K_\sigma(K_\tau) > 1$。

2. 构件尺寸的影响

构件尺寸对疲劳极限有着明显的影响,试验结果表明,当构件横截面上的应力非均匀分布时,构件尺寸越大,其疲劳极限越低。构件的尺寸越大,所包含的缺陷越多,出现裂纹的几率也越大。

尺寸对疲劳极限的影响,用尺寸因数 $\varepsilon_\sigma(\varepsilon_\tau)$ 度量,$\varepsilon_\sigma(\varepsilon_\tau) < 1$。

3. 表面质量的影响

粗糙的机械加工,会在构件的表面形成深浅不同的刻痕,这些刻痕本身就是初始微裂纹。当应力比较大时,裂纹的扩展首先从这里开始。因此,随着表面加工质量的提高,疲劳极限将提高。表面加工质量对疲劳极限的影响,用表面质量因数 β 度量。我国以磨光表面质量因数 $\beta = 1$ 为基准,当表面质量低于磨光的试样时,$\beta < 1$;当表面经强化处理后,$\beta > 1$。

10.5 对称循环下构件的疲劳强度计算

10.5.1 对称循环下构件的疲劳极限

材料在对称循环下弯曲和扭转的疲劳极限分别为 σ_{-1} 和 τ_{-1},考虑了应力集中、构件尺寸以及表面加工质量的影响后,在对称循环下弯曲和扭转时构件的疲劳极限分别为

$$\sigma_{-1}^P = \frac{\varepsilon_\sigma \beta}{K_\sigma}\sigma_{-1} \tag{10-4}$$

$$\tau_{-1}^P = \frac{\varepsilon_\tau \beta}{K_\tau}\tau_{-1} \tag{10-5}$$

其中 $K_\sigma(K_\tau)$,$\varepsilon_\sigma(\varepsilon_\tau)$ 等均可以从有关手册中查得。

10.5.2 疲劳强度计算

为校核构件的疲劳强度,可将构件的疲劳极限除以规定的安全因数得到疲劳许用应力,

然后将工作应力与许用应力比较,即可判断构件是否安全。但是,工程上大都采用安全系数法对构件作疲劳强度校核。所谓安全系数法,就是将构件承载时的工作安全系数(即构件的疲劳极限与最大工作应力的比值)与规定安全系数相比较,若前者大于后者,则构件是安全的;否则是不安全的。

若用 n_σ 和 n_τ 分别表示对称循环下弯曲和扭转的工作安全系数,用 $[n]$ 表示规定的安全系数,则疲劳强度条件分别为

$$n_\sigma = \frac{\sigma_{-1}^P}{\sigma_{\max}} = \frac{\beta \varepsilon_\sigma}{K_\sigma} \cdot \frac{\sigma_{-1}}{\sigma_{\max}} \geqslant [n] \qquad (10-6)$$

$$n_\tau = \frac{\tau_{-1}^P}{\tau_{\max}} = \frac{\beta \varepsilon_\tau}{K_\tau} \cdot \frac{\tau_{-1}}{\tau_{\max}} \geqslant [n] \qquad (10-7)$$

10.6　提高构件疲劳强度的措施

提高构件的疲劳强度,是指在不改变构件的基本尺寸和材料的前提下,通过减少应力集中和改善表面质量,以提高构件的疲劳强度。通常有以下一些途径:

1. 缓和应力集中

截面突变处的应力集中是产生裂纹以及裂纹扩展的重要原因。因此,通过适当加大截面突变处的过渡圆角以及其它措施,有利于缓和应力集中,从而可以明显地提高构件的疲劳强度。

2. 提高构件表面的质量

在应力非均匀分布的情形下,疲劳裂纹大都从构件表面开始形成和扩展。因此,通过机械或化学的方法对构件表面进行强化处理,改善表面层质量,将使构件的疲劳强度有明显的提高。如表面滚压和喷丸处理,表面渗碳、渗氮和液体碳氮共渗。

 小结

(1) 本章主要讨论交变应力下构件的疲劳强度问题。材料在交变应力下发生疲劳破坏,与静载荷下的破坏有着本质的区别。构件内应力的变化规律用应力循环和循环特征表示,对称循环($r=-1$)和脉冲循环($r=0$)是工程上常见的两种应力循环。

(2) 材料在交变应力下的强度指标是疲劳极限。在同一种基本变形中,以对称循环的疲劳极限 σ_{-1} 或 τ_{-1} 为最低。

(3) 构件的疲劳极限与材料的疲劳极限不同,构件的形状、尺寸和表面质量是影响疲劳极限的主要因素,其影响可通过系数 $K_\sigma(K_\tau)$,$\varepsilon_\sigma(\varepsilon_\tau)$ 和 β 表示。

(4) 交变应力下的疲劳强度条件,采用以安全系数表达的形式。当应力为对称循环时,构件的疲劳强度条件为

弯曲时：

$$n_\sigma = \frac{\sigma_{-1}^P}{\sigma_{max}} = \frac{\beta\varepsilon_\sigma}{K_\sigma} \cdot \frac{\sigma_{-1}}{\sigma_{max}} \geqslant [n]$$

扭转时：

$$n_\tau = \frac{\tau_{-1}^P}{\tau_{max}} = \frac{\beta\varepsilon_\tau}{K_\tau} \cdot \frac{\tau_{-1}}{\tau_{max}} \geqslant [n]$$

即工作安全系数要大于或等于规定的安全系数。

 习题

10.1 疲劳失效区别于静载失效,有哪些特征?

10.2 构件发生疲劳失效时,其断口分成哪几个区域? 试解释这几个区域是怎样形成的。

10.3 常见的应力循环有哪几种类型? 有何特点?

10.4 计算如图 10-8 所示的循环特征 r,平均应力 σ_m 和应力幅值 σ_a。

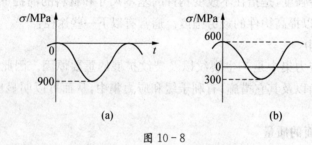

图 10-8

10.5 什么是疲劳极限? 试件的疲劳极限与构件的疲劳极限有何区别?

10.6 影响疲劳极限的因素有哪些? 如何提高构件的疲劳强度?

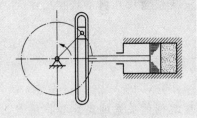

第**3**篇
运动学和动力学

引　言

本篇将研究物体的运动变化规律及物体运动与作用力之间的关系。

物体在平衡力系的作用下处于平衡状态。若力系不平衡,物体的机械运动状态将发生改变。运动状态的变化涉及两方面的内容:①物体的几何性质,即要研究运动物体的位置、速度、加速度与时间的关系。②引起物体运动状态变化的物理原因,即要研究物体的运动与物体受力之间的关系。前者研究物体在空间的位置随时间的变动,称为运动学;后者研究物体状态的变化与作用在物体上的力、物体惯性之间的关系,称为动力学。

运动学是动力学的基础,而且具有其独立的应用价值,运动学知识是机构运动分析的基础。例如在设计各种机器的机构时,首先需要分析运动的转换与传递,这是运动学的问题;再如,在一些轻型、精密机构中,力的分析计算往往并不重要,主要研究机构是否能严格地按照所需的运动规律运动。

运动是绝对的,而运动的描述是相对的。研究一个物体的机械运动,必须选取另一个物体作为参考体。同一物体相对于不同的参考体的运动是不同的。如在火车车厢内走动的乘客,其运动的路线、快慢、方向,相对于车厢和相对于地面是不相同的。通常在参考体上取一与之固连的坐标系称为参考坐标系,简称参考系。本书以后如果不特别指出,总是采用固连于地球上的坐标系为参考坐标系。

要注意区分时间间隔 Δt 和瞬时 t。时间间隔是指物体连续运动从一个位置移动到另一位置所经历的时间,通常用 Δt 表示。瞬时是指时间间隔趋于零的瞬间,一般用 t 表示。

在运动学中,把所考察的物体抽象为点和刚体两种模型。点是指没有大小和质量、在空间占据一定位置的几何点。刚体是没有质量、不变形、但有一定形状、占据空间一定位置的形体。一个物体究竟应当作为点还是作为刚体看待,主要在于所讨论的问题的性质,而不决定于物体本身的大小和形状。质点系是指由有限个或无限个相互联系的质点所组成的质点群。刚体可以看作是由无限个质点组成的体内任意两质点间距离保持不变的质点系。本篇先研究质点的运动规律,进而再研究质点系(包括刚体)的运动规律。

静力学研究了物体在力系作用下的平衡问题;运动学从几何方面分析物体的运动,而不涉及作用力;动力学则对物体的机械运动进行全面的分析,研究作用于物体上的力与物体运动之间的关系,建立物体运动的普遍规律。

　　动力学中物体的抽象模型有质点和质点系。质点是具有一定质量而几何形状和尺寸大小可以忽略不计的物体。

　　动力学所研究的基本问题可归纳为两类：

　　(1) 已知物体的运动情况,求作用在其上的力。

　　(2) 已知作用于物体上的力,求物体的运动。

　　质点动力学的基础是牛顿三定律,即惯性定律、力与加速度之间的关系的定律和作用与反作用定律。

　　牛顿定律只适用于惯性参考系。在一般工程问题中,把固连于地面的坐标系或相对于地面作匀速直线平动的坐标系看作惯性参考系。但在研究人造卫星、洲际导弹的运动时,考虑到地球自转的影响,必须以地心为坐标原点,而三个轴分别指向三颗恒星的坐标系。

第 11 章

点 的 运 动

学习目标

··

（1）掌握矢量法表示的点的运动方程、速度和加速度之间的数学关系。

（2）掌握用直角坐标法和自然法建立点的运动方程并求解点的速度和加速度。

（3）选用合适的方法描述点的运动，正确确定点的运动轨迹，熟练计算点的速度和加速度。

本章讨论动点相对参考系的几何位置随时间变动的规律（运动方程），以及点的运动轨迹、速度和加速度。通常研究点的运动有三种方法：矢径法、直角坐标法和自然法。

11.1　用矢径法描述点的运动

11.1.1　点的运动方程

动点 M 在空间的位置可用矢径 r（从坐标原点 O 引到动点 M 的矢量）来表示，如图 11-1 所示。当动点 M 沿任一空间曲线运动时，矢径 r 的大小及方向均随时间而改变，因而可表示为时间 t 的单值连续函数：

$$r = r(t) \tag{11-1}$$

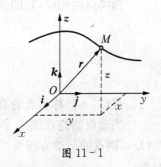

图 11-1

上式是动点 M 的矢径运动方程。当动点运动时，矢径端点所描述的曲线就是动点的轨迹。矢径法描述点的运动，具有简明、直观的优点。在阐述点的运动速度和加速度概念、以及有关理论分析中，多采用矢径法。

11.1.2　点的速度

设动点矢量形式的运动方程为 $r = r(t)$，则动点的速度定义为

$$v = \frac{\mathrm{d}r}{\mathrm{d}t} \tag{11-2}$$

即动点的速度等于动点的矢径 r 对时间的一阶导数。动点的速度是一个矢量，它沿动点

运动轨迹的切线,并指向点的运动方向(见图11-2)。

速度的单位是米/秒(m/s),有时也用千米/小时(km/h)。

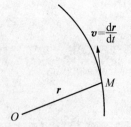

图 11-2

11.1.3 点的加速度

动点的加速度定义为

$$a = \frac{\mathrm{d}\boldsymbol{v}}{\mathrm{d}t} = \frac{\mathrm{d}^2\boldsymbol{r}}{\mathrm{d}t} \qquad (11-3)$$

即动点的加速度等于该点的速度对时间的一阶导数,或等于矢径对时间的二阶导数。

加速度也是矢量,在国际单位制中,加速度的单位为 m/s²。

有时为了方便,在字母上方加"·"表示该量对时间的一阶导数,加"··"表示该量对时间的二阶导数。因此式(11-2)和式(11-3)亦可写为

$$\boldsymbol{v} = \dot{\boldsymbol{r}} \text{ 和 } \boldsymbol{a} = \dot{\boldsymbol{v}} = \ddot{\boldsymbol{r}}$$

11.2 用直角坐标法描述点的运动

11.2.1 点的运动方程

动点 M 在任意瞬时的空间位置也可以用它的三个直角坐标 x, y, z 表示,如图11-1所示。由于矢径的原点和直角坐标系的原点重合,矢径 $\boldsymbol{r}$ 可表为

$$\boldsymbol{r} = x\boldsymbol{i} + y\boldsymbol{j} + z\boldsymbol{k}$$

当动点运动时,它的坐标 x, y, z 随着时间的变化而变化,它们都是时间 t 的函数:

$$\begin{cases} x = f_1(t) \\ y = f_2(t) \\ z = f_3(t) \end{cases} \qquad (11-4)$$

式(11-4)称为点的直角坐标形式的运动方程,也是点的轨迹的参数方程。

当动点始终在同一平面内运动时,点的轨迹为一平面曲线。取这个平面为坐标平面 Oxy,则点的运动方程为

$$x = f_1(t), \quad y = f_2(t)$$

从上式中消去时间 t,即得轨迹方程 $y = f(x)$

11.2.2 点的速度在直角坐标轴上的投影

动点 M 的矢径 $\boldsymbol{r}$ 可表示为

$$\boldsymbol{r} = x\boldsymbol{i} + y\boldsymbol{j} + z\boldsymbol{k} \qquad (11-5)$$

其中 $\boldsymbol{i}$, $\boldsymbol{j}$ 和 $\boldsymbol{k}$ 分别为沿三 x、y、z 坐标轴轴正向的单位矢量。

将式(11-5)对时间取导数可得

$$\boldsymbol{v} = \frac{\mathrm{d}\boldsymbol{r}}{\mathrm{d}t} = \frac{\mathrm{d}x}{\mathrm{d}t}\boldsymbol{i} + \frac{\mathrm{d}y}{\mathrm{d}t}\boldsymbol{j} + \frac{\mathrm{d}z}{\mathrm{d}t}\boldsymbol{k} \tag{11-6}$$

另一方面,设速度$\boldsymbol{v}$在直角坐标轴上的投影为v_x、v_y和v_z,则$\boldsymbol{v}$的解析表达式为:

$$\boldsymbol{v} = v_x\boldsymbol{i} + v_y\boldsymbol{j} + v_z\boldsymbol{k} \tag{11-7}$$

由式(11-6)和式(11-7),可得

$$\begin{cases} v_x = \dfrac{\mathrm{d}x}{\mathrm{d}t} \\[2mm] v_y = \dfrac{\mathrm{d}y}{\mathrm{d}t} \\[2mm] v_z = \dfrac{\mathrm{d}z}{\mathrm{d}t} \end{cases} \tag{11-8}$$

因此,动点的速度在直角坐标轴上的投影,等于动点的相应坐标对时间的一阶导数。

如果已经知道动点以直角坐标表示的运动方程,通过求一阶导数,就可以得到$\boldsymbol{v}$在直角坐标轴上的投影v_x、v_y和v_z,则速度$\boldsymbol{v}$的大小为

$$v = \sqrt{v_x^2 + v_y^2 + v_z^2} \tag{11-9}$$

速度$\boldsymbol{v}$的方向余弦为:

$$\begin{cases} \cos(\boldsymbol{v},\ \boldsymbol{i}) = \dfrac{v_x}{v} \\[2mm] \cos(\boldsymbol{v},\ \boldsymbol{j}) = \dfrac{v_y}{v} \\[2mm] \cos(\boldsymbol{v},\ \boldsymbol{k}) = \dfrac{v_z}{v} \end{cases} \tag{11-10}$$

11.2.3　点的加速度在直角坐标轴上的投影

类似地,将速度对时间求一次导数,得点的加速度表达式:

$$\boldsymbol{a} = \frac{\mathrm{d}\boldsymbol{v}}{\mathrm{d}t} = \frac{\mathrm{d}^2 x}{\mathrm{d}t^2}\boldsymbol{i} + \frac{\mathrm{d}^2 y}{\mathrm{d}t^2}\boldsymbol{j} + \frac{\mathrm{d}^2 z}{\mathrm{d}t^2}\boldsymbol{k} \tag{11-11}$$

如果加速度$\boldsymbol{a}$在各直角坐标轴上的投影分别为a_x,a_y和a_z,则$\boldsymbol{a}$的表示为

$$\boldsymbol{a} = a_x\boldsymbol{i} + a_y\boldsymbol{j} + a_z\boldsymbol{k} \tag{11-12}$$

由式(11-11)与式(11-12)可得

$$\begin{cases} a_x = \dfrac{\mathrm{d}v_x}{\mathrm{d}t} = \dfrac{\mathrm{d}^2 x}{\mathrm{d}t^2} \\[2mm] a_y = \dfrac{\mathrm{d}v_y}{\mathrm{d}t} = \dfrac{\mathrm{d}^2 y}{\mathrm{d}t^2} \\[2mm] a_z = \dfrac{\mathrm{d}v_z}{\mathrm{d}t} = \dfrac{\mathrm{d}^2 z}{\mathrm{d}t^2} \end{cases} \tag{11-13}$$

因此,动点的加速度在直角坐标轴上的投影,等于动点的相应坐标对时间的二阶导数,或动点速度在对应坐标轴上的投影对时间的一阶导数。

如果已知 a_x , a_y 和 a_z ,那么加速度 a 的大小为

$$a = \sqrt{a_x^2 + a_y^2 + a_z^2} \tag{11-14}$$

加速度 a 的方向余弦为

$$\begin{cases} \cos(\boldsymbol{a}, \boldsymbol{i}) = \dfrac{a_x}{a} \\[2mm] \cos(\boldsymbol{a}, \boldsymbol{j}) = \dfrac{a_y}{a} \\[2mm] \cos(\boldsymbol{a}, \boldsymbol{k}) = \dfrac{a_z}{a} \end{cases} \tag{11-15}$$

11.3 描述点的运动的自然法

11.3.1 点的运动方程

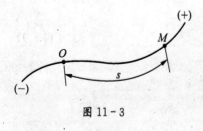

图 11-3

设动点 M 沿图 11-3 所示的曲线轨迹运动,则动点在轨迹上的位置可以这样确定:在轨迹上任选一点 O 为参考点,规定点 O 的某一侧为正向,动点 M 在轨迹上的位置由弧长确定,这弧长 s 为有正负号的代数量(称为弧坐标)。当动点运动时,弧坐标 s 是时间的单值连续函数,即

$$s = f(t) \tag{11-16}$$

上式称为动点沿已知轨迹的运动方程,或弧坐标中的运动方程。这种描述运动的方法就称为自然法或自然表示法。

11.3.2 点的速度

设矢径 r 表示为弧坐标的函数(见图 11-4):

$$\boldsymbol{r} = \boldsymbol{r}(s) = \boldsymbol{r}[f(t)] \tag{11-17}$$

求一次导数得速度

$$\boldsymbol{v} = \frac{\mathrm{d}\boldsymbol{r}}{\mathrm{d}t} = \frac{\mathrm{d}\boldsymbol{r}}{\mathrm{d}s}\frac{\mathrm{d}s}{\mathrm{d}t} = \boldsymbol{v}\frac{\mathrm{d}\boldsymbol{r}}{\mathrm{d}s} \tag{11-18}$$

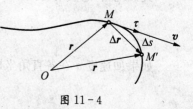

图 11-4

式中 $\dfrac{\mathrm{d}\boldsymbol{r}}{\mathrm{d}s} = \lim\limits_{\Delta s \to 0} \dfrac{\Delta \boldsymbol{r}}{\Delta s}$ 此极限的模等于 1,方向沿点 M 处轨迹切线且指向 s 的正向,它与 $\boldsymbol{\tau}$ 相同。于是用自然法表示的速度公式

$$\boldsymbol{v} = v\boldsymbol{\tau} \tag{11-19}$$

式中

$$v = \frac{\mathrm{d}s}{\mathrm{d}t} \tag{11-20}$$

v 是一个代数量,是速度 v 在切线上的投影。速度的代数值等于弧坐标对时间的一阶导数。v 为正,v 的方向与 τ 一致;v 为负,v 的方向和 τ 相反。

11.3.3　点的加速度

1. 自然轴系

设有一空间曲线,τ 表示该曲线在 M 点的切线的单位矢量。过 M 点的切线和 M 点的邻近一点 Q 可作一平面 σ(图中未画),当 Q 点沿着曲线趋近于 M 时,平面 σ 的极限位置 π 称为曲线在 M 点的密切平面。

通过 M 点作与切线 τ 垂直的平面,此平面称为法面。法面与密切面的交线就是曲线在 M 点的主法线,而法面内与主法线垂直的法线称为副法线;如图 11-5 所示。

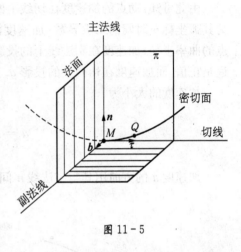

图 11-5

若以 n 表示主法线的单位矢量,n 指向曲线的内凹方向,b 表示副法线的单位矢量,τ 表示切线的单位矢量。矢量 n、b、τ 组成右手系,这三个矢量的轴线构成互相垂直的自然轴系,如图 11-5 所示。

$$b = \tau \times n$$

自然轴系是建立在动点上的坐标系,它随动点在轨迹上的位置而改变。所以 τ,n 和 b 是方向随着动点的位置而变化的单位矢量。

2. 加速度的自然表示法

动点 M 的速度 v 对于时间求一次导数得动点 M 的加速度 a,

$$a = \frac{\mathrm{d}v}{\mathrm{d}t} = \frac{\mathrm{d}}{\mathrm{d}t}(v\tau) = \frac{\mathrm{d}v}{\mathrm{d}t}\tau + v\frac{\mathrm{d}\tau}{\mathrm{d}t} \tag{11-21}$$

上式右端第一项中的 $\dfrac{\mathrm{d}v}{\mathrm{d}t} = \dfrac{\mathrm{d}^2 s}{\mathrm{d}t^2}$ 表示速度代数值改变的情况,而第二项 $v\dfrac{\mathrm{d}\tau}{\mathrm{d}t}$ 是表示速度方向的单位矢量 τ 随时间的变化情况。可以证明

$$\frac{\mathrm{d}\tau}{\mathrm{d}t} = \frac{v}{\rho} \cdot n$$

上式中 ρ 是曲线在 M 点的曲率半径。对于圆周,曲率半径 ρ 即为圆的半径;对于直线,曲率半径 $\rho = \infty$。

这样一来,式(11-21)可表示为

$$a = \frac{\mathrm{d}v}{\mathrm{d}t}\tau + \frac{v^2}{\rho}n \tag{11-22}$$

若 a 在自然轴系三根轴上的投影分别为 a_τ,a_n 和 a_b,则 a 又可表达为

$$a = a_\tau\tau + a_n n + a_b b \tag{11-23}$$

比较式(11-22)和式(11-23)可得

$$\begin{cases} a_\tau = \dfrac{\mathrm{d}v}{\mathrm{d}t} \\[2mm] a_n = \dfrac{v^2}{\rho} \\[2mm] a_b = 0 \end{cases} \tag{11-24}$$

由此可知:动点的加速度在切线上的投影等于其速度的代数值对于时间的一阶导数,或为其弧坐标对时间的二阶导数;加速度沿主法线的投影等于速度的平方除以轨迹曲线在该点的曲率半径;加速度在副法线上的投影等于零。还可以知道,加速度在法向上的投影 a_n 永远是正值,而加速度在切向上的投影 a_τ 却是代数量。

加速度的大小为

$$a = \sqrt{\left(\frac{\mathrm{d}v}{\mathrm{d}t}\right)^2 + \left(\frac{v^2}{\rho}\right)^2} \tag{11-25}$$

加速度 $\boldsymbol{a}$ 的方向用其与主法线 $\boldsymbol{n}$ 间夹角: $\alpha = \arctan\dfrac{|a_\tau|}{a_n}$,如图 11-6 所示。

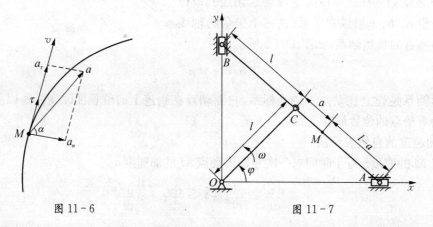

图 11-6　　　　　　　　　　　　　　图 11-7

例 11.1　　如图 11-7 所示,椭圆规的曲柄 OC 可绕定轴 O 转动,其端点 C 与规尺 AB 的中点以铰链相连接,而规尺 A, B 两端分别在相互垂直的滑槽中运动。已知 $OC = AC = BC = l$, $MC = a$,求杆 AB 上点 M 的运动方程、运动轨迹、速度和加速度。

解:(1) 求 M 点的运动方程和运动轨迹。

点 $M(x, y)$ 作曲线运动,取坐标系 xOy ,则运动方程为

$$x = (OC + CM)\cos\varphi = (l+a)\cos\omega t$$

$$y = AM\sin\varphi = (l-a)\sin\omega t$$

消去 t ,得轨迹

$$\frac{x^2}{(l+a)^2} + \frac{y^2}{(l-a)^2} = 1$$

M 点的运动轨迹为一椭圆,长轴与 x 轴重合,短轴与 y 轴重合。这种机构称为椭圆机构。

(2) 求速度和加速度。

因为
$$v_x = \dot{x} = -(l+a)\omega\sin\omega t$$
$$v_y = \dot{y} = (l-a)\omega\cos\omega t$$

所以点 M 的速度大小为
$$v = \sqrt{v_x^2 + v_y^2} = \sqrt{(l+a)^2\omega^2\sin^2\omega t + (l-a)^2\omega^2\cos^2\omega t}$$
$$= \omega\sqrt{l^2 + a^2 - 2al\cos 2\omega t}$$

方向余弦为
$$\cos(\boldsymbol{v},\ \boldsymbol{i}) = \frac{v_x}{v} = -\frac{(l+a)\sin\omega t}{\sqrt{l^2+a^2-2al\cos 2\omega t}}$$
$$\cos(\boldsymbol{v},\ \boldsymbol{j}) = \frac{v_y}{v} = \frac{(l-a)\cos\omega t}{\sqrt{l^2+a^2-2al\cos 2\omega t}}$$

又因为
$$a_x = \dot{v}_x = \ddot{x} = -(l+a)\omega^2\cos\omega t, \quad a_y = \dot{v}_y = \ddot{y} = -(l-a)\omega^2\sin\omega t$$

所以点 M 的加速度大小为
$$a = \sqrt{a_x^2 + a_y^2} = \sqrt{(l+a)^2\omega^4\cos^2\omega t + (l-a)^2\omega^4\sin^2\omega t}$$
$$= \omega^2\sqrt{l^2 + a^2 + 2al\cos 2\omega t}$$

方向余弦为
$$\cos(\boldsymbol{a},\ \boldsymbol{i}) = \frac{a_x}{a} = -\frac{(l+a)\cos\omega t}{\sqrt{l^2+a^2+2al\cos 2\omega t}}, \quad \cos(\boldsymbol{a},\ \boldsymbol{j}) = \frac{a_y}{a} = -\frac{(l-a)\sin\omega t}{\sqrt{l^2+a+2al\cos 2\omega t}}$$

例 11.2 在如图所示曲柄导杆机构中,曲柄 $O_1A = 10\ \text{cm}$,导杆 $O_2M = 24\ \text{cm}$,距离 $O_1O_2 = 10\ \text{cm}$, $\varphi = \dfrac{\pi}{4}t^2$ 绕 O_1 轴转动。求 M 点的运动方程、速度和加速度。

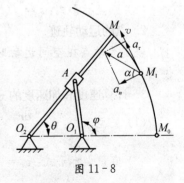

图 11-8

解:运动分析: M 点的运动轨迹是以 O_2M 为半径的圆弧,因而宜用自然法。

列运动方程:设 $t=0$ 时, M 点在 M_0 处;在某瞬时 t, M 点绕 O_2 点转到图 11-8 所示位置。取 M_0 点为原点,则 M 点的弧坐标为
$$s = O_2M \cdot \theta$$

由于 $\triangle O_1O_2A$ 是等腰三角形,所以 $\varphi = 2\theta$,于是得动点 M 的以弧坐标表示的方程为
$$s = O_2M \cdot \theta = O_2M \cdot \frac{\varphi}{2} = 24 \times \frac{1}{2} \times \frac{\pi}{4}t^2 = 3\pi t^2 \ (\text{cm})$$

求速度和加速度:

由有关公式得 M 点速度为

$$v = \frac{ds}{dt} = 6\pi t (cm/s)$$

因为

$$a_\tau = \frac{dv}{dt} = 6\pi (cm/s^2)$$

$$a_n = \frac{v^2}{\rho} = \frac{(6\pi t)^2}{24} = \frac{3}{2}\pi^2 t^2 (cm/s^2)$$

所以 M 点加速度大小为

$$a = \sqrt{a_\tau^2 + a_n^2} = \sqrt{36\pi^2 + \frac{9}{4}\pi^4 t^4} \ (cm/s^2)$$

加速度方向为：$\alpha = \arctan \frac{|a_\tau|}{a_n} = \arctan \frac{4}{\pi t^2}$

 小结

1. 描述点运动的基本方法

(1) 矢径形式：$r = r(t)$

(2) 直角坐标形式：$\begin{cases} x = f_1(t) \\ y = f_2(t) \\ z = f_3(t) \end{cases}$

(3) 弧坐标形式：$s = f(t)$

2. 点的运动轨迹

轨迹为动点在空间运动时所经过的一条连续曲线。轨迹方程可由运动方程中消去 t 得到。

3. 计算速度和加速度的三种形式

(1) 矢径形式：$\boldsymbol{v} = \frac{d\boldsymbol{r}}{dt}$ $\quad$ $\boldsymbol{a} = \frac{d\boldsymbol{v}}{dt} = \frac{d^2\boldsymbol{r}}{dt^2}$

(2) 直角坐标形式：$v_x = \frac{dx}{dt}, v_y = \frac{dy}{dt}, v_z = \frac{dz}{dt}$

$$a_x = \frac{dv_x}{dt} = \frac{d^2x}{dt^2}, a_y = \frac{dv_y}{dt} = \frac{d^2y}{dt^2}, a_z = \frac{dv_z}{dt} = \frac{d^2z}{dt^2}$$

(3) 自然法形式：$v = \frac{ds}{dt}$

$$\boldsymbol{a} = \boldsymbol{a}_\tau + \boldsymbol{a}_n = a_\tau \boldsymbol{\tau} + a_n \boldsymbol{n}$$

$$a_\tau = \frac{\mathrm{d}v}{\mathrm{d}t} = \frac{\mathrm{d}^2 s}{\mathrm{d}t^2}, \quad a_n = \frac{v^2}{\rho}$$

 习题

11.1 如图11-9所示,滑杆AB以等速v向上运动,试建立摇杆上点C的运动方程,并求此点在$\varphi = \pi/4$时的速度大小。设初瞬时$\varphi = 0$,摇杆长$OC = a$,O到AB的距离为l。

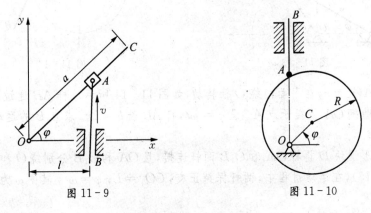

图 11-9　　　　　　　　　　图 11-10

11.2 如图11-10所示,偏心凸轮半径为R,绕O轴转动,转角$\varphi = \omega t$(ω为常量),偏心距$OC = e$,凸轮带动顶杆AB沿铅垂直线往复运动,试求顶杆的运动方程和速度。

11.3 如图11-11所示,半圆形凸轮O以等速率$v_0 = 0.01$ m/s,沿水平方向向左运动,带动活塞杆AB沿垂直方向运动。运动开始时,活塞杆的A端在凸轮的最高点。如凸轮的半径$R = 80$ mm,滑轮A的半径忽略不计。求活塞B相对于地面和相对于凸轮的运动方程和速度。

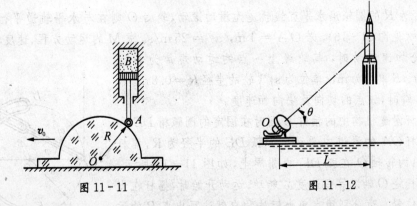

图 11-11　　　　　　　　　　图 11-12

11.4 雷达在距离火箭发射台为L的O处观察铅垂上升的火箭发射(见图11-12),测得角θ的规律为$\theta = kt$(k为常数)。试写出火箭的运动方程,并计算当$\theta = \frac{\pi}{6}$和$\frac{\pi}{3}$时火箭的速度和加速度。

11.5 如图 11-13 所示曲柄导杆机构。已知 $OA = OB = 10$ cm，BC 杆绕 B 轴按 $\varphi = 10t$ 的规律转动，并通过滑块 A 在 BC 上滑动从而带动 OA 杆绕 O 轴转动。试用直角坐标法和自然法，求滑块 A 的速度和加速度。

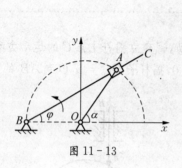
图 11-13

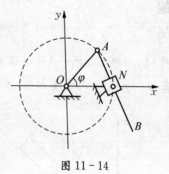
图 11-14

11.6 曲柄 OA 长为 r，在平面内绕 O 轴转动，如图 11-14 所示。杆 AB 通过固定于点 N 的套筒与曲柄 OA 铰接于点 A。设 $\varphi = \omega t$，杆 AB 长 $l = 2r$。求点 B 的运动方程、速度和加速度。

11.7 用十字形滑块 D 将杆 OA 和 O_1B 两杆连接，且 OA 和 O_1B 分别绕 O 和 O_1 轴转动(见图 11-15)，在运动过程中，两杆保持正交，$OO_1 = L$；$\varphi = \omega t$，其中 ω 为常数。求滑块 D 的速度。

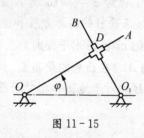
图 11-15

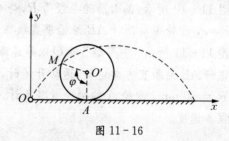
图 11-16

11.8 半径为 R 的圆轮沿水平直线轨道无滑动滚动，轮心 O' 则在与水平轨道平行的直线上运动(见图 11-16)，若 $O'A = 1$ m，$v_{O'} = 25$ m/s。求 M 的运动方程、速度和加速度。

11.9 飞轮加速转动时，其轮缘上一点的运动规律为 $S = 0.1t^3$，S 单位为 m，t 单位为 s，飞轮的半径 $R = 0.8$ m。求在 t 瞬时，该点的切向及法向加速度。

11.10 摇杆滑道机构中的销钉 B 同时在固定的圆弧槽 DE 和摇杆 OA 的滑道中滑动。如弧 DE 的半径为 R，摇杆 OA 的转轴 O 在弧 DE 的圆周上，如图 11-17 所示。摇杆绕 O 轴以等角速度 ω 转动，运动开始时，摇杆在水平位置。试分别用直角坐标法和自然法写出点 B 的运动方程、速度和加速度。

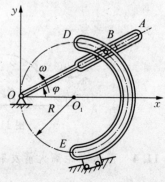
图 11-17

第 12 章

刚体的基本运动

学习目标

(1) 掌握刚体平动和刚体定轴转动的定义和特征。

(2) 理解对刚体的转动时的运动方程、角速度、角加速度以及它们之间的关系。

(3) 能熟练地计算刚体绕定轴转动时刚体的角速度和角加速度及刚体上各点的速度和加速度。

(4) 了解角速度矢、角加速度矢。

在工程实际的许多场合中,不能把物体当作点的运动,如牛头刨床滑枕的平行移动、内燃机活塞的往复运动、飞轮的转动、齿轮的转动等,而应当作刚体的运动。刚体的运动形式多种多样,本章研究刚体的两种最简单的运动:刚体的平行移动和刚体绕定轴的转动。此两种运动是刚体运动的基本形式。较复杂的刚体运动则可看作这两种基本运动的组合,本章是研究刚体其他运动的基础。

12.1 刚体的平行移动

当刚体运动时,若体内任一直线始终保持与原来的位置平行,则这种运动称为刚体的平行移动,简称平动。若平动刚体内各点的轨迹为直线,则称为直线平动,如牛头刨滑枕的运动。若平动刚体内各点的轨迹为曲线,则称为曲线平动,如图 12-1 所示的机车平行连杆的平动。

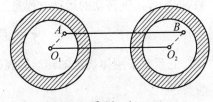

图 12-1

根据刚体平动的特点,可以证明如下的定理:

定理:当刚体作平动时,刚体内各点的轨迹形状都相同,且互相平行;同一瞬时各点都具有相同的速度和加速度。

证明:确定平移刚体的位置和运动状况,只需研究刚体上任意直线段 AB,A、B 两点的矢径为 r_A 和 r_B,A、B 两点间的有向线段 r_{AB} 之间的关系为

$$r_A = r_B + r_{AB} \tag{12-1}$$

由平动定义知 r_{AB} 为恒矢量,A、B 两点的轨迹只相差 r_{AB} 的恒矢量,即 A、B 两点的轨迹形状

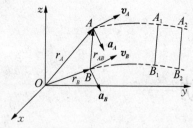

图 12-2

相同。式(12-1)对时间求导,得

$$v_A = v_B \qquad a_A = a_B \qquad (12-2)$$

因为 A、B 为刚体上任意的两点(见图12-2),故上述结论对于刚体上所有各点都成立。因此,刚体的平行移动可以转化一点的运动来研究,即点的运动学。

12.2 刚体的定轴转动

定轴转动在工程实际中有着广泛的应用。例如飞轮、皮带轮、齿轮、机床主轴、摇杆等的运动都是定轴转动。它们具有共同特征:刚体在运动时,其上有两点保持不动,则这种运动称为刚体绕定轴的转动,简称刚体的转动。过这不动的两点的不动直线称为刚体的转轴或轴线,简称轴。

除了转轴上各点的位置不变以外,刚体上其他各点都在垂直于转轴的平面内作圆周运动,其圆心都在转轴上。

12.2.1 刚体的定轴转动方程

刚体绕定轴转动的转动规律由刚体绕定轴旋转的角度来表示。如图12-3所示,设刚体绕定轴 z 转动,规定 z 的正向如图。假设 I 是通过定轴的固定平面,II 也是过定轴并与刚体固连、随刚体一起转动的动平面,则任一瞬时刚体的位置可由动平面 II 与定平面 I 所成的角 φ 来确定。角 φ 称转角,也称位置角,并规定从 z 轴的正向端看去,逆时针转动时,φ 角为正值,反之为负值。它可以唯一地确定转动刚体的位置。

当刚体转动时,转角 φ 随时间而变化,是时间 t 的单值连续函数,即刚体定轴转动的运动方程是

$$\varphi = f(t) \qquad (12-3)$$

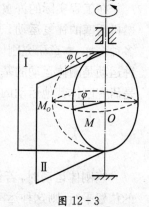

图 12-3

它反映了刚体绕定轴转动的规律。若转动方程 $f(t)$ 已知,则刚体在任一瞬时的位置即可确定。

转角 φ 的常用单位是弧度(rad)。

12.2.2 转动刚体的角速度

角速度是描述刚体转动快慢的物理量,用 ω 表示,即转角 φ 对时间 t 的一阶导数,

$$\omega = \frac{\mathrm{d}\varphi}{\mathrm{d}t} = f'(t)(\text{或} = \dot{\varphi}) \qquad (12-4)$$

显然,角速度是代数量。当 $\omega > 0$ 时,则刚体按逆时针方向转动(从转轴的正向端看去);当 $\omega < 0$ 时,则按顺时针方向转动。

角速度的单位是弧度/秒(rad/s)或简写为 1/秒(1/s)。

工程常用转速 n (r/min)表示转动的快慢。n 与 ω 之间的关系为

$$\omega = \frac{2\pi n}{60} = \frac{\pi n}{30}(\text{rad/s}) \tag{12-5}$$

12.2.3 转动刚体的角加速度

角加速度是角速度 ω 对时间 t 的导数,用 ε 表示。

$$\varepsilon = \frac{\mathrm{d}\omega}{\mathrm{d}t} = \frac{\mathrm{d}^2\varphi}{\mathrm{d}t^2} = f''(t)(\text{或} \ddot{\varphi}) \tag{12-6}$$

上式表明:刚体绕定轴转动的角加速度等于角速度对于时间的一阶导数,或等于其转角对时间的二阶导数。

显然,角加速度也是代数量,它的单位为弧度/秒²(rad/s²)或简写为 1/秒²(1/s²)。

如 ε 与 ω 的符号相同时,刚体作加速转动;如 ε 与 ω 异号时,刚体作减速转动。

12.2.4 匀速转动和匀变速转动

1. 匀速转动

匀速转动是指刚体转动时,角速度为一常量。匀变速转动是指刚体转动时,角加速度为一常量。参照点的曲线运动的相同研究方法来研究刚体定轴转动。

当刚体匀速转动时,ω 恒为常量,则有

$$\varphi = \varphi_0 + \omega t \tag{12-7}$$

式中 φ_0 是初位置角。

2. 匀变速转动

当刚体作匀变速转动时,ε 恒为常量,则有

$$\omega = \omega_0 + \varepsilon t \tag{12-8}$$

$$\varphi = \varphi_0 + \omega_0 t + \frac{1}{2}\varepsilon t^2 \tag{12-9}$$

$$\omega^2 - \omega_0^2 = 2\varepsilon(\varphi - \varphi_0) \tag{12-10}$$

式中 φ_0 和 ω_0 分别是初位置角和初角速度。

例 12.1 一飞轮的转速为 3 600 r/min,其停车过程为匀减速转动。如从开始制动至停止共经过 $t_1 = 6$ s,问飞轮在制动过程中转过的圈数?

解:因为飞轮在停车过程为匀减速转动,所以有

$$\varphi = \omega_0 t + \frac{1}{2}\varepsilon t^2 \tag{a}$$

$$\omega = \omega_0 + \varepsilon t \tag{b}$$

飞轮的初角速度为($t = 0$)

$$\omega_0 = \pi n/30 = 3\,600\pi/30 = 120\pi(\text{rad/s})$$

当 $t = t_1$ 时,角速度为 $\omega_1 = 0$ 代入式(2) 得

$$0 = \omega_0 + \varepsilon t_1$$

即

$$\varepsilon = -\frac{\omega_0}{t_1} \tag{c}$$

设在 t_1 时间内飞轮转过的圈数为 N,转过的角度为 φ_1,则由式(1)知

$$\varphi_1 = 2\pi N = \omega_0 t_1 + \frac{1}{2}\left(-\frac{\omega_0}{t_1}\right)t_1^2 = \frac{\omega_0 t_1}{2}$$

所以,$N = \dfrac{\omega_0 t_1}{4\pi} = \dfrac{120\pi t_1}{4\pi} = 30 t_1 = 180(\text{r})$

12.3 定轴转动刚体内各点的速度和加速度

本节研究刚体绕定轴转动时,角速度和角加速度与刚体上任一点的速度和加速度之间的关系。

12.3.1 转动刚体上各点的速度

刚体绕定轴转动时,体内各点都在垂直于转轴的平面内作圆周运动,圆心为圆周所在平面与转轴交点,半径为各点至转轴的距离。设图 12-4 中转动刚体在任意瞬时 t 的转角 φ、角速度 ω 和角加速度 ε 都已知,其上距转轴 O 距离为 r 的任一点 M,其轨迹是以 O 为圆心,$OM = r$ 为半径的圆周。r 称为转动半径。假设动点 M 的初始位置在 M_0,其转角 $\varphi_0 = 0$,选取 M_0 为坐标原点,则当刚体转过 φ 角时,M 点由 M_0 移至 M,按自然法 M 点的弧坐标为

$$s = r\varphi \tag{12-11}$$

因此,动点 M 的速度的代数值为

$$v = \frac{\mathrm{d}s}{\mathrm{d}t} = r\frac{\mathrm{d}\varphi}{\mathrm{d}t} = r\omega \tag{12-12}$$

式(12-12)表明:定轴转动刚体内任一点速度的大小等于该点的转动半径与刚体角速度的乘积,它的方向沿圆周的切线方向,并与刚体的转向一致。可见,v 与 r 呈线性关系,如图 12-5 所示。

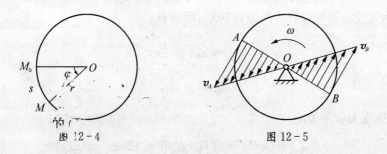

图 12-4   图 12-5

12.3.2　转动刚体上各点的加速度

如图 12-6 所示,动点 M 作圆周运动,它的加速度有两个分量,即切向加速度 a_τ 和法向加速度 a_n。

动点 M 的切向加速度大小为

$$a_\tau = \frac{\mathrm{d}v}{\mathrm{d}t} = \frac{\mathrm{d}(r\omega)}{\mathrm{d}t} = r\varepsilon \qquad (12-13)$$

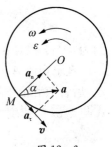

图 12-6

a_τ 的方向沿动点 M 运动轨迹的切线,指向与 ε 的转向一致。

动点 M 的法向加速度大小为

$$a_n = \frac{v^2}{\rho} = \frac{(r\omega)^2}{r} = r\omega^2 \qquad (12-14)$$

a_n 的方向永远指向圆周轨迹的圆心。动点 M 的全加速度 a 的大小及其主法线即转动半径 r 的偏角 α 为

$$a = \sqrt{a_\tau^2 + a_n^2} = r\sqrt{\varepsilon^2 + \omega^2} \qquad (12-15)$$

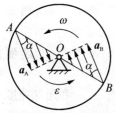

图 12-7

$$\tan\alpha = \frac{|a_\tau|}{a_n} = \frac{r|\varepsilon|}{r\omega^2} = \frac{|\varepsilon|}{\omega^2} \qquad (12-16)$$

上式表明:转动刚体内任一点的全加速度的大小与该点的转动半径成正比,各点全加速度的方向与转动半径的夹角又都相等。可见,a 与 r 呈线性关系,如图 12-7 所示。

例12.2　滑轮半径 $r = 0.2\,\mathrm{m}$,可绕水平轴 O 转动,轮缘上缠有不可伸长的细绳,绳的一端挂有物体 A,如图 12-8 所示。滑轮绕轴 O 的转动规律为 $\varphi = t^3$,其中 t 的单位为 s,φ 的单位为 rad。试求 $t = 0.5\,\mathrm{s}$ 时轮缘上 M 点速度、加速度及物体 A 的速度、加速度。

解:根据转动方程求滑轮在任一瞬时的角速度、角加速度

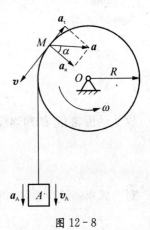

图 12-8

$$\omega = \frac{\mathrm{d}\varphi}{\mathrm{d}t} = 3t^2$$

$$\varepsilon = \frac{\mathrm{d}\omega}{\mathrm{d}t} = 6t$$

当 $t = 0.5\,\mathrm{s}$ 时,

$$\omega = 3 \times 0.5^2 = 0.75(\mathrm{rad/s}),\ \varepsilon = 6 \times 0.5 = 3(\mathrm{rad/s^2})$$

因此,轮缘上任一点 M 的速度和加速度为

$$v = r\omega = 0.2 \times 0.75 = 0.15(\mathrm{m/s})$$

$$a_\tau = r\varepsilon = 0.2 \times 3 = 0.6(\mathrm{m/s^2})$$

$$a_n = r\omega^2 = 0.2 \times 0.75^2 = 0.112\,5(\mathrm{m/s^2})$$

它们的方向如图 12-8 所示,M 点的全加速度及其方向为

$$a = \sqrt{a_\tau^2 + a_n^2} = \sqrt{(0.15)^2 + (0.1125)^2} \approx 0.3727 (\text{m/s}^2)$$

$$\alpha = \arctan \frac{|\varepsilon|}{\omega^2} = \arctan \frac{3}{0.75^2} = 79.38°$$

因为 ω 与 ε 符号相同,所以 v 与 a_τ 的指向也相同。

现求物体 A 的速度和加速度。因为物体 A 与轮缘上 M 点的运动不同,前者作直线平动,后者随滑轮作圆周运动,因此两者的速度、加速度不完全相同。由于细绳不能伸长,物体 A 与点 M 的速度大小相等,A 的加速度与点 M 切向加速度的大小也相等,于是有

$$v_A = v_M = 0.15 \text{ m/s}$$
$$a_A = a_\tau = 0.6 \text{ m/s}^2$$

它们的方向都铅垂向下。

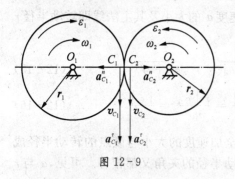

图 12-9

例 12.3 如图 12-9 所示,两齿轮相啮合,相当于节圆半径 r_1 和 r_2 的两摩擦轮作无滑动的滚动。已知主动齿轮 O_1 某瞬时的角速度为 ω_1,角加速度为 ε_1,求①此瞬时 O_2 齿轮的角速度 ω_2 和角加速度 ε_2;②两齿轮在相啮合处的点 C_1,C_2 的速度和加速度。

解:① 求此瞬时 O_2 齿轮的角速度 ω_2 和角加速度 ε_2。两齿轮上分别位于接触处之点为 C_1,C_2,因两轮作无滑动点的滚动,所以速度是相等的,即

$$v_{C_1} = v_{C_2}$$

而

$$v_{C_1} = r_1\omega_1, \quad v_{C_2} = r_2\omega_2$$

得

$$\frac{\omega_1}{\omega_2} = \frac{r_2}{r_1}$$

故从动齿轮 O_2 的角速度为

$$\omega_2 = \frac{r_1\omega_1}{r_2}$$

对上式求一阶导数,即得轮 O_2 的角加速度 ε_2 为

$$\frac{d\omega_2}{dt} = \frac{r_1}{r_2}\frac{d\omega_1}{dt}, \quad \varepsilon_2 = \frac{r_1}{r_2}\varepsilon_1$$

同时

$$\frac{\varepsilon_1}{\varepsilon_2} = \frac{r_2}{r_1}$$

即两轮的角速度之比(传动比)角加速度之比均为两轮半径的反比。

② 求两齿轮在相啮合处的点 C_1,C_2 点的速度和加速度。

两轮上相啮合点 C_1,C_2 的速度、切向加速度和法向加速度为

C_1 点:$v_{C_1} = r_1\omega_1$,$a_{C_1}^\tau = r_1\varepsilon_1$,$a_{C_1}^n = r_1\omega_1^2$

C_2 点：$v_{C_2} = r_2\omega_2 = r_1\omega_1$

$$a_{C_2}^\tau = r_2\omega_2 = r_1\varepsilon_1,\ a_{C_2}^n = r_2\omega_2^2 = \frac{r_1^2\omega_1^2}{r_2}$$

即两齿在轮啮合处的 C_1，C_2 点的速度和切向加速度分别相等，而法向加速度不相等，故全加速度是不相等的；这是任何只滚动不滑动的接触点处加速度的共同规律。

小结

本章研究刚体的两种基本运动：平动和定轴转动。

(1) 刚体平动：其上任一直线始终保持与原来的方向平行；刚体作平动时，其上各点的轨迹形状、同一瞬时的速度和加速度都相同；刚体的平动可用刚体上的任一点的运动来描述。

(2) 刚体的定轴转动：其上有一直线固定不动，这条直线称为转轴；刚体作定轴转动时，其上各点均在垂直于转轴的平面内绕轴作圆周运动。

(3) 定轴转动刚体的转动方程、角速度和加速度分别为

$$\varphi = f(t),\ \omega = \frac{d\varphi}{dt},\ \varepsilon = \frac{d\omega}{dt} = \frac{d^2\varphi}{dt^2}$$

(4) 定轴转动刚体上各点的弧坐标、速度、切向加速度、法向加速度以及全加速度的大小，都与各点的转动半径成正比，即

$$s = r\varphi,\ v = r\omega$$

$$a_\tau = r\varepsilon,\ a_n = r\omega^2,\ a = r\sqrt{\varepsilon^2 + \omega^4}$$

而各点的全加速度与转动半径的夹角都相同，与各点的转动半径无关，即

$$\tan\alpha = \frac{|\varepsilon|}{\omega^2}$$

习题

12.1　飞轮半径 $R = 1\,\mathrm{m}$ 它由静止开始等加速转动。经过 $10\,\mathrm{s}$ 后，飞轮轮缘上的速度为 $v = 50\,\mathrm{m/s}$。求当 $t = 15\,\mathrm{s}$ 时轮缘上一点的速度、切向加速度和法向加速度。

12.2　已知车床主轴的转速 $n_0 = 800\,\mathrm{r/min}$，要求主轴在 3 转后立即停止，以便很快反转。设停车过程是匀减速转动，求主轴的角加速度。

12.3　如图 12 - 10 所示摇筛机构，已知 $O_1A = O_2B = 40\,\mathrm{cm}$，$O_1O_2 = AB$，杆 O_1A 按 $\varphi = \frac{1}{2}\sin\frac{\pi}{4}t(\mathrm{rad})$ 的规律摆动。求当 $t = 0$ 和 $t = 2\,\mathrm{s}$ 时，筛面中点 M 的速度和加速度。

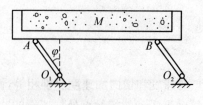

图 12-10

12.4 如图 12-11 所示简易搅拌机构，已知 $O_1A = O_2B = R$，$O_1A \parallel O_2B$，图示瞬时，杆 O_1A 的角速度为 ω，角加速度为 ε。试求 BAM 上 M 点的速度和加速度。

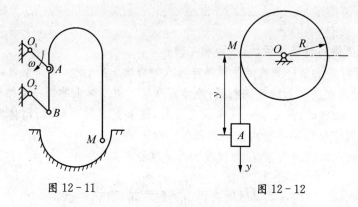

图 12-11　　　　　　　　图 12-12

12.5 升降机装置如图 12-12 所示，半径 $R = 0.5$ m，被升降物 A 的运动方程为 $y = 5t^2$，t 的单位为 s，y 的单位为 m。求轮鼓的角速度，并求任意瞬时，轮缘上一点 M 的全加速度。

12.6 如图 12-13 所示，绕固定水平轴转动的摆的转动方程为 $\varphi = \varphi_0 \cos \dfrac{2\pi}{T} t$，式中 T 是摆的周期。设由摆的重心 C 至转轴 O 的距离为 L，求在初瞬时 $(t = 0)$ 及经过平衡位置时 $(\varphi = 0)$ 摆的重心 C 的速度和加速度。

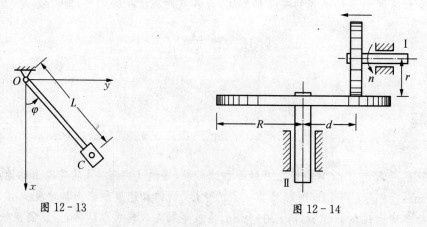

图 12-13　　　　　　　　图 12-14

12.7 摩擦传动机构的主动轴 I 的转速为 $n = 600$ r/min。轴 I 的轮盘与轴 II 的轮盘接触，接触点按箭头所示的方向移动（见图 12-14）。距离 d 的变化规律为 $d = 100 - 5t$，其中 d 以 mm 计，t 以 s 计。已知 $r = 50$ mm，$R = 150$ mm。求：(1) 以距离 d 表示轴 II 的角加速度；(2) 当 $d = r$ 时，轴 II 的轮盘边缘上一点全加速度的大小。

12.8 图 12-15 所示仪表机构中，已知各齿轮的齿数分别为 $z_1 = 6$，$z_2 = 24$，$z_3 = 8$，$z_4 = 32$，齿轮 5 的半径为 $R = 40\,\text{mm}$，如齿条 BC 下移 $10\,\text{mm}$，求指针 OA 转过的角度 φ（指针与齿轮 1 一起转动）。

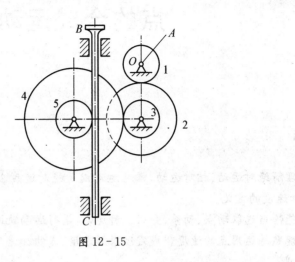

图 12-15

第 13 章

点的合成运动

学习目标

....

（1）理解绝对运动、相对运动、牵连运动以及绝对速度、相对速度、牵连速度和绝对加速度、相对加速度的定义。

（2）能恰当选取动点、动系、分析三种运动，进行运动轨迹、速度和加速度分析。

（3）能熟练运用点的速度合成定理求解速度、点的加速度合成定理求解牵连运动为平动时的加速度。

（4）了解科氏加速度及求解牵连运动为转动的加速度。

在实际工程中，经常遇到要在运动着的参考系上观察和研究问题。由于运动的描述具有相对性，即同一物体的运动，相对于不同的参考系，可以表现出不相同的运动学特征。在本章中，利用定参考系和动参考系描述同一动点的运动，分析两种描述间的相互关系，从而给出运动分解与合成的规律，其中包括速度合成定理和加速度合成定理。首先通过引入静和动两种参考系，定义绝对运动、相对运动和牵连运动，以及相应速度和加速度。其次基于绝对速度、相对速度和牵连速度的概念，建立三者间联系而导出速度合成定理。最后分析合成运动中加速度之间的关系；分别就牵连运动为平移和定轴转动两种不同的情况导出加速度合成定理。

13.1 点的合成运动的概念

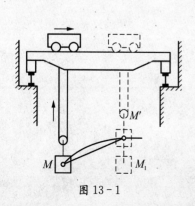

图 13-1

在实际问题中，常常会遇到同时在两个不同参考系中来研究同一点运动的问题。例如，交通警察观察人行道上的行人的运动规律和公共汽车上的司机观察人行道上的行人的运动规律是不一样的。又如，桥式起重机吊重物时（见图 13-1），如果横梁保持不动，而卷扬小车沿横梁自左向右作直线时，并同时将使重物 M 铅垂向上运动。相对地面而言（即观察者站在地面），重物将作平面曲线运动；但对于站在卷扬小车上的观察人员来说，重物将沿铅垂作直线运动。

通常取所研究的点称为动点 M，通常将固连在地面上的坐标系称为静参考系，简称静系，并以 $Oxyz$ 表示。将固结于其他相对静参考系运动着的参考体上的坐标系称为动参考系,简称动系,并以 $O'x'y'z'$ 表示。

一个动点在静系和动系中有着不同的运动,将动点相对于动系的运动称为相对运动;动点相对于静系的运动称为绝对运动;动系相对于静系的运动称为牵连运动。例如,就桥式起重机来说,可取起吊重物 M 为动点,则动点相对于卷扬小车(动系)的相对运动是铅垂向上直线运动;动点相对于地面(静系)的绝对运动是向右上方的平面曲线运动;而卷扬小车相对于地面的向右平动则是牵连运动。

在静系中看到的动点的轨迹为绝对轨迹,在动系中看到的动点的轨迹为相对轨迹。

如图 13-2 一车轮沿直线轨道滚动,若选取其轮缘上一点 M 为动点,取地面为静系,取车厢为动系(动系不能取在轮缘上),车厢相对于地面的平动是牵连运动,在车厢上看到点作圆周运动是相对运动,而在地面上看到的点作旋轮线运动为绝对运动。

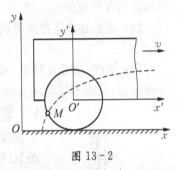

图 13-2

动点的绝对运动既取决于动点的相对运动,也取决于动坐标系的运动,即牵连运动。因此动点的绝对运动可以看成是相对运动和牵连运动合成的结果,称为合成运动。反之,绝对运动也可以分解为相对运动和牵连运动。

另外,动点的相对运动和绝对运动都是指点的运动,它可以是直线运动或者曲线运动;而牵连运动是指参考系的运动,是刚体的运动,它可能作平动、转动或平面运动。

研究点的合成运动,就是要正确地选择动点、动系和静系,分析相对运动、绝对运动和牵连运动,并建立相对、绝对和牵连运动之间的关系。在分析这三种运动时,一定要明确:①站在什么地方看运动? ②看什么物体的运动?

13.2　点的速度合成定理

本节讨论动点的绝对速度、相对速度和牵连速度三者之间的关系,为此引进上述三种速度的概念。

13.2.1　绝对速度、相对速度和牵连速度

动点相对于静系运动的速度称为绝对速度,以 v_a 表示;动点相对于动系运动的速度称为相对速度,以 v_r 表示。

牵连运动是刚体的运动而不是一个点的运动,其上各点的运动通常各不相同的。必须明确指出随同动系一起运动的速度究竟是指系中哪一个点的速度。动系上与动点相重合的那一点称为牵连点。我们定义:在某一瞬时,动系上与动点相重合的这一点(牵连点)的速度,称为动点在该瞬时的牵连速度,以 v_e 表示。

13.2.2　点的速度合成定理

点的速度合成定理:绝对速度 v_a、相对速度 v_r 和牵连速度 v_e 有如下关系:

$$v_a = v_r + v_e \tag{13-1}$$

即在任一瞬时,动点的绝对速度等于它的牵连速度和相对速度的矢量和。

在速度合成定理表达式中,包含有 v_a、v_e 和 v_r 三种速度的大小与方向共有六个量,已知其中任意四个量,可以作出速度平行四边形求出另外的两个未知量。

应用点的速度合成定理求解点的速度或构件的角速度,难点在于如何选择动点,确定恰当的动系和静系,分析三种运动及其速度(大小与方向),即确定"一点、二系、三运动"。

选择动点和动系的一般原则如下:

(1)动点一般选在运动的刚体上,相对运动的轨迹明显,易于判定(如为直线运动、圆弧曲线运动、圆周运动等)。机械问题,动点一般选取主、从动构件的连接点或接触点,非机构问题选需要研究的那一点。

(2)动系必须选在运动的刚体上,并要保证动点与动系有相对运动,动点和动系不在同一物体上。

(3)动点、动系及静系一定分属三个不同的物体,否则绝对、相对与牵连运动中就会缺少一种运动,从而不能构成点的合成运动。

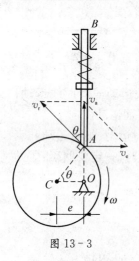

图 13-3

例 13.1 如图 13-3 所示,半径为 R,偏心距为 e 的凸轮,以匀角速度 ω 绕 O 轴转动,并使滑槽内的直杆 AB 上下移动,设 OAB 在一条直线上,轮心 C 与 O 轴在水平位置,试求在图示位置时,杆 AB 的速度。

解:(1)选取动点,确定动系和静系。

杆 AB 作平移,所以研究杆 AB 的运动只需研究其上 A 点的运动即可。选杆 AB 上的 A 点为动点,凸轮为动系,地面为定系。

(2)运动分析,分析三种运动和三种速度:

绝对运动——动点 A 的绝对运动是直杆 AB 的上下直线运动。

相对运动——相对运动为凸轮的轮廓线,即沿凸轮边缘的圆周运动。

牵连运动——牵连运动为凸轮绕 O 轴的定轴转动,作速度的平行四边形如图 13-3 所示。

三种速度的大小与方向分析如下:

	v_a	v_e	v_r
速度大小	未知	$v_e = \overline{OA}\omega$	未知
速度方向	铅垂向上	水平向右	沿凸轮轮廓的切线

(3)根据速度合成定理 $v_a = v_r + v_e$ 求未知量。

动点 A 的绝对速度为

$$v_a = v_e \cot\theta = \omega\overline{OA}\ \frac{e}{\overline{OA}} = \omega e$$

例 13.2 如图 13-4 所示,半径 R 的半圆形凸轮以等速 $v_0 = 0.01\,\text{m/s}$ 沿水平方向向左运动,而使活塞杆 AB 沿铅直方向运动。求当 $\varphi = \dfrac{\pi}{4}$ 时活塞上 A 端相对于地面和相对于凸轮的速度。

解：(1) 选取动点，确定动系和静系。

当凸轮移动时，通过从动杆与凸轮相接触的点 A，带动 AB 杆铅垂移动，A 点与凸轮半圆轮廓有相对运动。选取从动杆上 A 点为动点，动系固连于凸轮，静系固结于地面。

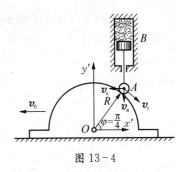

图 13-4

(2) 运动分析，分析三种运动和三种速度：

绝对运动——A 点相对于地面作铅垂直线运动。

相对运动——A 点沿着凸轮半圆轮廓作圆周运动。

牵连运动——凸轮向左平动。

三种速度的大小与方向分析如下：

	v_a	v_e	v_r
速度大小	未知	$v_e = v_0$	未知
速度方向	铅垂向下	水平向左	沿半圆轮廓的切线

(3) 根据速度合成定理 $v_a = v_r + v_e$ 求未知量。

作出速度平行四边形，如图 13-4 所示。由几何关系，可求得 A 点（从动杆上）在图示位置的绝对速度为

$$v_a = v_e \cot \frac{\pi}{4} = v_0 = 0.01 \text{ m/s}$$

例 13.3　图 13-5 所示为一刨床急回机构。曲柄 OA 的一端与滑块 A 用铰链连接。当曲柄 OA 以匀角速度 ω 绕固定轴 O 转动时，滑块在摇杆 O_1B 上滑动，并带动摇杆 O_1B 绕固定轴 O_1 摆动。设曲柄长 $OA = R$，两轴间的距离 $O_1O = l$。求当曲柄在水平位置时摇杆的角速度 ω_1。

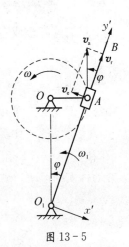

图 13-5

解：(1) 选取动点，确定动系和静系。

滑块与摇杆有相对运动，故可选取滑块 A 为动点，动系与摇杆 O_1B 固连，静系固结地面。

(2) 运动分析，分析三种运动和三种速度：

绝对运动——以曲柄 OA 为半径的圆周运动。

相对运动——滑块沿滑槽的直线运动。

牵连运动——摇杆绕 O_1 轴的转动。

三种速度的大小与方向分析如下：

	v_a	v_e	v_r
速度大小	$v_a = R \cdot \omega$	未知	未知
速度方向	$\perp OA$ 向上	$\perp O_1B$	沿 O_1B

（3）根据速度合成定理 $v_a = v_r + v_e$ 求摇杆的角速度。式中，只有两个未知量，即 v_e 与 v_r 的大小是未知的，作出速度平行四边形如图 13-5 所示。由几何关系即可求得牵连速度的大小为

$$v_e = v_a \sin \varphi$$

而

$$v_e = O_1 A \cdot \omega_1$$

又 $\sin \varphi = \dfrac{R}{\sqrt{l^2 + R^2}}$，且 $v_a = R\omega$，所以

$$v_e = \frac{R^2 \omega}{\sqrt{l^2 + R^2}}$$

于是，摇杆在图示位置的角速度为 $\omega_1 = \dfrac{R^2 \omega}{l^2 + R^2}$

13.3　点的加速度合成定理

在点的合成运动中，不管牵连运动为转动或平动，速度合成定理一样。加速度合成定理则和牵连运动的形式有关。

13.3.1　牵连运动为平动时点的加速度合成定理

点的速度合成定理：绝对加速度 a_a、相对加速度 a_r 和牵连加速度 a_e 有如下关系：

$$a_a = a_r + a_e \tag{13-2}$$

上式表明：当动系作平动时，动点在某瞬时的绝对加速度等于该瞬时它的牵连加速度与相对加速度的矢量和。

例 13.4　如图 13-6 所示的机构，已知 $O_1 A = O_2 B = R = 20\,\text{cm}$，且 $O_1 A /\!/ O_2 B$，在图示瞬时，杆 $O_1 A$ 以角速度 $\omega = 4\,\text{rad/s}$，转动加速度为 $\varepsilon = 2\,\text{rad/s}^2$ 绕轴 O_1 转动，通过滑块 C 带动杆 CD 运动。试求图示位置杆 CD 速度、加速度。

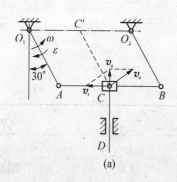
(a)

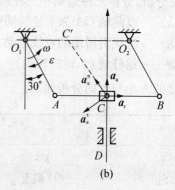
(b)

图 13-6

解:(1) 选取动点,确定动系和静系。

由于滑块 C 与杆 AB 彼此间有相对运动,故可选取滑块 C 为动点,动系与杆 AB 固连,静系固连地面。

(2) 运动分析:

绝对运动——滑块 C 沿铅垂线 CD 作直线运动。

相对运动——滑块 C 沿杆 AB 作水平直线运动。

牵连运动——杆 AB 相对于地面的平动。

(3) 速度分析和加速度分析。如图 13-6(a)作速度平行四边形。注意 C 点的牵连速度 v_e 等于 A 点的速度。先作 v_e。v_a 为速度平行四边形的对角线,定出 v_a、v_r。

	$\boldsymbol{v}_a$	$\boldsymbol{v}_e$	$\boldsymbol{v}_r$
速度大小	未知	$v_e = R \cdot \omega$	未知
速度方向	沿 CD 向上	$\perp O_1A$	沿 AB 向左

$$v_a = v_e \cdot \sin 30° = \frac{1}{2}R \cdot \omega = \frac{1}{2} \times 20 \text{ cm} \times 4 \text{ rad/s} = 40 \text{ cm/s}$$

加速度图。将牵连加速度分为 a_e^τ,a_e^n,再作 $\boldsymbol{a}_a$、$\boldsymbol{a}_r$ 如图 13-6(b)所示。

加速度分量	$\boldsymbol{a}_a$	$\boldsymbol{a}_e$		$\boldsymbol{a}_r$
		a_e^τ	a_e^n	
大小	未知	$R\varepsilon$	$R\omega^2$	未知
方向	沿 CD 向上	$\perp O_1A$	$\parallel O_1A$	水平向右

因为:$\boldsymbol{a}_a = \boldsymbol{a}_r + \boldsymbol{a}_e = \boldsymbol{a}_r + \boldsymbol{a}_e^\tau + \boldsymbol{a}_e^n$ 将此式向 CD 方向投影,得

$$a_a = -a_e^\tau \sin 30° + a_e^n \cos 30° = -R\varepsilon \times \frac{1}{2} + R\omega^2 \times \frac{\sqrt{3}}{2}$$

$$= -20 \text{ cm} \times 2 \text{ rad/s}^2 + 20 \text{ cm} \times 4^2 (\text{rad/s})^2 \times \frac{\sqrt{3}}{2}$$

$$= (-40 + 160\sqrt{3}) \text{cm/s}^2$$

13.3.2 牵连运动为转动时点的加速度合成定理

当牵连运动为转动时,动点的绝对加速度除了牵连加速度和相对加速度两项外,还多了一项 $2\boldsymbol{\omega}_e \times \boldsymbol{v}_r$,因此牵连运动为转动时,动点的绝对加速度并不等于牵连加速度与相对加速度的矢量和,而多出的一项与牵连转动角速度 $\boldsymbol{\omega}_e$ 和相对速度 $\boldsymbol{v}_r$ 有关,多出的这一项称为科氏加速度。是科利澳里在 1832 年给出的。当动系作平移时,其角速度矢量为 $\boldsymbol{\omega}_e = 0$,科氏加速度 $\boldsymbol{a}_k = 0$。

所以,当牵连运动为转动时点的加速度合成定理可表示为

$$\boldsymbol{a}_a = \boldsymbol{a}_e + \boldsymbol{a}_r + \boldsymbol{a}_k \tag{13-3}$$

上式表示:当牵连运动为转动时,动点的绝对加速度等于牵连加速度、相对加速度和科氏加速度三者的矢量和。这就是牵连运动为转动时点的加速度合成定理。

科氏加速度 a_k 可用矢量积表示为

$$a_k = 2\omega_e \times v_r \tag{13-4}$$

a_k 的大小为

$$a_k = 2\omega_e v_r \sin\theta \tag{13-5}$$

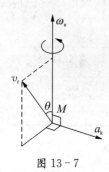

图 13-7

式中,θ 为转轴与相对速度之间的夹角。a_k 的方向应垂直于 ω_e 和 v_r 所在平面,指向按右手法则确定,ω_e 为作牵连运动的转动刚体的角速度矢量。如图 13-7 所示,即以右手手指顺 ω_e 转至 v_r 方向,则拇指指向即为 a_k 方向。

在下列情况下,$a_k = 0$:

(1) $\omega_e = 0$ 时。此时动系作平动。

(2) $v_r = 0$ 时。即某瞬时的相对速度为零。

(3) $\omega_e \parallel v_r$ 时,即动点沿平行于动系的转轴的直线作相对运动,这时 $a_k = 0$。

显然,当 $\theta = 90°$ 时,$a_k = 2\omega_e v_r$,其方向只须把 v_r 顺着 ω_e 的转向转 $90°$,就得到 a_k 的方向。平面问题就属于这种情况。

 小结

1. 一点(动点)、二系(静参考系和动参考系)

动点:通常取所研究的点称为动点 M。

静参考系:通常将固连在地面上的坐标系称为静参考系,简称静系,并以 $Oxyz$ 表示。

动参考系:将固结于其他相对静参考系运动着的参考体上的坐标系称为动参考系,简称动系,并以 $O'x'y'z'$ 表示。

2. 三运动(绝对运动、相对运动和牵连运动)

绝对运动:动点相对于静参考系的运动称为绝对运动。

相对运动:动点相对于动参考系的运动称为相对运动。

牵连运动:动点参考系相对于静参考系运动称为牵连运动。

三种运动、速度和加速度之间的关系可用图 13-8 表示。其中牵连点是指动系上与动点重合的那个点。

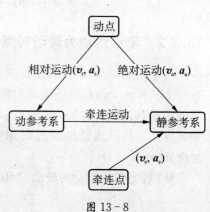

图 13-8

3. 动点与动参考系所选取的原则

(1) 动点的选择,一般选在运动的刚体上,相对运动的轨迹明显,易于判定(如为直线运动、圆弧曲线运动、圆周运动等)。

(2) 动系必须选在运动的另一刚体上,并要保证动点与动系有相对运动,动点和动系不在同一物体上。

(3) 机构问题,动点一般选取主、从动构件的连接点或接触点。

4. 点的速度合成定理

$$\boldsymbol{v}_a = \boldsymbol{v}_e + \boldsymbol{v}_r$$

该定理对于作任何形式的牵连运动都是适用的,即动系可以是平动、转动或其他较复杂的运动。

5. 点的加速度合成定理

(1) 牵连运动为平动时,

$$\boldsymbol{a}_a = \boldsymbol{a}_e + \boldsymbol{a}_r$$

(2) 牵连运动为转动时,

$$\boldsymbol{a}_a = \boldsymbol{a}_e + \boldsymbol{a}_r + \boldsymbol{a}_k$$

其中 $\boldsymbol{a}_k = 2\boldsymbol{\omega}_e \times \boldsymbol{v}_r$,$\boldsymbol{\omega}_e$ 为作牵连运动的转动刚体的角速度矢量。

 习题

13.1 如图 13-9 所示的两种滑道摇杆机构,已知两平行轴距离 $O_1O_2 = 20$ cm,某瞬时 $\omega_1 = 6$ rad/s,$\varphi = 30°$,$\theta = 20°$,分别求两种机构中的角速度 ω_2。

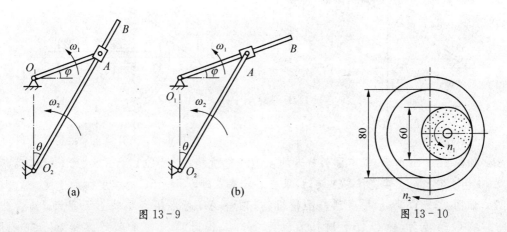

图 13-9　　　　　　　　　　　　　　图 13-10

13.2 如图 13-10 所示,内圆磨床砂轮直径 $d = 60$ mm,转速 $n_1 = 10\,000$ r/min;工件孔径 $D = 80$ mm,转速 $n_2 - 500$ r/min,转向与 n_1 相反。试求磨削时砂轮与工件在接触点处的相对速度。

13.3 如图 13-11 所示曲柄滑道机构中，曲柄长 $OA = 100\,\text{mm}$，以角速度 $\omega = 1\,\text{rad/s}$，角加速度 $\varepsilon = 1\,\text{rad/s}^2$，绕 O 轴转动，试求 $\varphi = 30°$ 时导杆 BC 的速度和加速度。

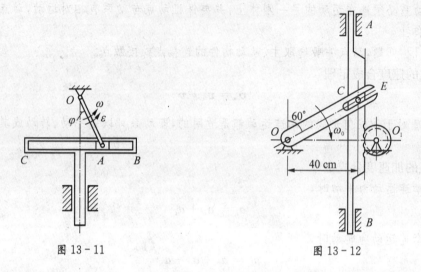

图 13-11   图 13-12

13.4 摇杆 OE 通过销钉 C 带动齿条 AB 上下移动，齿条又带动节圆直径 $d_1 = 100\,\text{mm}$ 的齿轮绕轴 O_1 摆动。在图 13-12 所示位置时，OE 的角速度 $\omega_0 = 0.5\,\text{rad/s}$。求此瞬时齿轮的角速度。

13.5 如图 13-13 所示的摇杆机构中，杆 OC 以匀角速 ω 绕 O 轴转动时，通过套筒 A 带动在铅垂导板中运动的杆 AB，$OD = b$，求当 $\varphi = 30°$ 时，滑块 A 对杆 OC 的相对速度以及杆 AB 的速度。

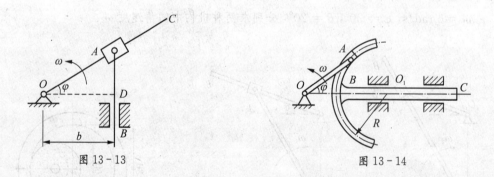

图 13-13   图 13-14

13.6 如图 13-14 所示，具有圆弧轨道的曲柄滑道机构，已知 $OA = R = 100\,\text{mm}$，曲柄以 $n = 120\,\text{r/min}$ 转速作匀速转动，求当 $\varphi = 30°$ 时，导杆 BC 的速度和加速度。

13.7 如图 13-15 所示平底顶杆凸轮机构，顶杆 AB 可沿铅直导轨上下平动，偏心凸轮绕 O 轴转动，轴 O 位于顶杆的轴线上。工作时顶杆的平底始终接触凸轮表面。设凸轮半径为 $R = 200\,\text{mm}$，偏心距 $OC = 100\,\text{mm}$，凸轮以匀角速度 $\omega = 1\,\text{rad/s}$ 绕 O 轴转动，OC 与水平线的夹角为 $\alpha = 30°$。试求在该瞬时，顶杆 AB 的速度和加速度。

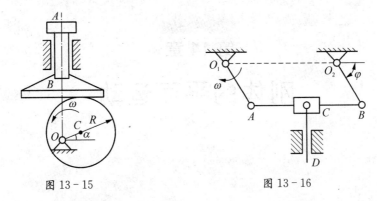

图 13－15　　　　　　　　图 13－16

13.8　如图 13-16 所示铰接四边形机构中,杆 AB 上有一套筒 C,此筒与杆 CD 相铰接,机构的各部件都在同一铅垂平面内。已知 $O_1A=O_2B=100\,\mathrm{mm}$,$\omega=2\,\mathrm{rad/s}$,又 $O_1O_2=AB$,求当 $\varphi=60°$ 时,杆 CD 的速度和加速度。

13.9　如图 13-17 所示一牛头刨床。已知 $O_1A=200\,\mathrm{mm}$,杆 O_1A 以匀角速度为 $\omega=2\,\mathrm{rad/s}$ 绕 O 轴转动,试求 O_1A 水平时,DC 杆的速度和加速度。

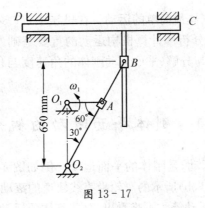

图 13－17

13.10　曲杆 OBC 绕 O 轴转动,使套在其上的小环 M 沿固定直杆 OA 滑动(见图 13-18)。已知:$OB=100\,\mathrm{mm}$,曲杆的匀角速度为 $\omega=0.5\,\mathrm{rad/s}$,$OB$ 与 BC 垂直。求当 $\varphi=60°$ 时,小环 M 的速度和加速度。

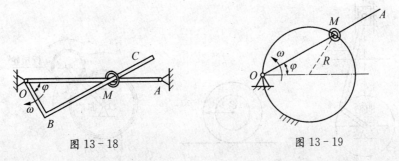

图 13－18　　　　　　　　图 13－19

13.11　图 13-19 所示机构中的小环 M,同时套在半径为 R 的固定圆环和摇杆 OA 上,摇杆 OA 绕 O 轴转动,且 $\varphi=\omega t$,$\omega=2\,\mathrm{rad/s}$,时间 t 的单位为 s。求当 $\varphi=30°$ 时,小环 M 的速度和加速度,以及小环 M 相对于杆 OA 的速度和加速度。

第14章

刚体的平面运动

学习目标

....

(1) 掌握刚体平面运动的基本概念,能正确判断机构中做平面运动的刚体。

(2) 掌握求平面图形内各点的速度的基点法、速度投影法、瞬心法。

(3) 能综合运用点的合成运动和刚体的平面运动知识解有关速度问题。

平行移动和定轴转动是刚体最简单的运动。在机械中,许多物件的运动都是平面运动,掌握刚体平面运动的规律,是分析和计算机构运动的重要基础。本章将研究刚体的平面运动,分析刚体平面运动的简化与分解、平面运动刚体的角速度与角加速度以及刚体上各点的速度与加速度。

14.1 刚体平面运动的概念

机械结构中很多构件的运动,是刚体的平面运动。例如图 14-1(a)所示的曲柄连杆机构中连杆 AB 的运动,图 14-1(b)所示的车轮沿直线轨道的滚动,以及图 14-1(c)所示的行星齿轮机构中行星齿轮 A 的运动等。不难看出,这些刚体的运动既不是平动,又不是绕定轴的转动,它们运动的共同特点是既不沿同一方向的平移,又不绕某固定点作定轴转动,而是在其自身平面内的运动。

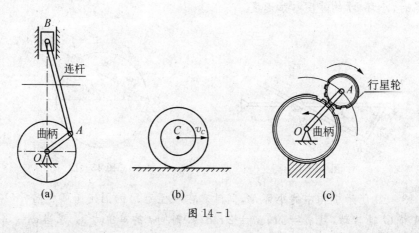

图 14-1

在一般情况下,刚体运动过程中,其上的任意一点与某一固定平面始终保持相等的距离。刚体的这种运动称为刚体的平面运动。

研究平面运动的基本途径是,先将刚体的平面运动分解为刚体的平动和转动,然后应用点的合成运动的理论来求得平面运动刚体上各点的速度和加速度。

14.2　刚体平面运动的分解

14.2.1　刚体平面运动的运动方程

考虑作平面运动的刚体,根据刚体平面运动的特点,可以作一个平面 P 与固定平面 P_0 平行,P 从刚体上截得一个平面图形 S(见图 14 - 2)。刚体运动时,平面图形 S 将始终在平面 P 内运动。刚体上任一条垂直于平面图形 S 的线段 M_1M_2 始终保持与自身平行,M_1M_2 线段作平动,所以线段 M_1M_2 上各点的运动完全相同,可用线段与平面图形交点 M 的运动代替整个线段的运动。由于 M 点的任意性,平面图形 S 的运动就可以代表整个刚体的运动。因此,刚体的平面运动可以简化为平面图形 S 在其自身平面内的运动。

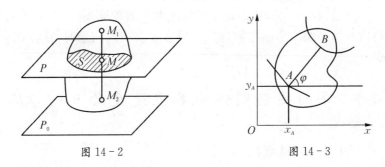

图 14 - 2　　　　　　　　　图 14 - 3

如图 14 - 3 所示,在平面图形内建立平面直角坐标系来确定平面图形的位置。为确定平面图形的位置只需确定其上任意直线段的位置,线段的位置可由点的坐标和线段与轴或者与轴的夹角来确定。图形 S 运动时,x_A,y_A 和 φ 均随时间 t 变化,它们都是 t 的单值连续函数,即

$$\begin{cases} x_A = f_1(t) \\ y_A = f_2(t) \\ \varphi = \varphi(t) \end{cases} \qquad (14-1)$$

上式完全确定了每一瞬时平面图形的运动,称为刚体平面运动的运动方程。

14.2.2　刚体平面运动分解为平动和转动

如图 14 - 4 所示,选 A 为基点。

(1) 若基点 A 不动,基点 A 坐标 x_A、y_A 均为常数,则平面图形 S 绕基点 A 作定轴转动;

(2) 若 φ 为常数,平面图形 S 无转动,则平面图形 S 以方位不变的 φ 角作平移。

由此可见,平面图形 S 运动可以分解成是随着基点的平移和绕基点的转动。

平面图形内任意选一点都可作为基点。在图 14 - 5 所示的平面图形由位置 Ⅰ 到位置 Ⅱ,可分别用直线 AB、$A'B'$ 表示。若分别选取 A、B 为基点。由于 A、B 两点的位移、轨迹各不相同,自然随基点平动的速度、加速度也各不相同。

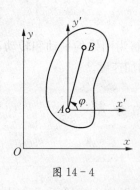

图 14 - 4

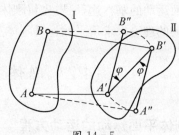

图 14 - 5

对于绕不同基点转过的角位移的大小及转向总是相同的,均为 φ。因为任一时刻的转角相同,所以其角速度、角加速度也必然相同。因此取平面内任意一点为基点,可将平面运动分解为随基点的平动与绕基点的转动,其中平动的速度、加速度与基点的选择有关,而平面图形绕基点转动的角速度、角加速度与基点的选择无关。这里的角速度和角加速度是相对于各基点处的平动参考系而言的。平面图形相对于各平动参考系(包括固定参考系)角位移、角速度、角加速度都是相同的。将角速度、角加速度称为平面图形的角速度、角加速度。

以后提到平面图形相对平动坐标系转动的角速度和角加速度时,无须指明基点,可统称为平面图形的角速度和平面图形的角加速度。但在解决实际问题时,往往选取运动情况已知的点作为基点。

14.3　平面运动刚体内各点速度的三种方法

14.3.1　基点法(合成法)

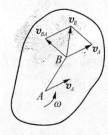

图 14 - 6

如图 14 - 6 所示,取 A 为基点,求平面图形 S 内 B 点的速度,设图示瞬时平面图形 S 的角速度为 ω,由速度合成定理知,牵连点的牵连速度 v_e 就等于基点 A 的速度 v_A,相对速度 $v_r = v_{BA} = \omega \overline{AB}$,所以有

$$v_B = v_A + v_{BA} \tag{14-2}$$

上式表明,平面图形上任一点的速度等于基点速度与该点随图形绕基点的相对转动速度的矢量和。这种用速度合成定理求平面图形上任一点速度的方法称为基点法,又称合成法。

14.3.2　速度投影法

若将 $v_B = v_A + v_{BA}$ 中各个矢量投影到 AB 连线上,可得(见图 14 - 7)

$$[v_A]_{AB} = [v_B]_{AB} \tag{14-3a}$$

或

$$v_A \cos \alpha = v_B \cos \beta \tag{14-3b}$$

即,平面图形上任意两点的速度在这两点的连线上的投影相等,这称为速度投影定理。利用速度投影定理求平面图形上某点速度的方法,称为速度投影法。一般情况下,刚体上各点的速度是不相等的,它们相差的

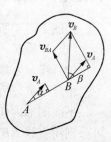

图 14 - 7

是相对基点转动的速度,说明选不同的点作为基点时,平面图形随基点平动的速度与基点的选择是有关的。

14.3.3　速度瞬心法

若在给定瞬时,平面图形上存在着瞬时速度等于零的点,那么选该点为基点 C 时,求解任一点 M 的速度就为 $\boldsymbol{v}_M = \boldsymbol{v}_C + \boldsymbol{v}_{MC}$,非常方便。

可以证明:任意瞬时,只要平面运动图形的角速度不为零,平面图形(或其延伸线)上都存在速度为零的点。速度为零的点如 C 点,称为平面图形在此瞬时的速度瞬心,此时,平面图形的运动可以看作是绕速度瞬心 C 作瞬时转动。利用速度瞬心求平面形上点的速度的方法,称为速度瞬心法。

应当注意,速度瞬心可能在平面图形内也可能在图形外;随时间的改变,速度瞬心位置不是固定的。即平面图形在不同瞬时具有不同位置的速度瞬心。

瞬心法中最重要的工作是确定瞬心的位置。在不同的条件下,确定瞬心的方法也有所不同。常用的方法有如下几种:

(1) 当平面图形在另一固定面(平面或曲面)上作无滑动滚动时,其接触点 C 的速度为零,此点 C 即为平面图形在此瞬时的速度瞬心,如图 14-8 所示。

(2) 已知图形上某瞬时 A,B 两点的速度方向,且两者不相平行,过 A,B 两点作速度矢量的垂线,则两线交点 C 即为此瞬时图形的瞬心,如图 14-9 所示。

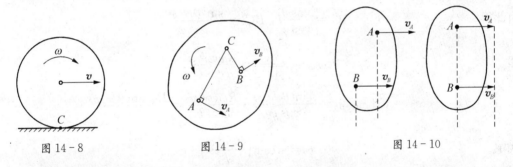

图 14-8　　　　　图 14-9　　　　　　　图 14-10

(3) 已知某瞬时平面图形上两点速度相互平行但不垂直于两点连线,或者垂直于连线但大小相等。则速度瞬心位于无穷远处。此瞬时平面图形内各点速度都相同,刚体作瞬时平动。如图 14-10 所示。

(4) 已知某瞬时平面图形上两点速度的大小(速度不等),其方向均与两点的连线垂直。如图 14-11 所示,根据图形的速度分布规律,则两点连线与两速度矢端连线的交点即为速度瞬心。

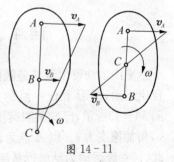

图 14-11

例 14.1　如图 14-12 所示对心曲柄滑块机构,曲柄 OA 以匀速度 ω 绕 O 轴转动,已知曲柄 $OA = R$,连杆 $AB = l$,当曲柄与水平线的夹角 φ 时,试求滑块 B 的速度和连杆 AB 的角速度。

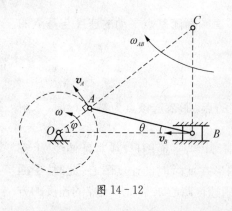

图 14-12

解:设连杆与机架所成锐角为 θ。

在 $\triangle OAB$ 中,由正弦定理知

$$\frac{R}{\sin\theta} = \frac{l}{\sin\varphi}$$

即 $\qquad \theta = \arcsin\left(\frac{R\sin\varphi}{l}\right)$

在此瞬时,点 A 的速度与 OA 垂直,方向与 ω 转向相同,大小为:

$$v_A = R \cdot \omega$$

点 B 的速度为水平向左。分别过 A、B 作 v_A 和 v_B 的垂线,设两垂线交于 C,则 C 为连杆 AB 的速度瞬心。

$$v_B = \overline{CB} \cdot \omega_{AB}$$

在 $\triangle CAB$ 中,由正弦定理知

$$\frac{\overline{AC}}{\sin\left(\frac{\pi}{2} - \theta\right)} = \frac{\overline{AB}}{\sin\left(\frac{\pi}{2} - \varphi\right)} = \frac{\overline{BC}}{\sin(\varphi + \theta)}$$

由此得 $\qquad \overline{AC} = \frac{\cos\theta}{\cos\varphi}l , \; \overline{BC} = \frac{\sin(\theta + \varphi)}{\cos\varphi}l$

即 $\qquad \omega_{AB} = \frac{v_A}{\overline{AC}} = \frac{R\omega\cos\varphi}{l\cos\theta} ,$

$$v_B = \overline{CB} \cdot \omega_{AB} = \frac{l\sin(\theta + \varphi)}{\cos\varphi} \cdot \frac{R\omega\cos\varphi}{l\cos\theta} = \frac{R\omega\sin(\theta + \varphi)}{\cos\theta}$$

式中 $\qquad \theta = \arcsin\left(\frac{R\sin\varphi}{l}\right)$

14.4 平面运动刚体上点的加速度

平面运动可以看成是随同基点的牵连平动与绕基点的相对转动的合成运动,图形上任一点的加速度可以由加速度合成定理求出。如图 14-13 所示,已知某瞬时图形内 A 点的加速度 a_A,图形的角速度为 ω,角加速度为 ε。以 A 点为基点,分析图形上任意一点 B 的加速度 a_B。此时,牵连运动为动坐标系随同基点的平移,所以牵连加速度 $a_e = a_A$。相对运动是点 B 绕基点 A 的转动,所以相对加速度 $a_r = a_{BA}$,其中 a_{BA} 为点 B 绕基点 A 的转动加速度。由式(13-2)得,

$$a_B = a_A + a_{BA}$$

而 $a_{BA} = a_{BA}^{\mathrm{t}} + a_{BA}^{\mathrm{n}}$,即 B 点绕基点 A 转动的加速度包括切向加速度 a_{BA}^{t}

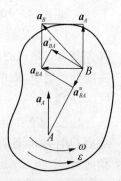

图 14-13

和法向加速度 a_{BA}^n，

所以 $$\boldsymbol{a}_B = \boldsymbol{a}_A + \boldsymbol{a}_{BA}^\tau + \boldsymbol{a}_{BA}^n \tag{14-4}$$

上式表明：平面图形上任意一点的加速度，等于基点的加速度与该点绕基点转动的切向加速度和法向加速度的矢量和。

以上是求平面图形内点的加速度的合成法，亦称基点法。

当基点 A 和所求点 B 均作曲线运动时，它们的加速度也应分解为切向加速度和法向加速度的矢量和，式(14-4)可写作

$$\boldsymbol{a}_B^\tau + \boldsymbol{a}_B^n = \boldsymbol{a}_A^\tau + \boldsymbol{a}_A^n + \boldsymbol{a}_{BA}^\tau + \boldsymbol{a}_{BA}^n \tag{14-5}$$

例 14.2　如图 14-14(a)所示半径为 $R = 200$ mm 的车轮沿直线滚动，某瞬时轮心 O 点的速度为 $v_O = 1$ m/s，加速度为 $a_O = 2$ m/s^2。若轮作纯滚动，试求图示瞬时车轮上 A、B、C 三点的加速度。

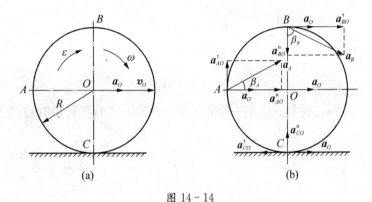

图 14-14

解：因为轮作纯滚动，所以其速度瞬心为轮上与地面的接触点 C。车轮在图示瞬时的角速度为

$$\omega = \frac{v_O}{R}$$

设车轮的角加速度为 ε，图示瞬时车轮加速为 $a = \dfrac{\mathrm{d}v}{\mathrm{d}t} = a_O$，

故有

$$\varepsilon = \frac{\mathrm{d}\omega}{\mathrm{d}t} = \frac{\mathrm{d}}{\mathrm{d}t}\left(\frac{v}{R}\right) = \frac{1}{R}\frac{\mathrm{d}v}{\mathrm{d}t} = \frac{a_O}{R}$$

取轮心 O 点为基点，由式(14-4)，有

$$\boldsymbol{a}_A = \boldsymbol{a}_O + \boldsymbol{a}_{AO}^\tau + \boldsymbol{a}_{AO}^n, \quad \boldsymbol{a}_B = \boldsymbol{a}_O + \boldsymbol{a}_{BO}^\tau + \boldsymbol{a}_{BO}^n, \quad \boldsymbol{a}_C = \boldsymbol{a}_O + \boldsymbol{a}_{CO}^\tau + \boldsymbol{a}_{CO}^n$$

各点的加速度图如图 14-14(b)所示。

因为 $a_{AO}^\tau = a_{BO}^\tau = a_{CO}^\tau = R\varepsilon = a_O$，$a_{AO}^n = a_{BO}^n = a_{CO}^n = R\omega^2 = v_O^2/R$。所以，各点加速度的大小和方向为

$$a_A = \sqrt{(a_{AO}^\tau)^2 + (a_O + a_{AO}^n)^2} = \sqrt{a_O^2 + (a_O + v_O^2/R)^2}$$

$$= \sqrt{(2 \text{ m/s}^2)^2 + [2 \text{ m/s}^2 + (1 \text{ m/s})^2/0.2 \text{ m}]^2}$$

$$= \sqrt{53} \text{ m/s}^2 = 7.28 \text{ m/s}^2$$

$$\beta_A = \tan^{-1} \frac{a_O R}{a_O R + v_O^2} = \tan^{-1} \left(\frac{2 \text{ m/s}^2 \times 0.2 \text{ m}}{2 \text{ m/s}^2 \times 0.2 \text{ m} + 1 \text{ m}^2/\text{s}^2} \right)$$

$$= \tan^{-1} \left(\frac{2}{7} \right) = 15.96°$$

$$a_B = \sqrt{(a_{BO}^n)^2 + (a_O + a_{BO}^\tau)^2} = \sqrt{(v_O^2/R)^2 + 4a_O^2}$$

$$= \sqrt{[(1 \text{ m/s})^2/0.2 \text{ m}]^2 + 4 \times (2 \text{ m/s}^2)^2}$$

$$= \sqrt{41} \text{ m/s}^2 = 6.40 \text{ m/s}^2$$

$$\beta_B = \tan^{-1} \frac{2a_O R}{v_O^2} .$$

$$= \tan^{-1} \left(\frac{2 \times 2 \text{ m/s}^2 \times 0.2 \text{ m}}{1 \text{ m}^2/\text{s}^2} \right)$$

$$= \tan^{-1} \left(\frac{4}{5} \right) = 38.66°$$

$$a_C = a_{CO}^n = v_O^2/R = 5 \text{ m/s}^2, \quad \beta_C = 0$$

上式表明,速度瞬心的加速度不一定等于零。当轮心作直线运动时,速度瞬心的加速度指向轮心。

 小结

1. **刚体的平面运动**

刚体内任意一点在运动过程中始终与某一固定平面保持相等的距离,这种运动称为刚体的平面运动。

2. **刚体平面运动的简化**

平行于固定平面截出的任何平面图形都可以代表作平面运动刚体的运动。

3. **平面运动的分解**

平面图形的运动可分解为随基点的平动和绕基点的转动。平动为牵连运动,它与基点的选择有关;转动为相对运动,它与基点的选择无关。

4. **求平面图形内各点速度的基点法**

平面图形上任意两点 A、B 的速度和加速度关系为

$$\boldsymbol{v}_B = \boldsymbol{v}_A + \boldsymbol{v}_{BA}$$

$$\boldsymbol{a}_B = \boldsymbol{a}_A + \boldsymbol{a}_{BA}^\tau + \boldsymbol{a}_{BA}^n$$

5. **求平面图形内各点速度的投影法**

平面图形上任意两点 A、B 的速度

$$[v_B]_{AB} = [v_A]_{AB}$$

6. 求平面图形内各点速度的速度瞬心法

平面图形内某一瞬时绝对速度等于零的点,称为该瞬时的速度瞬心。平面图形的运动可以看成绕速度瞬心作瞬时转动。此时平面图形上任一点 M 的速度大小为

$$v_M = \omega \cdot \overline{MC}$$

其中 $\overline{MC}$ 是点 M 到速度瞬心 C 的距离,$\boldsymbol{v}_M$ 垂直于 MC 连线,指向图形转动方向。

习题

14.1 如图 14-15 所示,两齿条以速度 v_1 和 v_2 作相同向运动。在两齿条间夹一齿轮,其半径为 R,求齿轮的角速度及其中心 O 的速度。

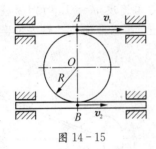

图 14-15

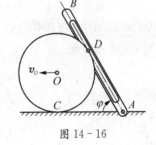

图 14-16

14.2 轮 O 在水平面上作纯滚动,轮心以匀速度 $\boldsymbol{v}_O = 200$ mm/s 运动。轮缘上固连销钉 D 可在摇杆 AB 上的槽内滑动,并带动摇杆绕 A 轴转动。已知:轮的半径为 $R = 500$ mm,在图 14-16 所示瞬时,AB 恰为轮的切线,$\varphi = 60°$。求摇杆在该瞬时的角速度。

14.3 行星轮机构如图 14-17 所示。已知:曲柄 OA 的匀角速度 $\omega = 2.5$ rad/s,行星轮 Ⅰ 在定齿轮上作纯滚动,$r_1 = 50$ mm,$r_2 = 150$ mm。试求行星轮 Ⅰ 上 B、C、D、$E(CE \perp BD)$ 各点的速度。

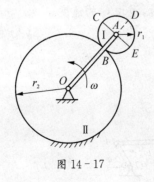

图 14-17

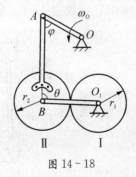

图 14-18

14.4 瓦特行星传动机构如图 14-18 所示。齿轮 Ⅱ 与连杆 AB 固结,平衡杆 OA 绕 O 轴转

动。已知：$r_1 = r_2 = 30\sqrt{3}$ cm，OA 长 $r = 75$ cm，AB 长 $l = 150$ cm。试求 $\varphi = 60°$，$\theta = 90°$，$\omega_O = 6$ rad/s 时，曲柄 O_1B 及齿轮 Ⅰ 的角速度。

14.5 四连杆机构如图 14-19 所示。已知：OA、O_1B 长度均为 r，连杆 AB 长 $2r$，曲柄 OA 的角速度 $\omega = 3$ rad/s，试求当 $\varphi = 90°$、O_1B 位于 O_1O 的延长线上时，连杆 AB 和曲柄 O_1B 的角速度。

图 14-19　　　　　图 14-20

14.6 图 14-20 所示曲柄 OA 以角速度 $\omega = 6$ rad/s 转动，带动平板 ACB 和摇杆 BD 运动，已知 $OA = 100$ mm，$AC = 150$ mm，$BC = 450$ mm，$BD = 400$ mm，$AC \perp CB$。设某瞬时 $OA \perp AC$，$BC \perp BD$，求此时点 A、B、C 速度以及平板 ACB 和摇杆 BD 的角速度。

14.7 图 14-21 所示曲柄连杆机构中曲柄 OA 以匀角速度 $\omega = 1.5$ rad/s 绕 O 轴转动。如 $OA = 400$ mm，$AB = 2\,000$ mm，$h = 200$ mm，求当曲柄处于铅垂位置(上)和水平位置(右)时，滑块的速度。

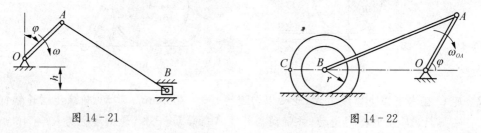

图 14-21　　　　　图 14-22

14.8 曲柄 OA 绕定轴 O 转动的角速度 $\omega_{OA} = 2.5$ rad/s，$OA = 280$ mm，$AB = 750$ mm，$BC = 150$ mm，$r = 100$ mm，轮子沿水平面滚动而不滑(见图 14-22)。求当 $\varphi = 60°$ 瞬时轮子上点 C 的速度。

14.9 机构如图 14-23 所示。已知：OA 长为 r，以匀角速度 ω_O 转动，AB 长为 $6r$，BC 长为 $3\sqrt{3}r$，$\theta = 60°$。试求当 $\varphi = \theta$、$AB \perp BC$ 时，滑块 C 的速度。

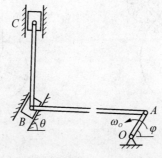

图 14　23

14.10　平面四连杆机构 $ABCD$ 的尺寸和位置如图 14-24 所示。如杆 AB 以等角速度 $\omega = 1\ \text{rad/s}$ 绕 A 轴转动，求 C 点的加速度。

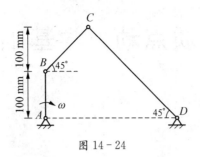

图 14-24

14.11　曲柄连杆机构带动摇杆 O_1C 绕 O_1 轴摆动，连杆 AD 上装有两个滑块，滑块 B 在水平槽内滑动，而滑块 D 在摇杆 O_1C 的槽内滑动。已知曲柄长 $OA = 5\ \text{cm}$，绕其 O 轴的角速度为 $\omega_O = 10\ \text{rad/s}$，在图 14-25 所示位置时，曲柄与水平线成 90° 角，摇杆 O_1C 与水平线成 60° 角，距离 $O_1D = 7\ \text{cm}$，求摇杆 O_1C 的角速度。

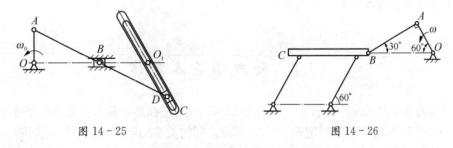

图 14-25　　　　　　　　　　图 14-26

14.12　在筛动机构中，筛子的摆动是由曲柄连杆机构所带动。已知曲柄 OA 的转速 $n_{OA} = 40\ \text{r/min}$，$OA = 30\ \text{cm}$。当筛子 BC 运动到与点 O 在同一水平线上时（见图 14-26），$\angle BAO = 90^\circ$。求此瞬时筛子 BC 的速度和加速度。

第 15 章

质点动力学基础

学习目标

(1) 了解动力学基本定律的内容及其适用范围和参考系。

(2) 掌握质点动力学基本方程。

(3) 深刻理解加速度和力之间的关系,正确建立质点运动微分方程。

(4) 会求简单情况下质点的两类动力学问题。

15.1　动力学基本定律

质点动力学的基础是牛顿三定律,是牛顿(1642—1727)在总结前人特别是伽利略研究成果的基础上提出来的,分别为惯性定律、力与加速度之间的关系的定律和作用与反作用定律。

第一定律(惯性定律):质点如不受外力作用,则将保持其原来的静止或匀速直线运动状态。

此定律表明,任何物体具有保持其静止或匀速直线运动状态不变的属性。这种属性称为惯性,所以上述定律又称惯性定律。该定律还表明,当质点受到不平衡力系的作用时,其运动状态一定发生变化,所以力是改变质点运动状态的原因。不受力作用的质点,其运动状态不变的性质称为惯性。满足牛顿第一定律(惯性定律)的参照系,系惯性参考系。

第二定律(力与加速度关系定律):质点因受力作用而产生加速度,所获得的加速度的大小与合外力的大小成正比,与物体的质量成反比,其方向与合外力的方向相同。即

$$ma = F \tag{15-1}$$

式中:F 表示作用于质点上的合力;m 表示质点的质量;a 表示质点的加速度。

式(15-1)建立了质量、力和加速度之间的关系,称为质点动力学的基本方程,它是推导其他动力学方程的出发点。若质点同时受几个力的作用,则力 F 应理解为这些力的合力。

这个定律说明质点的加速度不仅取决于作用力,而且与质点的质量有关。若使不同的质点获得同样的加速度,质量较大的质点则需要较大的力,这说明较大的质量具有较大的惯性。由此可知,质量是质点惯性的度量。

应用第二定律所论及的物理量的单位,在国际单位中:质量的单位是千克(kg),加速度的单位是米/秒²(m/s²),力的单位是牛顿(N)。1 牛顿=1 千克·米/秒²(kg·m/s²)。

第三定律(作用与反作用定律):两个物体间的作用力和反作用力总是大小相等、方向相反、沿同一直线,且同时并分别作用在这两个物体上。

这一定律说明力的产生是由于物体之间相互作用的而引起的。这一定律不仅适用于平衡状态的物体,同样适应用于运动状态的物体。

牛顿三定律只对静参考系(惯性参考系)才有意义。在动力学中所论及的速度和加速度均系绝对速度和绝对加速度。

15.2　质点的运动微分方程

设质量为 m 的质点 M 在合力 $\sum \boldsymbol{F}$ 作用下沿空间曲线运动,如图 15-1 所示。根据动力学基本方程有

$$m\boldsymbol{a} = \sum \boldsymbol{F} \tag{15-2}$$

将式(15-2)分别投影到各直角坐标轴上,得

$$\begin{cases} ma_x = \sum x \\ ma_y = \sum y \\ ma_z = \sum z \end{cases} \quad \text{或} \quad \begin{cases} m\ddot{x} = \sum x \\ m\ddot{y} = \sum y \\ m\ddot{z} = \sum z \end{cases} \tag{15-3}$$

式(15-3)即为质点运动微分方程的直角坐标形式。

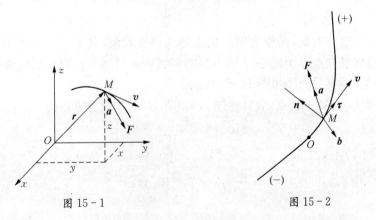

图 15-1　　　　　　　　　　图 15-2

将动力学基本方程式(15-2)向自然坐标系的切线、主法线和副法线投影(见图 15-2),则得

$$\begin{cases} ma_\tau = \sum F_\tau \\ ma_n = \sum F_n \\ 0 = \sum F_b \end{cases} \quad \text{即} \quad \begin{cases} m\ddot{s} = \sum F_\tau \\ m\dfrac{v^2}{\rho} = \sum F_n \\ 0 = \sum F_b \end{cases} \tag{15-4}$$

上式即为质点运动微分方程的自然坐标形式。式中:a_τ,a_n 分别为质点的加速度在切线和主

法线正向的投影($a_\mathrm{b}=0$);$\sum F_\tau$,$\sum F_\mathrm{n}$,$\sum F_\mathrm{b}$,分别为作用在质点上的力在相应坐标轴上投影的代数和。

应用质点运动微分方程,可求解质点动力学两类基本问题:

1. 已知质点的运动,求作用于质点上的力

在第一类基本问题中,若已知质点的运动(包括运动方程、速度方程或加速度),只需将运动方程或速度方程对时间求导数得到的加速度,代入质点运动微分方程,即可求出作用于质点上的力。

例15.1 如图15-3所示,桥式起重机上的小车悬吊一重为 W 的重物,沿水平横梁作匀速运动,速度为 v_0,重物的重心至悬挂点 C 的距离为 l;由于突然刹车,重物的重心因惯性绕悬挂点 C 向前摆动。试求钢绳的最大拉力。

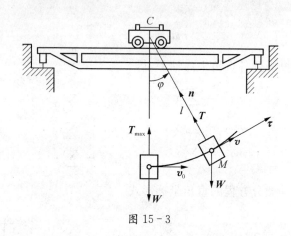

图 15-3

解:(1)选取研究对象,画受力图。取重物为研究对象,其上作用有重力 W 和拉力 T。刹车后,重物沿以悬挂点 C 为圆心、l 为半径的圆弧向前摆动。设刹车后绳索摆动到与铅垂线成 φ 角的位置,画其受力图如图15-3所示。

(2)设重物形心 M 为动点,取自然轴 τ,n 如图,列运动微分方程得

$$\frac{W}{g}\frac{\mathrm{d}v}{\mathrm{d}t}=-W\sin\varphi \tag{a}$$

$$\frac{W}{g}\frac{v^2}{l}=T-W\cos\varphi \tag{b}$$

由式(b)得

$$T=W\left(\cos\varphi+\frac{v^2}{gl}\right)$$

其中 v 及 $\cos\varphi$ 均为变量。由式(a)知重物作减速运动,故可判断出在初始位置 $\varphi=0$ 时绳的拉力最大,其值为

$$T=W\left(\cos\varphi+\frac{v^2}{gl}\right)=W\left(1+\frac{v_0^2}{gl}\right)$$

例15.2 对心曲柄滑块机构如图15-4(a)所示。曲柄 OA 在铅垂面内绕固定轴 O 以

匀角速度 ω 转动。设滑块的质量为 m，$OA=R$，$AB=l$，忽略摩擦以及曲柄和连杆的质量。试求作用于滑块 B 上的力随角度 θ 的变化规律。

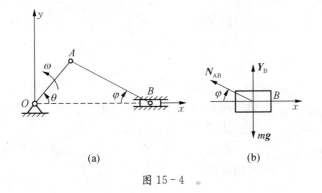

(a)　　　　　　　(b)

图 15 − 4

解：(1) 建立滑块 B 的运动方程。

建立如图 15 − 4 直角坐标系 Oxy，根据几何关系及正弦定理可知

$$x = R\cos\theta + l\cos\varphi, \quad \frac{\sin\varphi}{R} = \frac{\sin\theta}{l}$$

可求出

$$\sin\varphi = \frac{R}{l}\sin\theta, \quad \cos\varphi = \frac{1}{l}\sqrt{l^2 - R^2\sin^2\theta} \tag{a}$$

即

$$x = R\cos\theta + \sqrt{l^2 - R^2\sin^2\theta} \tag{b}$$

上式即为滑块 B 的运动方程，式中 $\theta = \omega t$。

(2) 选取滑块 B 为研究对象，视为质点。因为忽略连杆的质量，所以 AB 为二力杆。N_{AB} 为杆 AB 作用在滑块 B 上的拉力，Y_B 为滑道作用于滑块上的约束力。滑块 B 的受力图如图 15 − 4(b) 所示。由式 (15 − 3) 并注意到 $\ddot{y} = 0$，得

$$m\ddot{x} = -N_{AB}\cos\varphi, \quad m \cdot 0 = N_{AB}\sin\varphi + Y_B - mg$$

即

$$N_{AB} = -\frac{m\ddot{x}}{\cos\varphi}, \quad Y_B = mg - N_{AB}\sin\varphi \tag{c}$$

式 (b) 对时间 t 求二阶导数，得

$$\ddot{x} = -R\omega^2\cos\theta - \frac{R^2\omega^2(l^2 - R^2\sin^2\theta)\cos 2\theta + R^4\omega^2\sin^2\theta\cos^2\theta}{(l^2 - R^2\sin^2\theta)^{3/2}} \tag{d}$$

将式 (d) 和式 (a) 代入到式 (c)，可求得

$$N_{AB} = ml\left[\frac{R\omega^2\cos\theta}{\sqrt{l^2 - R^2\sin^2\theta}} + \frac{R^2\omega^2(l^2 - R^2\sin^2\theta)\cos 2\theta + R^4\omega^2\sin^2\theta\cos^2\theta}{(l^2 - R^2\sin^2\theta)^2}\right]$$

$$Y_B = mg - N_{AB}\frac{R}{l}\sin\theta$$

式中 $\theta = \omega t$。

2. 已知作用于质点的力,求质点的运动

在第二类基本问题中,作用力可能是常力或变力,变力可表示为时间、坐标、速度等函数。这类问题需要解微分方程,为了确定积分常数,还需给出运动的初始条件。

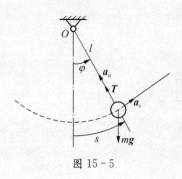

图 15-5

例15.3 如图 15-5 所示单摆,设摆锤质量为 m,挂在长为 l 的不可伸长绳的一端,并在竖直平面内摆动,求此单摆的运动微分方程。

解:如图 15-4 所示。显然摆锤的质心的运动轨迹是一圆弧。用自然坐标建立运动方程。设 s 是从最低点算起的弧长,向右为正,绳与铅垂线的夹角为 φ。

作用在质点上的力有绳子的拉力 T 和重力 mg。质心受力沿切线方向的投影方程为

$$ma_\tau = \sum F_\tau$$

而

$$a_\tau = \frac{\mathrm{d}v}{\mathrm{d}t} = \ddot{s}, \quad \sum F_\tau = -mg\sin\varphi$$

所以

$$m\ddot{s} = -mg\sin\varphi$$

由于 s 与 φ 的关系为 $s = l\varphi$,所以方程消去 m 后可写成

$$\ddot{\varphi} + \frac{g}{l}\sin\varphi = 0 \tag{a}$$

方程(a)是一个二阶非线性常微分方程,其解为一椭圆积分,反映了角度 φ 随时间 t 的变化规律,比较复杂。

单摆摆动的幅度很小时,即 φ 较小。那么可将 $\sin\varphi$ 按幂级数展开,略去二阶以上高阶小量,得 $\sin\varphi \approx \varphi$,则得出单摆小幅振动时的运动微分方程为

$$\ddot{\varphi} + \frac{g}{l}\varphi = 0 \tag{b}$$

设 $k = \sqrt{\dfrac{g}{l}}$,则式(b)为:$\ddot{\varphi} + k^2\varphi = 0$,其通解为

$$\varphi = A\cos(kt + \beta)$$

设将摆锤拉到偏角 φ_0 时开始摆动,则有

$$\varphi_0 = A\cos\beta \text{ 和 } v_0 = 0 = (l\dot{\varphi})\,|_{t=0} = -lkA\sin\beta$$

显然有 $A \neq 0$,$k \neq 0$,故有 $\beta = 0$,$A = \varphi_0$。于是单摆小幅振动时的运动方程为

$$\varphi = \varphi_0\cos kt$$

即

$$\varphi = \varphi_0\cos\left(\sqrt{\frac{g}{l}}\,t\right)$$

这是一个周期为 $T = \dfrac{2\pi}{\sqrt{\dfrac{g}{l}}} = 2\pi\sqrt{\dfrac{l}{g}}$ 的函数。

当 φ 很小,将 $\sin\varphi$ 用 φ 来代替,从而将运动微分方程近似地化为线性微分方程,这种方法可定义为线性化方法。线性化方法是解决工程实际数学问题中的经常用到的一种近似方法。当然它反映的解与真实情况是有差别的,但在平衡位置附近(即 $\varphi=0$ 附近)相差不大。

求解质点动力学问题的一般的解题步骤可归纳如下:

(1) 确定研究对象,并将其抽象为质点。

(2) 分析作用在质点上的主动力和约束反力,并画出受力分析图。

(3) 根据质点的运动特征,建立适当的坐标系。如果需要建立运动微分方程,应对质点的一般位置做出运动分析。

(4) 解方程,求出未知量。

 小结

1. 动力学基本定律及参考系

动力学第一定律(惯性定律)和第二定律(力与加速度关系定律)阐明了作用于质点上的力与质点运动状态的改变之间的关系。第三定律(作用与反作用定律)阐明了两物体之间相互作用的关系,这对研究质点系动力学问题将起重要作用。

牛顿三定律只适用于惯性参考系。

2. 质点动力学基本方程

$$m\boldsymbol{a} = \sum \boldsymbol{F}$$

在应用时常采用其投影式。

3. 质点动力学两类基本问题

(1) 已知质点的运动,求作用于质点上的力(正问题,求导)。

(2) 已知作用于质点的力,求质点的运动(反问题,积分)。

在求解质点动力学问题时,必须进行质点的受力分析和运动分析,并正确地建立质点运动微分方程。

求解第一类基本问题,一般只需要求导数过程;求解第二类基本问题,一般需要分离变量积分,积分常数可根据质点运动的初始条件确定。

 习题

15.1 质量为 m 的质点 M 在坐标平面 Oxy 内运动,已知其运动方程为 $x=a\cos\omega t$, $y=b\sin\omega t$,其中 a、b 和 ω 均为常数,求质点 M 所受到的力。

15.2 如图 15-6 所示带式输送机卸料时,物料以 $v_0=0.5\,\text{m/s}$ 速度脱离,若 $\alpha=60°$。试求物料脱离胶带后的运动方程。

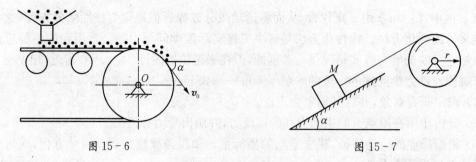

图 15-6

图 15-7

15.3 如图 15-7 所示用绞车沿斜面提升质量为 m 的重物 M。已知斜面倾角为 $\alpha = 30°$,斜面与重物间的动滑动摩擦系数为 $f = 0.15$。若绞车的鼓轮半径为 $r = 200\,\text{mm}$,且鼓轮按 $\varphi = t^2$(t 单位为 s,φ 单位为 rad)的规律作匀加速转动,不计鼓轮与钢索的质量。试求钢索的拉力。

15.4 如图 15-8 所示,质量弹簧系统,物块的重量为 $mg = 5.6\,\text{kN}$,弹簧的重量不计。物块沿铅垂线以 $x = \cos 20\pi t$ (mm) 作简谐运动。试求支撑面 AB 所受压力的最大值和最小值。

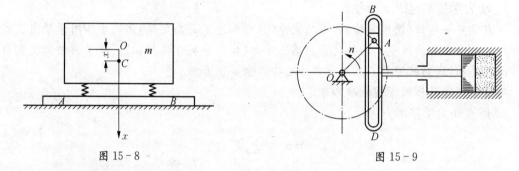

图 15-8

图 15-9

15.5 如图 15-9 所示曲柄导杆机构中,活塞和滑槽的总质量为 $m = 50\,\text{kg}$。曲柄 OA 长 $300\,\text{mm}$,绕轴 O 作匀速转动,转速 $n = 120\,\text{r/min}$。求当曲柄在水平和铅垂两个位置时,滑块分别作用在滑槽上的水平力。

15.6 如图 15-10 所示偏心轮绕 O 轴以匀角速度 $\omega = 2\,\text{rad/s}$ 转动,推动从动杆 AB 沿铅垂滑道运动。从动杆顶部放有一质量为 $m = 10\,\text{kg}$ 的物块。设偏心距 $OC = 10\,\text{mm}$,开始时 OC 沿水平线运动。试求:(1)物块对从动杆的最大压力;(2)使物块不离开从动杆的 ω 的最大值。

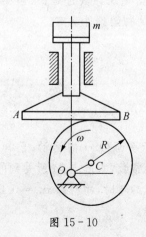

图 15-10

15.7 如图 15 - 11 所示,在斜面 AB 上有一重为 mg 的物体 M,物体 ABC 以匀加速度 $\boldsymbol{a}$ 沿水平方向运动,摩擦系数为 f,且有 $f < \tan\alpha$,要使物体 M 在斜面 AB 上处于相对静止,试求 $\boldsymbol{a}$ 的最大值及物体对斜面的压力。

15.8 质点 M 沿斜面向上运动。设倾角 $\alpha = 30°$,摩擦系数为 $f = 0.1$。初始速度 $v_0 = 15 \text{ m/s}$,试求此质点经过多少时间及位移后停止。

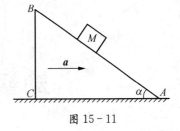

图 15 - 11

第 16 章

动量定理和动量矩定理

学习目标

....

（1）正确理解质点和质点系的动量、力的冲量和质心概念。

（2）熟悉质点系的动量定理；熟练地计算质点系的动量并能应用动量定理、质心运动定理及其守恒定律求解动力学问题。

（3）掌握质点系动量矩的概念及其计算，掌握转动惯量的概念及其计算。

（4）能熟练正确地运用平行移轴定理计算刚体的转动惯量。

（5）能应用动量矩定理（包括动量矩守恒定理）求解有关有转动的质点系的运动学问题。

（6）能熟练地建立和求解刚体定轴转动微分方程。

在动力学问题中，当刚体作平动时，可以将刚体简化为质心处的质点。但当一个物体的运动不是平动，即不能简化为质点时，则应将刚体视为质点系来研究。表示质点系整体运动特征的量有动量、动量矩和动能等，描述这些物理量与力系对质点的机械作用量（主矢、主矩、冲量和功等）之间的关系，称为动力学普遍定理。本章讨论动量定理和动量矩定理问题。

16.1　动量和冲量

16.1.1　动量

从枪口飞出的子弹质量虽小，但速度大，以致于可以穿透钢板。轮船靠岸时，速度虽小但因其质量很大，操纵不慎便可将码头撞坏。这说明物体运动的强弱不仅与它的速度有关而且与其质量有关。用物体的质量与其速度的乘积来度量物体的机械运动量，称为动量。

1. 质点的动量

质点的质量 m 与速度 v 的乘积，称为质点的动量 P。即

$$P = mv \tag{16-1}$$

显然，质点的动量是矢量，方向与质点速度的方向一致。动量的量纲为千克·米/秒（kg·m/s 或 N·s）。质点的动量表征质点的运动量。

2. 质点系的动量

设有 n 个质点组成的质点系运动时，某一瞬时，第 k 个质点的动量为 $m_k v_k$，则质点系的

动量可表示为

$$P = \sum m_k \boldsymbol{v}_k \tag{16-2}$$

将式(16-2)向三坐标轴投影得

$$P_x = \sum m_k v_{kx}, \quad P_y = \sum m_k v_{ky}, \quad P_z = \sum m_k v_{kz} \tag{16-3}$$

其中，P_x，P_y，P_z 分别为动量 P 在 x 轴、y 轴和 z 轴的投影。

设质点系的总重量为 $m = \sum m_i$，质点系的质量中心为 $C(x_c, y_c, z_c)$，则有如下公式

$$x_c = \frac{\sum m_i x_i}{m}, \quad y_c = \frac{\sum m_i y_i}{m}, \quad z_c = \frac{\sum m_i z_i}{m}$$

而

$$P = \sum m_i \boldsymbol{v}_i = m \boldsymbol{v}_c \tag{16-4}$$

上式表明质点系的动量等于质点系总动量与质心速度的乘积。

写成投影式为

$$P_x = m v_{cx}, \quad P_y = m v_{cy}, \quad P_z = m v_{cz} \tag{16-5}$$

16.1.2　冲量

工人推车厢沿铁轨由静止开始运动，当推力大于阻力时，经过一段时间车厢可得到一定的速度；如若改用机车牵引，只需很短的时间便可达到工人推车厢的速度。物体运动状态的改变不仅与作用其上的力有关，而且与力作用的时间有关。

若在一段时间 t 内作用于质点上的力 $\boldsymbol{F}$ 大小方向不变，则此作用力与作用时间的乘积称为力的冲量，用 $\boldsymbol{I}$ 表示。即：

$$\boldsymbol{I} = \boldsymbol{F} \cdot t \tag{16-6}$$

变作用力 $\boldsymbol{F}$ 在微小的时间间隔 $\mathrm{d}t$ 内可以看作不变量。力 $\boldsymbol{F}$ 在 $\mathrm{d}t$ 内的冲量称为元冲量。即

$$\mathrm{d}\boldsymbol{I} = \boldsymbol{F} \cdot \mathrm{d}t \tag{16-7}$$

上式在时间间隔 $t_1 \sim t_2$ 内积分得

$$\boldsymbol{I} = \int_{t_1}^{t_2} \boldsymbol{F} \cdot \mathrm{d}t \tag{16-8}$$

冲量是矢量，其量纲为千克·米/秒(kg·m/s 或 N·s)，和动量单位相同。

16.2　动量定理

16.2.1　质点的动量定理

设质点的质量为 m，作用其上的力是 $\boldsymbol{F}$，由牛顿第二定律

$$m\boldsymbol{a} = \boldsymbol{F}$$

即
$$\frac{\mathrm{d}(m\boldsymbol{v})}{\mathrm{d}t}=\boldsymbol{F} \tag{16-9}$$

上式为质点动量定理的微分形式。质点的动量对时间的一阶导数,等于作用于该质点上的力。

设质点由 $0\sim t$ 之间,速度变化为 $\boldsymbol{v}_0\sim\boldsymbol{v}$,则式(16-9)可变为

$$m\boldsymbol{v}-m\boldsymbol{v}_0=\int_0^t\boldsymbol{F}\cdot\mathrm{d}t=\boldsymbol{I} \tag{16-10}$$

即:在某一时间间隔内质点动量的变化等于作用于质点上的力在同一时间内的冲量。这是有限形式的质点动量定理,也称为冲量定理。

16.2.2 质点系的动量定理

质点系内各质点的矢量和称为质点系动量。设 m_k,$\boldsymbol{v}_k$($k=1, 2, \cdots, n$)分别表示第 k 质点的质量和速度,n 为质点系内质点个数,将质系点以外的物体作用于该质点的力称为外力记为 $\boldsymbol{F}_k^{\mathrm{e}}$,将质系点内的其它质点作用于该质点的力称为内力记为 $\boldsymbol{F}_k^{\mathrm{i}}$。则由质点动量定理式(16-9)得

$$\frac{\mathrm{d}(m_k\boldsymbol{v}_k)}{\mathrm{d}t}=\boldsymbol{F}_k^{\mathrm{e}}+\boldsymbol{F}_k^{\mathrm{i}}(k=1, 2, \cdots, n)$$

将上面 n 个方程求和,得

$$\sum_{k=1}^n\frac{\mathrm{d}}{\mathrm{d}t}(m_k\boldsymbol{v}_k)=\sum_{k=1}^n\boldsymbol{F}_k^{\mathrm{e}}+\sum_{k=1}^n\boldsymbol{F}_k^{\mathrm{i}}$$

上式第二项必为零。因为质点系内质点之间相互作用力总是大小相等方向相反。再由上式及式(16-2)得微分形式的质点系动量定理

$$\frac{\mathrm{d}\boldsymbol{P}}{\mathrm{d}t}=\sum_{k=1}^n\boldsymbol{F}_k^{\mathrm{e}} \tag{16-11}$$

即:质点系的动量对时间的一阶导数等于该质点系上所有外力的矢量和(外力主矢)。

设时间 $t=0$ 时,动量为 $\boldsymbol{P}_0$,在 t 瞬时,动量为 $\boldsymbol{P}$。对式(16-11)分离变积分得

$$\boldsymbol{P}-\boldsymbol{P}_0=\sum_{k=1}^n\boldsymbol{I}_k^{\mathrm{e}} \tag{16-12}$$

式(16-12)为有限形式的质点系动量定理,即在某一时间间隔内,质点系动量的变化等于在这段时间内作用于质点系的所有外加冲量的矢量和。

写成投影式即为

$$\begin{cases}\dfrac{\mathrm{d}P_x}{\mathrm{d}t}=\sum x^{\mathrm{e}}\\[2mm]\dfrac{\mathrm{d}P_y}{\mathrm{d}t}=\sum y^{\mathrm{e}}\\[2mm]\dfrac{\mathrm{d}P_z}{\mathrm{d}t}=\sum z^{\mathrm{e}}\end{cases} \tag{16-13}$$

和

$$\begin{cases} P_x - P_{0x} = \sum I_x^{\mathrm{e}} \\ P_y - P_{0y} = \sum I_y^{\mathrm{e}} \\ P_z - P_{0z} = \sum I_z^{\mathrm{e}} \end{cases} \tag{16-14}$$

将式(16-4)代入式(16-11)得

$$m\boldsymbol{a}_c = \sum \boldsymbol{F}^{\mathrm{e}} \tag{16-15a}$$

上式写成投影式为

$$\begin{cases} ma_{cx} = m\dfrac{\mathrm{d}^2 x_c}{\mathrm{d}t^2} = \sum x^{\mathrm{e}} \\[2mm] ma_{cy} = m\dfrac{\mathrm{d}^2 y_c}{\mathrm{d}t^2} = \sum y^{\mathrm{e}} \\[2mm] ma_{cz} = m\dfrac{\mathrm{d}^2 z_c}{\mathrm{d}t^2} = \sum z^{\mathrm{e}} \end{cases} \tag{16-15b}$$

式(16-15)称为质心运动定理:质点系的总质量与质心加速度的乘积等于作用在质点系的外力的矢量和(主矢)。

16.2.3　质点系的动量守恒定律

如果作用在质点系的外力主矢 $\sum\limits_{k=1}^{n} \boldsymbol{F}_k^{\mathrm{e}} = 0$,则

$$\frac{\mathrm{d}\boldsymbol{P}}{\mathrm{d}t} = 0$$

即

$$\boldsymbol{P} = \boldsymbol{P}_0 \tag{16-16}$$

由此可知,如果作用于质点系的所有外力矢量和等于零,则质点系的动量保持不变;若作用于质点系所有外力向在某一轴上的投影代数和为零,则质点系的动量在该轴上的投影不变。这就是质点系的动量守恒定律。

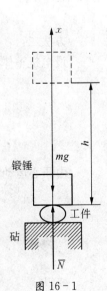

图 16-1

例 **16.1**　如图 16-1 所示,一质量为 $m = 2\,000$ kg 的锻锤,从高 $h = 2$ m 处自由下落到工件上,使工件发生变形,假设工件变形时间 $\tau = 0.01$ s,试求锻锤对工件的平均压力。

解:以锻锤为研究对象。画受力分析图,取 x 轴正向向上,建立如图坐标系。

锻锤从高 h 处自由下落到工件上所用时间为

$$t = \sqrt{2h/g}$$

锻锤在高处的初始速度为 $v_{0x} = 0$,经过时间 t 自由下落到工件上,再经过时间 τ 后速度 $v_x = 0$。

235

设锻锤在时间 τ 内对工件的平均压力 $\overline{N}$。由有限形式的质点动量定理得

$$mv_x - mv_0 = 0 = I_x$$

而

$$I_x = -mg(t+\tau) + \overline{N}\tau$$

所以

$$\overline{N} = mg\left(\frac{1}{\tau}\sqrt{\frac{2h}{g}}+1\right) = 2\,000 \times 9.8 \times \left(\frac{1}{0.01}\sqrt{\frac{2 \times 2}{9.8}}+1\right) = 1\,272\,(\mathrm{kN})$$

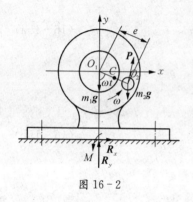

图 16-2

例 16.2 已知：如图 16-2 所示，电动机用螺栓固定在刚性基础上。设其外壳和定子的总质量为 m_1，质心位于转子转轴的中心 O_1；转子质量为 m_2，由于制造或安装的偏差，转子质心 O_2 不在转轴中心上，偏心距 $O_1O_2 = e$。转子以等角速度 ω 逆时针转动，试求电动机机座的所受的水平和铅垂约束力。

解：以电机整体为研究对象，建立如图坐标系 $O_1 xy$，画电机受力分析图。图中 $m_1 g$、$m_2 g$ 分别为定子和转子的重力，$\boldsymbol{R}_x$、$\boldsymbol{R}_y$ 和 M 为地基对电机整体的约束力。以下用两种方法求解：

方法一：

因为定子不动，转子转动，所以电机动量大小为：

$$P = m_2 e\omega$$

则

$$\frac{\mathrm{d}P_x}{\mathrm{d}t} = \sum \boldsymbol{X}^e = R_x$$

$$\frac{\mathrm{d}P_y}{\mathrm{d}t} = \sum \boldsymbol{Y}^e = R_y - m_1 g - m_2 g$$

因为

$$P_x = P\cos\omega t,\ P_y = P\sin\omega t$$

所以得

$$R_x = -m_2 e\omega^2 \cos\omega t$$

$$R_y = -m_2 e\omega^2 \sin\omega t + (m_1 + m_2)g$$

方法二：

设电机整体质心为 $C(x_c,\ y_c)$，则

$$x_c = \frac{m_1 x_1 + m_2 x_2}{m_1 + m_2} = \frac{m_2 e\cos\omega t}{m_1 + m_2}$$

$$y_c = \frac{m_1 y_1 + m_2 y_2}{m_1 + m_2} = \frac{-m_2 e\sin\omega t}{m_1 + m_2}$$

由质心运动定理知

$$(m_1 + m_2)\frac{\mathrm{d}^2 x_c}{\mathrm{d}t^2} = R_x$$

$$(m_1 + m_2)\frac{\mathrm{d}^2 y_c}{\mathrm{d}t^2} = R_y - (m_1 + m_2)g$$

解得：

$$R_x = -m_2 e \omega^2 \cos \omega t$$
$$R_y = -m_2 e \omega^2 \sin \omega t + (m_1 + m_2) g$$

16.3 动 量 矩

动量定理建立了质点系总动量(动量主矢)的变化与外力主矢之间的关系;而质心运动定理则确定了质点系质心的运动规律。动量与质心运动只能描述刚体随质心的平动,无法描述刚体绕通过质心的定轴转动。为研究与转动有关的问题,本节介绍动量矩。

16.3.1　质点的动量矩

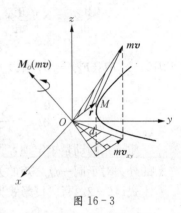

图 16-3

与力对点之矩类似,质点的动量对点之矩称为动量矩。设质量为 m 的质点 M,作空间曲线运动如图 16-3,某瞬时 t 质点的速度为 $\boldsymbol{v}$,动量为 $m\boldsymbol{v}$,点的矢径为 $\boldsymbol{r}$,则质点 M 的动量对 O 点之矩为

$$\boldsymbol{L}_O = \boldsymbol{M}_O(m\boldsymbol{v}) = \boldsymbol{r} \times m\boldsymbol{v} \tag{16-17}$$

由此可知质点的动量对点之矩是矢量,如图 16-3 所示。

质点对轴之矩形式上和力对轴之矩类似。质点对 z 轴之动量矩等于其动量在垂直于 z 轴平面(Oxy 平面)上的投影 $m\boldsymbol{v}_{xy}$ 对平面和 z 轴交点 O 之矩。记为 $m_z(m\boldsymbol{v})$

即　　　$m_z(m\boldsymbol{v}) = m_O(m\boldsymbol{v}_{xy}) = \pm d m v_{xy}$ 　　(16-18)

式中 d 表示点 O 到 $m\boldsymbol{v}_{xy}$ 的垂直距离。质点对轴的动量矩是代数量,其正负号按右手法则确定。

如图 16-3 所示,由投影关系可得

$$m_z(m\boldsymbol{v}) = [\boldsymbol{M}_O(m\boldsymbol{v})]_z \tag{16-19}$$

上式表明,质点对某轴的动量矩等于质点的动量对轴上某点的动量矩在该轴上的投影。

16.3.2　质点的动量矩定理

式(16-17)对时间 t 求导知,

$$\frac{\mathrm{d}\boldsymbol{L}_O}{\mathrm{d}t} = \frac{\mathrm{d}}{\mathrm{d}t}\boldsymbol{M}_O(m\boldsymbol{v}) = \boldsymbol{M}_O(\boldsymbol{F}) \tag{16-20}$$

式(16-20)中 $\boldsymbol{F}$ 是作用于质点上的力。此式即质点的动量矩定理:质点动量对一固定点的动量矩对时间的一阶导数,等于作用在质点上的力对同一点之矩。

式(16-20)也可改写为投影式

$$\begin{cases} \dfrac{\mathrm{d}}{\mathrm{d}t}L_x = \dfrac{\mathrm{d}}{\mathrm{d}t}[m_x(m\boldsymbol{v})] = M_x(\boldsymbol{F}) \\[2mm] \dfrac{\mathrm{d}}{\mathrm{d}t}L_y = \dfrac{\mathrm{d}}{\mathrm{d}t}[m_y(m\boldsymbol{v})] = M_y(\boldsymbol{F}) \\[2mm] \dfrac{\mathrm{d}}{\mathrm{d}t}L_z = \dfrac{\mathrm{d}}{\mathrm{d}t}[m_z(m\boldsymbol{v})] = M_z(\boldsymbol{F}) \end{cases} \tag{16-21}$$

质点对轴的动量矩定理:质点对某轴的动量矩对时间的一阶导数等于作用在该质点上的力对同一轴之矩。

16.3.3　质点系的动量矩定理

设有由 n 个质点组成的质点系,质点 M_k 有质量 m_k,某瞬时其动量为 $m_k \boldsymbol{v}_k$,每个质点所受力分内力 $\boldsymbol{F}_k^i$ 和外力 $\boldsymbol{F}_k^e$,则有

$$\frac{\mathrm{d}\boldsymbol{L}_{Ok}}{\mathrm{d}t} = \frac{\mathrm{d}}{\mathrm{d}t}\boldsymbol{M}_O(m_k \boldsymbol{v}_k) = \boldsymbol{M}_O(\boldsymbol{F}_k^i) + \boldsymbol{M}_O(\boldsymbol{F}_k^e) \quad (k = 1, 2, \cdots, n)$$

将以上 n 式求和得

$$\frac{\mathrm{d}\boldsymbol{L}_O}{\mathrm{d}t} = \sum_{k=1}^{n} \frac{\mathrm{d}\boldsymbol{L}_{Ok}}{\mathrm{d}t} = \sum_{k=1}^{n} \frac{\mathrm{d}}{\mathrm{d}t}\boldsymbol{M}_O(m_k \boldsymbol{v}_k) = \sum_{k=1}^{n} \boldsymbol{M}_O(\boldsymbol{F}_k^i) + \sum_{k=1}^{n} \boldsymbol{M}_O(\boldsymbol{F}_k^e)$$

因为 $\sum\limits_{k=1}^{n} \boldsymbol{M}_O(\boldsymbol{F}_k^i) = 0$,所以上式为

$$\frac{\mathrm{d}\boldsymbol{L}_O}{\mathrm{d}t} = \sum_{k=1}^{n} \frac{\mathrm{d}\boldsymbol{L}_{Ok}}{\mathrm{d}t} = \sum_{k=1}^{n} \frac{\mathrm{d}}{\mathrm{d}t}\boldsymbol{M}_O(m_k \boldsymbol{v}_k) = \sum_{k=1}^{n} \boldsymbol{M}_O(\boldsymbol{F}_k^e) \tag{16-22}$$

质点系的动量矩定理:质点系对固定点的动量矩对时间的一阶导数,等于作用在质点系上的外力对于同一点之矩的矢量和。

式(16-22)写成投影式为

$$\begin{cases} \dfrac{\mathrm{d}}{\mathrm{d}t}L_x = \sum\limits_{k=1}^{n} m_x(\boldsymbol{F}_k^e) \\[2mm] \dfrac{\mathrm{d}}{\mathrm{d}t}L_y = \sum\limits_{k=1}^{n} m_y(\boldsymbol{F}_k^e) \\[2mm] \dfrac{\mathrm{d}}{\mathrm{d}t}L_z = \sum\limits_{k=1}^{n} m_z(\boldsymbol{F}_k^e) \end{cases} \tag{16-23}$$

质点系对固定轴的动量矩定理:质点系对某固定轴的动量矩对时间的一阶导数,等于作用在质点系的所有外力对同一轴之矩的代数和。

16.3.4　动量矩守恒定理

由式(16-23)知,如果作用在质点系上的所有外力对某一轴之矩的代数和为零,则系统对这轴的动量矩保持不变。这就是动量矩守恒定理。

16.4　刚体绕定轴的转动微分方程

16.4.1　刚体的动量矩

设刚体在外力 $\boldsymbol{F}_1$,$\boldsymbol{F}_2$,$\boldsymbol{F}_3$,$\cdots$,$\boldsymbol{F}_n$ 作用下,绕 z 轴转动。某瞬时它的角速度为 ω,角加速度为 ε。

任取其中一个质点 M_k，此质点的质量为 m_k，该点到转轴的
距离为 r_k，速度 $\boldsymbol{v}_k$ 的大小为 $r_k\omega$，它对 z 轴的动量矩为

$$m_z(m_k\boldsymbol{v}_k) = m_k r_k^2 \omega$$

将刚体上所有各质点对 z 轴的动量矩相加得整个刚体对 z
轴的动量矩

$$L_z = \omega \sum m_k r_k^2 = \omega \int_0^m r^2 \mathrm{d}m = J_z \omega \qquad (16-24)$$

式中

$$J_z = \sum m_k r_k^2 = \int_0^m r^2 \mathrm{d}m \qquad (16-25)$$

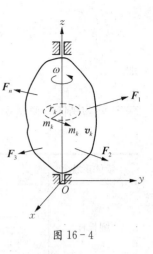

图 16-4

J_z 称为刚体绕 z 轴的转动惯量，当刚体的质量是连续分布时采用积分形式。

某瞬时绕定轴转动的刚体对于转轴的动量矩等于刚体对转轴的转动惯量与其角速度的
乘积。

16.4.2 刚体绕定轴的转动微分方程

由于转动惯量只与刚体的质量、几何形状和尺寸、以及转轴位置有关，因此对确定的刚
体和转轴，转动惯量是定值。式(16-24)对 t 求导得

$$\sum_{k=1}^n m_z(\boldsymbol{F}_k^e) = \frac{\mathrm{d}L_z}{\mathrm{d}t} = J_z\frac{\mathrm{d}\omega}{\mathrm{d}t} = J_z\varepsilon$$

即

$$J_z\varepsilon = \sum_{k=1}^n m_z(\boldsymbol{F}_k^e)$$

或

$$J_z\frac{\mathrm{d}^2\varphi}{\mathrm{d}t^2} = \sum_{k=1}^n m_z(\boldsymbol{F}_k^e) \qquad (16-26)$$

上式表明：刚体对转轴的转动惯量与刚体转动角加速度的乘积，等于作用在刚体上的所
有外力对转轴之矩的代数和，即刚体绕定轴的转动微分方程。

16.5 转 动 惯 量

16.5.1 转动惯量的物理意义

我们知道，质量 m 代表物体平动时惯性的度量；而由式(16-26)知，欲使不同物体获得
相同的角加速度 ε，转动惯量 J_z 大者所需施加的外力矩大，也就是说转动惯量 J_z 越大越不容
易改变其转动运动状态，因此我们用 J_z 表征了绕定轴转动刚体的转动惯性，它是物体转动时
惯性的质量。

16.5.2 惯量半径

工程中，常将转动惯量写成

$$J_z = m\rho^2$$

即 $$\rho = \sqrt{\frac{J_z}{m}} \qquad\qquad (16-27)$$

式中 m 为刚体的质量，ρ 称为回转半径，又称为惯量半径。

表 16-1　简单形状均质物体的转动惯量

物体形状	简图	转动惯量 J_z	回转半径 ρ
细长杆		$\frac{1}{12}ml^2$	$\frac{1}{2\sqrt{3}}l$
薄圆板		$\frac{1}{2}mR^2$	$\frac{1}{\sqrt{2}}R$
矩形六面体		$\frac{1}{2}m(a^2+b^2)$	$\frac{\sqrt{a^2+b^2}}{2\sqrt{3}}$
薄壁空心球		$\frac{2}{3}mR^2$	$\sqrt{\frac{2}{3}}R$
圆柱		$\frac{1}{12}m(l^2+3R^2)$	$\sqrt{\frac{l^2+3R^2}{12}}$
空心圆柱		$\frac{1}{2}m(R^2+r^2)$	$\sqrt{\frac{R^2+r^2}{2}}$

（续表）

物体形状	简图	转动惯量 J_z	回转半径 ρ
球	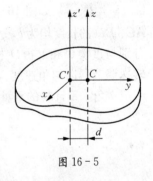	$\dfrac{2}{5}mR^2$	$\sqrt{\dfrac{2}{5}}R$
圆环		$\dfrac{1}{2}m(R_1^2+R_2^2)$	$\dfrac{\sqrt{2}}{2}\sqrt{R_1^2+R_2^2}$
圆环（圆截面）		$m\left(R^2+\dfrac{3}{4}r^2\right)$	$\dfrac{1}{2}\sqrt{4R^2+3r^2}$

16.5.3　转动惯量的平行轴定理

工程手册中，通常用只给出物体通过质心轴的转动惯量。但在实际工程中有些物体的转动轴并不通过质心，如偏置盘形凸轮机构，此时可通过移轴定理求得。

设刚体的质量为 m，轴 z 通过其质心 C。另作轴 z' 平行于 z 轴，两轴间的距离为 d，刚体对轴 z 的转动惯量为 J_z，对轴 z' 的转动惯量是 J'_z。可以推得如下结论：

$$J'_z = J_z + md^2 \qquad (16-28)$$

图 16-5

式（16-28）就是转动惯量的平行轴定理：刚体对任意轴的转动惯量，等于刚体对通过质心并与该轴平行的轴的转动惯量，加上刚体的质量与两轴间距离平方的乘积。参阅图 16-5。

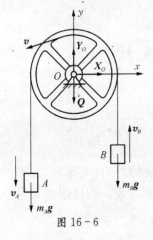

图 16-6

例 16.3　如图 16-6 所示。半径为 r、重量为 Q 的滑轮可绕固定轴 O（垂直于图平面）转动。滑轮上缠绕一柔索，两端分别悬挂重物 A 和 B，其质量分别为 m_A 和 m_B，且 $m_A > m_B$。并设滑轮质量均匀分布在轮缘上。试求 A、B 的加速度及滑轮的角加速度。

解:（1）计算质点系的动量矩和作用在其上的外力矩。

以重物 A、B 和滑轮组成的质点系为研究对象。

$$
\begin{aligned}
L_z &= J_z\omega + m_A v_A r + m_B v_B r \\
&= v_A r\left(\frac{Q}{g} + m_A + m_B\right)
\end{aligned}
$$

$$= \frac{vr}{g}(Q + m_A g + m_B g)$$

上式中 $v_A = v_B = v$，$J_z \omega = \frac{Q}{g} vr$

所有外力对 O 轴之矩的代数和为

$$\sum m_z(\boldsymbol{F}^e) = (m_A - m_B)gr$$

(2) 应用动量矩定理求加速度。

因为 $\frac{\mathrm{d}}{\mathrm{d}t} L_z = \sum m_z(\boldsymbol{F}^e)$，所以

$$\frac{\mathrm{d}v}{\mathrm{d}t} \cdot \frac{r}{g}(Q + m_A g + m_B g) = (m_A - m_B)gr$$

即

$$a = \frac{\mathrm{d}v}{\mathrm{d}t} = \frac{(m_A - m_B)gr}{\left(\dfrac{Q}{g} + m_A + m_B\right)r} = \frac{(m_A - m_B)g^2}{Q + m_A g + m_B g}$$

滑轮的切向加速度即为 a，所以滑轮的角加速度为

$$\varepsilon = \frac{a_\tau}{r} = \frac{a}{r} = \frac{(m_A - m_B)g^2}{(Q + m_A g + m_B g)r}$$

例 16.4　如图 16-7 所示转速调节器，长为 $2a$ 的水平杆与铅垂转轴 z 固结。细杆 AC、BD 的长度均为 l，分别通过铰链 A、B 与 AB 杆连接，并可分绕 A 和 B 转动，二杆下端分别与重物 C 和重物 D 相连，其重量均为 mg，两重物 C、D 之间用细线相连。正常运转时，转速调节器以匀角速度 ω_0 绕 z 轴转动。某瞬时细线被拉断，稳定后 AC 和 BD 杆均与铅垂线成 θ 角。不计杆的重量，求此时系统的角速度 ω。

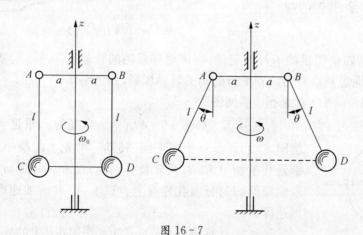

图 16-7

解：以调节器为研究对象。

由于不计杆的重量，所以是两个质点组成的质点系。调节器所受的外力：两重物 C、D 重力 mg 和 mg 以及轴承的约束力。所有这些力对 z 轴之矩的代数和为零。因此根据动量矩守恒定理，系统对于转轴 z 的动量矩保持不变。

当 $\theta = 0$ 时，

$$L_{z_0} = 2ma\omega_0 \cdot a = 2ma^2\omega_0$$

当 $\theta \neq 0$ 时，

$$L_z = 2m(a + l\sin\theta)^2\omega$$

由于 $L_{z0} = L_z$，所以

$$\omega = \frac{a^2}{(a + l\sin\theta)^2}\omega_0$$

显然，$\omega < \omega_0$，从而起到调速作用。

例 16.5　已知飞轮以 $n = 600\,\text{r/mim}$ 的转速转动，转动惯量 $J_0 = 2.5\,\text{kg} \cdot \text{m}^2$，制动时要使它在一秒钟内停止转动，设制动力矩为常数。求此力矩 M 的大小。

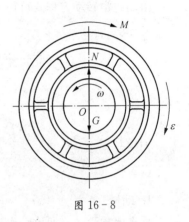

图 16 - 8

解：(1) 取飞轮为研究对象，其受力图如图 16 - 8 所示。轮上作用制动力矩 M、轴承反力 N 及飞轮自重 G。

(2) 因 M 为常量，故轮作匀减速转动。

$$\omega_0 = \frac{2\pi n}{60} = \frac{600\pi}{30} = 20\pi\,(\text{rad/s})$$

$\omega = 0$, $t = 1\,\text{s}$，由运动学方程 $\omega = \omega_0 + \varepsilon t$，得

$$0 = 20\pi - \varepsilon t, \quad \varepsilon = 20\pi\,(\text{rad/s}^2)$$

(3) 以 ω 方向为正方，并由式(10 - 2)可得

$$-J_0\varepsilon = -M$$

$$M = J_0\varepsilon = 2.5 \times 20\pi \approx 157\,\text{N} \cdot \text{m}$$

例 16.6　如图 16 - 9 所示，一摆锤在竖直平面内绕 O 轴自由摆动，摆杆 OA 重为 mg，长为 l，在摆杆 A 端的两侧刚连着两个相同的圆盘，每个圆盘重 $4mg$，半径为 $r = 0.1\,\text{m}$，已知 $l = 3r = 0.3\,\text{m}$。试求 $\theta = 30°$ 时，摆杆的角加速度。

解：(1) 求摆杆 OA 绕 O 轴的转动惯量 J_O

摆杆 OA 绕质心 O' 轴的转动惯量为 $J'_O = \frac{1}{12}ml^2$，

由平行移轴公式得

$$J_1 = \frac{1}{12}ml^2 + m\left(\frac{1}{2}l\right)^2$$

$$= \frac{1}{3}ml^2 = \frac{1}{3}m(3r)^2 = 3mr^2$$

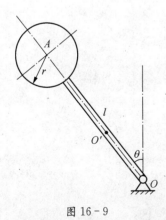

图 16 - 9

(2) 求两圆盘绕 O 轴的转动惯量 J_2。

利用平行轴定理及两圆盘绕自身中心点的转动惯量求得

$$J_2 = J_A + ml^2 = \frac{1}{2}(8m)r^2 + (8m)(3r)^2 = 76mr^2$$

（3）求刚体绕 O 轴总的转动惯量 J_O，

$$J_O = J_1 + J_2 = 79mr^2$$

（4）摆杆角加速度 ε_O

摆杆重力及圆盘重力对 O 轴的力矩为

$$\sum M_O = \left(mg\,\frac{l}{2} + 8mgl\right)\sin 30° = \frac{51}{4}mgr$$

由动力学转动方程式可得

$$\varepsilon = \frac{\sum M_O}{J_O} = \frac{\frac{51}{4}mgr}{79mr^2} = \frac{51}{316} \times \frac{9.8}{0.1} = 15.8(\text{rad/s}^2)$$

 小结

··

1. 动量

质点的质量与速度的积称为动量，为矢量，以 $m\boldsymbol{v}$ 表示，方向与速度矢方向相同；质点系内所有质点动量的矢量和称为质点系的动量。

2. 冲量

（1）常力冲量：常作用力 $\boldsymbol{F}$ 与作用时间 t 的乘积称为力的冲量，用 $\boldsymbol{I}$ 表示，即 $\boldsymbol{I} = \boldsymbol{F}t$。冲量为与常力方向相同的矢量。

（2）变力冲量：变力 $\boldsymbol{F}$ 在作用时间 t 内的冲量为 $\boldsymbol{I} = \int_0^t \boldsymbol{F}\mathrm{d}t$。

3. 动量定理

（1）质点的动量定理：

微分形式：$\dfrac{\mathrm{d}(m\boldsymbol{v})}{\mathrm{d}t} = \boldsymbol{F}$；积分形式：$m\boldsymbol{v} - m\boldsymbol{v}_0 = \int_0^t \boldsymbol{F}\mathrm{d}t$

（2）质点系动能定理：

微分形式：$\dfrac{\mathrm{d}\boldsymbol{P}}{\mathrm{d}t} = \sum_{k=1}^{n} \boldsymbol{F}_k^e$；积分形式：$\boldsymbol{P} - \boldsymbol{P}_0 = \sum_{k=1}^{n} \boldsymbol{I}_k^e$

在应用时，常用投影式。

（3）动量守恒定律

如果作用在质点系的外力主矢 $\sum\limits_{k=1}^{n} \boldsymbol{F}_k^e = 0$，则 $\boldsymbol{P} = \boldsymbol{P}_0$

4. 质心运动定理

质点系的总质量与质心加速度的乘积等于作用在质点系的外力的矢量和（主矢）。

$$ma_c = \sum F^e$$

5. 动量矩

质点的动量对点之矩称为动量矩。

$$L_O = M_O(mv) = r \times mv$$

质点对 z 轴之动量矩

$$m_z(mv) = m_O(mv_{xy}) = \pm \, \mathrm{d}mv_{xy}$$

质点对某轴的动量矩等于质点的动量对轴上某点的动量矩在该轴上的投影。

$$m_z(mv) = [M_O(mv)]_z$$

6. 动量矩

(1) 质点动量定理:质点动量对一固定点的动量矩对时间的一阶导数,等于作用在质点上的力对同一点之矩。

$$\frac{\mathrm{d}L_O}{\mathrm{d}t} = \frac{\mathrm{d}}{\mathrm{d}t}M_O(mv) = M_O(F)$$

(2) 质点系的动量矩定理:质点系对固定点的动量矩对时间的一阶导数,等于作用在质点系上的外力对于同一点之矩的矢量和。

$$\frac{\mathrm{d}L_O}{\mathrm{d}t} = \sum_{k=1}^{n} \frac{\mathrm{d}L_{Ok}}{\mathrm{d}t} = \sum_{k=1}^{n} \frac{\mathrm{d}}{\mathrm{d}t}M_O(m_k v_k) = \sum_{k=1}^{n} M_O(F_k^e)$$

(3) 动量矩守恒定理:如果作用在质点系上的所有外力对某一轴之矩的代数和为零,则系统对这轴的动量矩保持不变。

7. 刚体绕定轴的转动微分方程

(1) 转动惯量:称 $J_z = \sum m_k r_k^2 = \int_0^m r^2 \mathrm{d}m$ 为刚体绕 z 轴的转动惯量,当刚体的质量是连续分布时采用积分形式。

(2) 刚体对转轴的转动惯量与刚体转动角加速度的乘积,等于作用在刚体上的所有外力对转轴之矩的代数和。

$$J_z \frac{\mathrm{d}^2\varphi}{\mathrm{d}t^2} = \sum_{k=1}^{n} m_z(F_k^e)$$

 习题

16.1 汽车以速度 v 向前行驶,汽车紧急制动,设制动后轮子只滑动不滚动,轮子与路面的摩擦系数为 f,求汽车从制动到停止所经过的时间 t。

16.2 质量为 m_1 的机车,以速度 v_1 挂接一节质量为 m_2 的静止车厢。若轨道平直且不计摩擦力,试求挂接后列车的速度 v。

16.3 如图 16-10 所示曲柄滑杆机构中,曲柄以等角速度 ω 绕 O 轴转动。开始时,曲柄 OA 水平向右。已知曲柄 OA 的质量为 m_1,滑块 A 的质量为 m_2,滑杆的质量为 m_3,曲柄的质心在 OA 的中点,$OA=l$;滑杆的质心在点 C,而 $BC=\dfrac{l}{2}$,试求:(1)机构质量中心的运动方程;(2)作用点 O 的最大水平力。

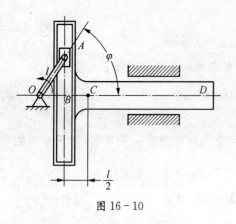

图 16-10

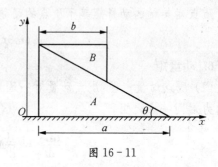

图 16-11

16.4 水平面上放置一均质三棱柱 A,质量为 m_A;其斜面上放置另一与之相似的均质三棱柱 B,质量为 m_B,两三棱柱横截面均为直角三角形(见图 16-11)。已知两三棱柱的水平边长分别为 a 和 b。开始时系统处于静止。忽略摩擦力,试求三棱柱 B 沿三棱柱 A 滑下接触到水平面时,在三棱柱 A 的位移 s。

16.5 如图 16-12 所示一均质偏心盘凸轮,半径为 r,偏心距为 e,重为 mg,试求凸轮对 O 轴的转动惯量及对 O 轴的动量矩。

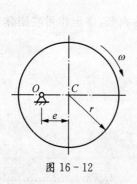

图 16-12

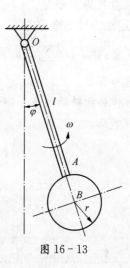

图 16-13

16.6 已知匀质细杆重 m_1g,长为 l,匀质圆盘重 m_2g,半径为 r,试求图 16-13 所示瞬时质点系对 O 轴的动量矩。

16.7 如图 16-14 所示,一个重 m_0g,半径为 r 的匀质圆轮绕质心 O 点铰支座作定轴转动,轮上绕有绳索,下端挂有一重 mg 的物块 A,滑轮上作用一不变转矩。不计绳索重量,试求 A 上升的加速度。

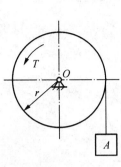

图 16-14

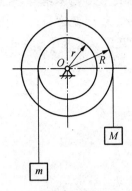

图 16-15

16.8　如图 16-15 所示,圆盘的转动惯量为 J,在半径为 R 处绕有绳索,其上挂着质量 M 的悬物,在离转轴 r 处绕有绳索,其上挂着质量为 m 的悬物。试求圆盘的角加速度。

16.9　两带轮的半径分别为 r_1 和 r_2,质量分别为 m_1 和 m_2,视为均质圆盘,两转轴平行。在第一个轮上作用有一个主动力矩 M,在第二个轮上作用一个阻力矩 M_1,轮、带之间无滑动,皮带质量不计(见图 16-16)。求第一个轮的角加速度。

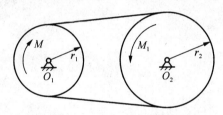

图 16-16

16.10　如图 16-17 所示,在飞轮上缠上细绳,绳端系一质量为 m 的重锤,如重锤无初速下落 h,所需的时间为 t,飞轮半径为 R。试求飞轮对其通过质心轴的转动惯量 J。

16.11　如图 16-18 所示,半径为 r 的绞盘由一作用在柄 AB 上的不变力偶矩 M 使其转动,重物 C 质量为 m,它与水平面的动滑动摩擦系数为 f,如绞盘对转轴的转动惯量为 J,试求重物 C 的加速度。

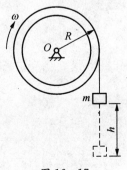

图 16-17

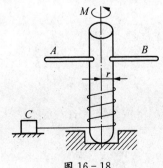

图 16-18

16.12 如图 16-19 所示结构中,重物 A、B 的质量分别为 m_1 和 m_2,物体 B 与水平面间摩擦系数为 f,鼓轮 O 的质量为 M,半径为 R 和 r,对 O 轴的回转半径分别为 ρ,求下降的加速度以及绳子两端拉力。

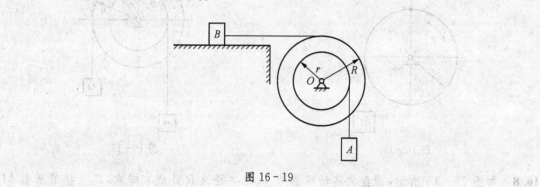

图 16-19

第 17 章

动 能 定 理

学习目标
....

(1) 理解力的功、动能和势能等概念。
(2) 会计算重力、弹性力和力矩所做的功。
(3) 熟练计算刚体平动、定轴转动和平面运动时的动能,以及重力和弹性力的势能。
(4) 能应用动能定理和求解动力学问题,以及对动力学普遍定理的应用。

能量是自然界各种形式运动的度量,而功则是能量从一种形式转化为另一种形式的过程中所表现出来的量。动能定理是通过动能与力的功之关系来描述机械运动与其他运动形式的能量之间的传递和转化的规律,它是能量守恒的一个重要特例。

17.1 力 的 功

作用于质点上的力在一段路程上所作的功,是力在这段路程上作用效果的度量。

17.1.1 常力的功

如图 17-1 所示,设一质点 M 在常力 F 作用下沿直线从点 M_1 运动到 M_2。设力 F 与运动方向的夹角为 α,s 表示在力作用下质点由 M_1 处移至 M_2 处的位移,则此常力 F 在位移方向的投影与位移的乘积称为力在此路程中所做的功。以 W 表示,即

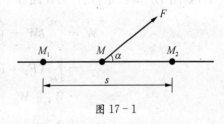

图 17-1

$$W = Fs\cos\alpha \qquad (17-1)$$

功为代数量,其正负号规定为:当 $\alpha < 90°$,力做正功($W > 0$);当 $\alpha > 90°$ 时,力作负功($W < 0$);$\alpha = 90°$ 时,力不作功。功的单位是牛顿·米(N·m),称为焦耳(J),即

$$1 焦耳(J) = 1 牛顿·米(N·m) = 1\,kg·m^2/s^2$$

17.1.2 变力的功

设变力 F 的作用下,质点 M 沿曲线 AB 从点 M_1 运动到 M_2,如图 17-2。现要求该质点由 M_1 处移至此 M_2 时变力 F 所作的功。

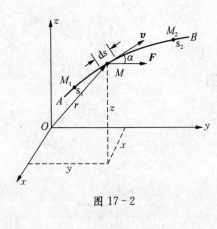

图 17-2

将运动轨迹 AB 分成无限多个小微段 ds,在 ds 弧长内,力 F 可视为常力,力在此微小段路程上所作的功称为元功,用 δW 表示,即

$$\delta W = F ds \cos \alpha = F_\tau ds \qquad (17-2)$$

其中,α 为力的作用线与微元 ds 处 M 点轨线切线 τ 之间的夹角;$F_\tau = F\cos\alpha$ 为力 F 在 τ 方向上的投影。

变力 F 在曲线 AB 上从点 M_1 到 M_2 所作的功等于在此段路程中所有元功的总和,即

$$W = \int_{s_1}^{s_2} \delta W = \int_{s_1}^{s_2} F\cos\alpha \cdot ds = \int_{s_1}^{s_2} F_\tau ds$$

$$(17-3)$$

其中 s_1 和 s_2 分别表示质点在起止 M_1 和 M_2 位置时的弧坐标。

力的功也可用解析式表示。设 F 在坐标轴方向的投影为 F_x,F_y,F_z,而 ds 在坐标方向的投影为 dx,dy,dz。则

$$W = \int_{s_1}^{s_2} \delta W = \int_{s_1}^{s_2} F\cos\alpha \cdot ds$$

$$= \int_{s_1}^{s_2} (F_x dx + F_y dy + F_z dz) \qquad (17-4)$$

式(17-4)表明,F 力在某一路程上所做的功等于它的三个沿坐标轴分量在同一路程上所作功的代数和。

17.1.3　合力的功

设在质点 M 上同时作用有 n 个力 F_1,F_2,$\cdots$,F_n,其合力为 R,如图 17-3 所示,则合力在路程中所作的功为

$$W = \int_{M_1}^{M_2} \delta W = \int_{M_1}^{M_2} R \cdot ds$$

$$= \int_{M_1}^{M_2} (F_1 + F_2 + \cdots + F_n) \cdot ds$$

$$= W_1 + W_2 + \cdots + W_n$$

$$= \sum_{k=1}^{n} W_k$$

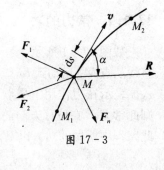

图 17-3

上式表明,作用于质点的合力,在质点上任一路程中所作的功,等于各分力在同一路程中所作的功的代数和。这称为"合力功定理"。

17.1.4　常见力的功

1. 重力的功

设质点 M 的重力为 mg,沿曲线从 M_1 位置运动到 M_2 位置,h 为前后位置的高度差(见图 17-4)。现计算重力 mg 在这段路程上所作的功。

$$W = \int_{z_1}^{z_2} -mg\,dz = mg(z_1 - z_2) = -mgh \quad (17-5)$$

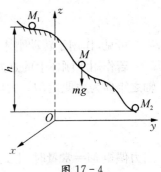

图 17-4

式(17-5)表明,重力的功等于质点的重力与起、止位置高度差的乘积,与质点运动的路径无关。若质点下降重力功为正,若质点上升,重力功为负。

2. 弹性力的功

如图 17-5 所示。设弹簧的自然长度为 l_0,弹簧一端固定,另一端与质点 M 相连接,弹簧在未伸长时质点 M 在 O 点处。设 k 是弹簧的刚性系数,它表示弹簧产生单位变形所需的力,其单位是牛/米(N/m)。现研究质点从位置 M_1 运动到位置 M_2 的过程中,弹性力 F 所做的功。

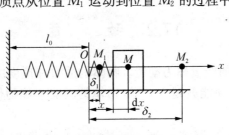

图 17-5

取弹簧的自然平衡位置 O 为坐标原点,建立如图 17-5 所示坐标系。弹性力所作的功为

$$W = \int_{\delta_1}^{\delta_2} F\,dx = \int_{\delta_1}^{\delta_2} (-k\lambda)\,dx = \frac{k}{2}(\delta_1^2 - \delta_2^2) \quad (17-6)$$

式(17-6)表明,弹性力的功等于弹簧始末位置变形量的平方差与刚性系数乘积的一半。弹性力的功也只决定于弹簧初始位置与终止位置的变形量,而与质点的运动轨迹无关。

3. 作用在定轴转动刚体上力的功(力矩的功)

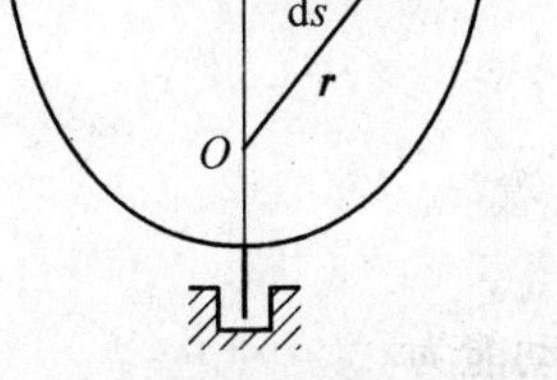

设在绕 z 轴转动的刚体 A 点上作用一个力 F,力 F 与力作用点 A 处的轨迹的切线之间的夹角为 θ,F_τ 为切于 A 点作圆周运动轨迹的切向力。如图 17-6 所示,则力 F 在切线上的投影为

$$F_\tau = F\cos\theta$$

刚体转动 $d\varphi$ 角,作用于定轴转动刚体上力的元功为

$$\delta W = F\cos\theta \cdot ds = F\cos\theta \cdot R\,d\varphi$$

因为 $m_z(F) = FR\cos\theta$,故元功又可表示为

$$\delta W = m_z(F)\,d\varphi$$

当刚体的转角从 φ_1 转到 φ_2 时,力 F 所作的功为

$$W = \int_{\varphi_1}^{\varphi_2} \delta W = \int_{\varphi_1}^{\varphi_2} m_z(F)\,d\varphi \quad (17-7)$$

图 17-6

上式表明,作用在绕定轴转动刚体上的力所作的功,等于该力对转轴之矩对刚体转角的积分。当力矩 $m_z(F)$ 为常量时,则

$$W = m_z(\boldsymbol{F})(\varphi_2 - \varphi_1) \tag{17-8}$$

可见,作用于转动刚体上的力的功可以通过对转轴之矩的功来计算。

若作用于刚体上的是力偶,其力偶矩为 M,并且此力偶作用平面垂直于转轴,则力偶对 z 轴之矩即为力偶矩 M。力偶对 z 轴的功为

$$W = \int_{\varphi_1}^{\varphi_2} M \mathrm{d}\varphi \tag{17-9}$$

当力偶矩 $M =$ 常量时,上式可写为

$$W = M(\varphi_2 - \varphi_1) \tag{17-10}$$

17.2 动　能

物体由于运动而具有的能量称为动能。物体的质量和速度决定其动能的大小,运动物体的质量越大,速度越大,动能就越大。即,物体的动能与该物体具有的质量和运动速度有关。

17.2.1　质点的动能

设质点的质量为 m,某瞬时的速度为 v,则质点的动能为

$$T = \frac{1}{2} m v^2 \tag{17-11}$$

上式表明,运动质点的动能等于其质量和它的速度平方乘积的一半,以 T 表示。动能是一个恒正的标量。动能的单位是焦耳(J),与功的单位相同。

17.2.2　质点系的动能

质点系内各质点在某瞬时动能的和,称为质点系在该瞬时的动能,以 T 表示,即

$$T = \sum \frac{1}{2} m_i v_i^2 \tag{17-12}$$

刚体是由无数质点组成的质点系。刚体作不同形式运动时,各质点的速度分布不尽相同。所以刚体的动能应按其所作运动形式的不同分别进行计算。

17.2.3　动能的计算

1. 平动刚体的动能

刚体平动时,各点的瞬时速度均等于质心速度,于是平动刚体的动能为

$$T = \sum \frac{1}{2} m_i v_i^2 = \frac{1}{2} v_c^2 \sum m = \frac{1}{2} M v_c^2 \tag{17-13}$$

式中: v_c 是质心的速度, $M = \sum m$ 是刚体的质量。即,平动刚体的动能等于刚体质量与其质心速度平方的一半。

2. 定轴转动刚体的动能

某瞬时一刚体绕定轴 z 转动(见图 17-7)。刚体的角速度为 ω,刚体内任一质点的质量为 m_i,该质点至转轴的距离为 r_i。则转动刚体的动能可表达为

$$T = \sum \frac{1}{2} m_i v_i^2 = \sum \frac{1}{2} m_i r_i^2 \omega^2 = \frac{1}{2} \omega \left(\sum m_i r_i^2 \right) = \frac{1}{2} J_z \omega^2 \qquad (17-14)$$

其中 $J_z = \sum m_i r_i^2$ 是刚体对转轴的转动惯量。即,定轴转动刚体的动能,等于刚体对转轴的转动惯量和角速度平方乘积的一半。

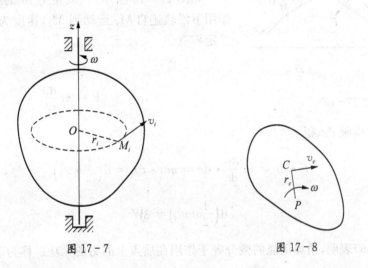

图 17-7   图 17-8

3. 平面运动刚体的动能

刚体作平面运动时,某瞬时的速度瞬心 P,并绕运动平面垂直的瞬心轴转动(见图 17-8),其动能可表达为

$$T = \frac{1}{2} J_P \omega^2$$

式中:J_P 为刚体绕瞬心轴的转动惯量,ω 是刚体的角速度。

设刚体的质心为 C,质心 C 与瞬心 P 的距离 r_c,根据转动惯量的平行轴定理,有

$$
\begin{aligned}
T &= \frac{1}{2} J_P \omega^2 = \frac{1}{2} J_c \omega^2 + \frac{1}{2} M (r_c \omega)^2 \\
&= \frac{1}{2} J_c \omega^2 + \frac{1}{2} M v_c^2
\end{aligned}
\qquad (17-15)
$$

式中,J_c 为刚体对质心的转动惯量,v_c 为质心速度。即,刚体作平面运动时的动能等于刚体随质心平动的动能与绕质心轴转动的动能之和。

例如,图 17-9 所示的均质圆柱作纯滚动时,若已知圆柱体重量 mg,圆心速度 v_c,半径为 R。因为

$$v_c = R\omega, \quad J_c = \frac{1}{2} mR^2$$

故可得圆柱体的动能为

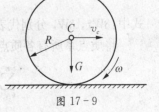

图 17-9

$$T = \frac{1}{2}mv_c^2 + \frac{1}{2}J_c\omega^2 = \frac{1}{2}mv_c^2 + \frac{1}{2}\left(\frac{1}{2}mR^2\right)\omega^2 = \frac{3}{4}mv_c^2$$

17.3 动能定理

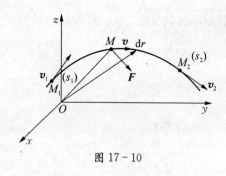

图 17 - 10

17.3.1 质点的动能定理

如图 17 - 10 所示,当质量为 m 的质点 M,在力 F 作用下沿轨迹自 M_1 运动到 M_2,速度为 v,根据牛顿第二定律有

$$F = m\frac{dv}{dt}$$

此式两边同时点乘 dr,得

$$F \cdot dr = m\frac{dv}{dt} \cdot dr = mv \cdot dv = d\left(\frac{1}{2}mv^2\right)$$

即

$$d\left(\frac{1}{2}mv^2\right) = \delta W \qquad (17-16)$$

式(17 - 16)表明,质点动能的微分等于作用在质点上的力的元功。称为动能定理的微分形式。

若质点从 M_1 运动到 M_2,速度从 v_1 变为 v_2,质点沿曲线运动的弧坐标由 s_1 变为 s_2,则

$$\int_{v_1}^{v_2} d\left(\frac{1}{2}mv^2\right) = \int_{s_1}^{s_2} \delta W$$

$$\frac{1}{2}mv_2^2 - \frac{1}{2}mv_1^2 = W \qquad (17-17)$$

式(17 - 17)表明,质点在有限位移过程中,质点动能的变化等于作用在质点上的力在同一位移上所作的功。称为动能定理的积分形式。

17.3.2 质点系的动能定理

设有 n 个质点组成的质点系,对第 k 个质点 M_k,其上有外力和内力分别为 $\boldsymbol{F}_k^e$ 和 $\boldsymbol{F}_k^i$,应用质点动能定理式(17 - 16),得

$$d\left(\frac{1}{2}m_k v_{k1}^2\right) = \delta W_k^e + \delta W_k^i = \delta W_k$$

式中:δW_k^e,δW_k^i 分别代表作用在质点上的外力元功和内力元功。

将质点系所有各质点的上述方程相加,得

$$\sum_{k=1}^{n} d\left(\frac{1}{2}m_k v_k^2\right) = \sum_{k=1}^{n} \delta W_k^e + \sum_{k=1}^{n} \delta W_k^i = \sum_{k=1}^{n} \delta W_k$$

即
$$dT = \sum_{k=1}^{n} \delta W_k^e + \sum_{k=1}^{n} \delta W_k^i = \sum_{k=1}^{n} \delta W_k \qquad (17-18)$$

式(17-18)表明,质点系由于无限小位移引起的动能增量,在数值上等于作用在质点系上的外力元功和内力元功之和。这就是质点系动能定理的微分形式。

对式(17-18)积分,可以得到质点系在有限位移(从 s_1 到 s_2)过程中,质点系动能的变化与力作功的关系:

$$T_2 - T_1 = \sum_{k=1}^{n} W_k^e + \sum_{k=1}^{n} W_k^i = \sum_{k=1}^{n} W_k \qquad (17-19)$$

式(17-19)表明:质点系经过有限位移之后,质点系动能的改变量,在数值上等于作用在质点系上所有外力和内力在有限位移上所做功的代数和。这就是质点系动能定理积分形式。

17.3.3　内力功和理想约束

1. 内力功

在一般情况下,内力的功之和不等于零。例如,蒸汽机车,蒸汽对活塞的推力是内力,内力功使机车动能增加;车辆刹车时,闸块与车轮间的摩擦力也是内力,消耗车辆的动能,使车辆减速或停车。

但对于刚体,由于其任何两质点间的距离保持不变,所以刚体内力的功之和等于零。

2. 理想约束

理想约束是约束反力所作之功为零的约束。对于常见的一些约束,例如不可伸长的绳索、链条、皮带、光滑接触面、光滑铰链、固定铰支座、辊轴支座等,由于它们在约束处沿约束力方向的位移为零,所以这些约束力的所作之功为零。

在理想约束下式(17-19)为

$$T_2 - T_1 = \sum_{k=1}^{n} W_k^e \qquad (17-20)$$

动能定理的积分形式可以求解作用于物体的主动力或物体运动的位移,也可以求解物体运动的速度和加速度。因为动能定理的积分形式表达式是代数方程,无须考虑各有关物理量的方向问题,所以应用动能定理的积分形式处理问题比较方便。

17.4　机械能守恒定律

17.4.1　势力场和势能

如果质点在某空间内任意位置都受大小和方向都确定的力作用,则此空间称为力场。

势力场是一种特殊的力场,在这种力场中,场力所作功只与质点的起、止位置有关,而与质点的运动轨迹的形状无关。重力场、弹力场以及万有引力场都是势力场。

在势力场中质点的势能总是相对于零值位置而言的。在势力场中,任选 M_0 为势能的零值位置,质点从位置 M 运动到位置 M_0,势力所作的功称为质点在势力场中 M 处的势能,用 V 表示。

下面介绍常见的重力势能和弹力势能。

1. 重力势能

如图 17-11，取 M_0 为零值位置，则 M 处的势能为

$$V = -mg(z - z_0) \tag{17-21}$$

式中：m 为质点的质量，z，z_0 分别为 M、M_0 的 z 方向坐标。

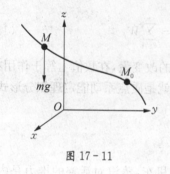

图 17-11

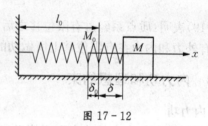

图 17-12

2. 弹力势能

如图 17-12 设 M_0 为势能零值位置，则 M 处的弹性势能为

$$V = \frac{k}{2}(\delta^2 - \delta_0^2) \tag{17-22}$$

式中：k 为弹簧刚度系数。

若以未变形时弹簧端点位置作为势能零值位置，则 M 处的弹性势能为

$$V = \frac{k}{2}\delta^2 。$$

17.4.2　机械能守恒定律

势力场中物体在某一位置的动能与势能之和，称为物体在这一位置的机械能。

设质点系在运动过程的起、止位置的势能、动能分别为 T_1、V_1 和 T_2、V_2，则有

$$T_1 + V_1 = T_2 + V_2 = 常量 \tag{17-23}$$

式(17-23)表明：质点系在势力场中，其机械能保持不变，即动能与势能之和不变。这就是机械能守恒定律。

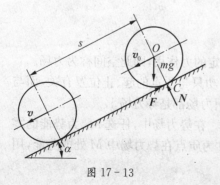

图 17-13

具有使物体的机械能守恒特性的力场为保守力场。保守力场中质点所受之力称为保守力。

物体在非保守力作用下运动时，机械能不守恒。例如在摩擦力作用下动能总是减小，变成热能。虽然机械能不守恒，但能量仍是守恒的。

例 17.1　如图 17-13 所示，一均质圆柱体重为 mg，半径为 r，沿倾角为 α 的斜面无滑动地滚下，不计滚动摩擦，求质心的加速度 a_O。

解: 以圆柱为研究对象,作用于圆柱上的力有重力 mg、斜面的支持力 N 和静摩擦力 F。设初始瞬时质心速度为 v_0,滚下一段路程 s 后其速度为 v,则动能差为

$$T - T_0 = \frac{3}{4}mv^2 - \frac{3}{4}mv_0^2$$

由斜面的支持力 N 和静摩擦力 F 的作用点在每一瞬时均为瞬时速度中心,即元位移为零,所以 N 和 F 都不做功。于是得主动力(重力)所做功为

$$\sum_{k=1}^{n} W_k = mg \cdot s \cdot \sin\alpha$$

由动能定理得

$$\frac{3}{4}mv^2 - \frac{3}{4}mv_0^2 = mgs \cdot \sin\alpha$$

上式两边对时间 t 求导得

$$\frac{3}{2}mv\frac{\mathrm{d}v}{\mathrm{d}t} = mg\sin\alpha \cdot \frac{\mathrm{d}s}{\mathrm{d}t}$$

即,对 t 瞬时 $\left(\dfrac{\mathrm{d}v}{\mathrm{d}t} = a_0, \dfrac{\mathrm{d}s}{\mathrm{d}t} = v\right)$ 有

$$a_0 = \frac{2}{3}g\sin\alpha$$

例 17.2 如图 17-14 所示提升机构,启动时电动机的转矩为一恒定转矩 M,设大齿轮及卷筒对于轴 AB 的转动惯量为 J_2,小齿轮、联轴器及电动机转子对轴 CD 的转动惯量为 J_1,被提升的重物质量为 mg,卷筒、大齿轮及小齿轮的半径分别为 R, r_2 及 r_1。略去摩擦及钢丝绳质量,求重物从静止开始上升距离 s 时的速度及加速度。

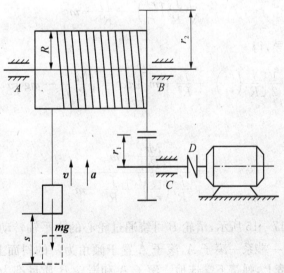

图 17-14

解：以整个系统(包括绞车和重物)为研究的质点系。系统所受的约束为理想约束,作用于系统的主动力有力偶 M 和重力 mg。

系统从静止开始时,动能 $T_0 = 0$;

上升距离 s 时,设重物的速度为 v,轴 AB 和轴 CD 的角速度为分别为 ω_2 和 ω_1,则此瞬时系统的动能

$$T_1 = \frac{1}{2}J_1\omega_1^2 + \frac{1}{2}J_2\omega_2^2 + \frac{1}{2}mv^2$$

从初始到上升 s 过程中,约束力做功为零,主动力所做功为

$$\sum_{k=1}^{n} W_k = M\varphi_1 - mgs$$

由动能定理得

$$T_1 - T_0 = \frac{1}{2}J_1\omega_1^2 + \frac{1}{2}J_2\omega_2^2 + \frac{1}{2}mv^2 = \sum_{k=1}^{n} W_k = M\varphi_1 - mgs$$

由运动学关系

$$\omega_2 = \frac{v}{R}, \quad \omega_1 = \frac{r_2}{r_1}\omega_2 = \frac{r_2}{r_1 R}v, \quad \varphi_1 = \frac{r_2}{r_1 R}s$$

得

$$\frac{1}{2}\left[\frac{J_1}{R^2}\left(\frac{r_2}{r_1}\right)^2 + \frac{J_2}{R^2} + m\right]v^2 = \left(\frac{M}{R}\frac{r_2}{r_1} - mg\right)s \tag{a}$$

所以,重物速度为

$$v = \sqrt{\frac{2\left(\dfrac{M}{R}\dfrac{r_2}{r_1} - mg\right)s}{\dfrac{J_1}{R^2}\left(\dfrac{r_2}{r_1}\right)^2 + \dfrac{J_2}{R^2} + m}} \tag{b}$$

式(a)两边对 t 求导,得

$$\frac{1}{2}\left[\frac{J_1}{R^2}\left(\frac{r_2}{r_1}\right)^2 + \frac{J_2}{R^2} + m\right]2va = \left(\frac{M}{R}\frac{r_2}{r_1} - mg\right)v$$

所以有

$$a = \frac{\dfrac{Mr_2}{Rr_1} - mg}{\dfrac{J_1}{R^2}\left(\dfrac{r_2}{r_1}\right)^2 + \dfrac{J_2}{R^2} + m}$$

例 17.3　如图 17-15 所示,滑轮 B 可绕通过轮心的水平轴转动。在此滑轮上绕过一条不可伸长的绳,绳的一端系一滚子 A,滚子 A 置于倾角为 α 的斜面上,绳的另一端固结在一刚性系数为 k 的弹簧上,弹簧下端连地。滚子 A 和滑轮 B 质量都为 m,半径都为 R,可视为均质圆盘。若开始时系统静止,弹簧为自然长度,求滚子 A 沿斜面向下滚动 s 距离后,滑

轮 B 的角速度和角加速度。

解:(1) 求滑轮 B 的角速度 ω_B。

初动能因系统静止,$T_1 = 0$

滚子 A 沿斜面作平面运动,沿斜面向下滚动 s 距离后动能为

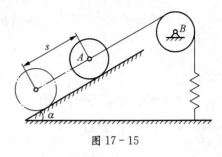

图 17 - 15

$$T_2 = T_A + T_B = \frac{3}{4}mv_A^2 + \frac{1}{2}J_B\omega_B^2$$

$$= \frac{3}{4}m(R\omega_B)^2 + \frac{1}{2}\left(\frac{1}{2}mR^2\right)\omega_B^2 = mR^2\omega_B^2$$

系统从初位置运动到末位置的过程中,滚子 A 的重力作功,弹簧的弹性力作功,所以,系统作的总功为

$$\sum W = mg\sin\alpha \cdot s + \frac{1}{2}k(\lambda_1^2 - \lambda_2^2) = mg\sin\alpha \cdot s - \frac{1}{2}ks^2$$

应用质点系动能定理:$T_2 - T_1 = \sum W$

得

$$mR^2\omega_B^2 - 0 = mg\sin\alpha \cdot s - \frac{1}{2}ks^2 \tag{a}$$

解得

$$\omega_B = \sqrt{\frac{mg\sin\alpha \cdot s - \frac{1}{2}ks^2}{mR^2}} = \sqrt{\frac{2mg\sin\alpha \cdot s - ks^2}{2mR^2}}$$

(2) 求滑轮 B 的角加速度 ε_B。

将式(a)两边对时间取导数,得

$$mR^2 \cdot 2\omega_B \cdot \frac{d\omega_B}{dt} = mg\sin\alpha\frac{ds}{dt} - \frac{k}{2} \cdot 2s \cdot \frac{ds}{dt}$$

$$2mR^2\omega_B\varepsilon_B = (mg\sin\alpha - ks)\frac{ds}{dt} \tag{b}$$

因为

$$\frac{ds}{dt} = v_A = R\omega_B$$

所以,式(b)为 $2mR^2\varepsilon_B = (mg\sin\alpha - ks)R$

解得

$$\varepsilon_B = \frac{mg\sin\alpha - ks}{2mR}$$

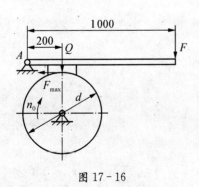

图 17 - 16

例 17.4 如图 17 - 16 中,制动轮重 $mg = 588$ N,直径 $d = 500$ mm,惯性半径 $\rho = 200$ mm,转速向 $= 1\ 000$ r/min。若制动闸瓦与制动轮间的摩擦系数 $f = 0.4$,人对手柄加力 $F = 98$ N,试求制动后制动轮转过多少圈才停止。图中尺寸单位为 mm。

解:(1) 受力分析。

设制动闸瓦加给制动轮的力为 Q,可由静力平衡方程得

$$\sum m_A(F) = 0, \quad 200Q - 1\,000F = 0$$

所以
$$Q = \frac{100}{20}F = \frac{100}{20} \times 98 = 490(\text{N})$$

从而制动轮所受的摩擦力为 $F_{max} = fQ = 0.4 \times 490 = 196(\text{N})$

即,制动力矩为 $M = F_{max}\dfrac{d}{2} = 196 \times \dfrac{0.5}{2} = 49(\text{N} \cdot \text{m})$

(2) 求角速度及转动惯量。

初角速度 $\omega_0 = \dfrac{\pi n_0}{30} = \dfrac{1\,000\pi}{30} \approx 105(\text{rad/s})$

末角速度 $\omega = 0$

制动轮的转动惯量为 $J = m\rho^2 = \dfrac{588}{9.8} \times 0.2^2 = 2.4(\text{kg} \cdot \text{m}^2)$

(3) 由质点系动能定理求解,得 $-M\varphi = 0 - \dfrac{1}{2}J\omega_0^2$

故得转角 $\varphi = \dfrac{J\omega_0^2}{2M} = \dfrac{2.4 \times 105^2}{2 \times 49} = 270(\text{rad})$

于是,制动轮转过的圈数为

$$N = \frac{\varphi}{2\pi} = \frac{270}{2\pi} = 43(\text{圈})$$

 小结

1. 力的功

(1) 定义:功是一个代数量,正功使物体动能增加,负功使物体动能减小。

(2) 功的基本计算方法:

常力的功为 $W = F_\tau \cdot s$

变力的功为 $W = \displaystyle\int_{s_1}^{s_2} F_\tau \,\mathrm{d}s$

合力的功为 $W_R = \displaystyle\sum W$

(3) 常见力的功:

重力的功 $W = -mgh$

弹性力的功 $W = \dfrac{k(\delta_1^2 - \delta_2^2)}{2}$

力矩的功 $W = M(\varphi_2 - \varphi_1)$

2. 运动及动能

(1) 质点和质点系能:质点动能为 $T = \dfrac{1}{2}mv^2$　质点系能为 $T = \displaystyle\sum \dfrac{1}{2}mv^2$

(2) 平动刚体动能：$T = \dfrac{1}{2}m_c v^2$

(3) 绕定轴转动刚体动能：$T = \dfrac{1}{2}J_z \omega^2$

(4) 作平面运动刚体动能：$T = \dfrac{1}{2}Mv_c^2 + \dfrac{1}{2}J_c \omega^2$

3. 动能定理

质点动能定理：$\dfrac{1}{2}mv_2^2 - \dfrac{1}{2}mv_1^2 = W$

质点系动能定理：$T_2 - T_1 = \sum W$

4. 势能

(1) 重力势能：$V = -mg(z - z_0)$

(2) 弹力势能：$V = \dfrac{k}{2}(\delta^2 - \delta_0^2)$

5. 机械能守恒定律

质点系在势力场中，其机械能保持不变

$$T_1 + V_1 = T_2 + V_2 = 常量$$

 习题

17.1 如图 17-17 所示摆锤质量为 m，摆长为 r，开始时，摆锤于最高位置 A 处处于静止状态。试求当给摆锤以微小的扰动使其自由下落，在任意位置（以 φ 角表示）时，摆锤的速度。

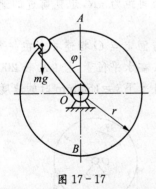

图 17-17

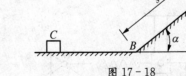

图 17-18

17.2 如图 17-18 所示，将一物块 M 自倾角为 α 的斜面上 A 点无初速开始下滑，滑行 s 距离到达水平面（B 处）后，又在和斜面材料相同的水平平面上滑行至 C 点停止，物块与斜面间及水平面间的摩擦系数为 f。试求物块在水平面所滑的距离。

17.3 如图 17-19 所示，一物体重为 mg，沿斜面下滑，斜面倾角为 0，物体与斜面间的滑动摩擦系数为 f，开始时物体静止。求下滑距离 s 时物体的速度。

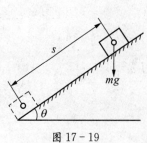

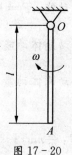

图 17-19　　　　　　　　　　图 17-20

17.4　如图 17-20 所示为由均质细杆,以角速度 ω 绕 O 轴转动。已知:杆长 l,质量 m。求细杆的动能。

17.5　如图 17-21 所示提升机构,平衡锤 A 与小车 B 均重 $mg=20$ kN,斜面与小车的摩擦系数 $f=0.2$,导向滑轮绕转轴的转动惯量 $J_0=2$ kg·m²,半径 $r=0.2$ m,$\alpha=30°$,重 $m_0g=1$ kN。试求由静止开始重锤 A 下降 10 m 时小车的速度 v_B。

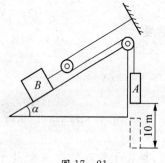

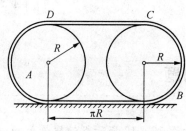

图 17-21　　　　　　　　　　图 17-22

17.6　如图 17-22 所示坦克的两轮及履带组成的系统,两个车轮的质量均为 m_1,半径为 R,可视为均质圆盘,坦克履带的质量为 m_2,两车轮轴间距为 πR,坦克前进的速度为 v,求此质点系的动能。

17.7　如图 17-23 所示,滑块 A 的质量为 20 kg,弹簧与固定点 O 相连并套在一光滑直杆上,弹簧刚性系数 $k=3.92$ N/mm。设开始时,OA 在水平位置,且 OA 长 200 mm,弹簧原长 100 mm。求当滑块 A 无初速地沿光滑直杆落下 $s=150$ mm 时的速度 v_A。

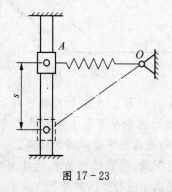

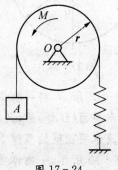

图 17-23　　　　　　　　　　图 17-24

17.8 如图 17-24 所示,质量为 m_2,半径为 r 的均质圆盘上绕有软带,软带一端悬挂一重物 A,质量为 m_1;另一端与弹性系数为 k 的弹簧相连。系统从静止状态开始运动。不考虑各处的摩擦力及软带的质量,求圆盘转过 φ 角时,其角速度和角加速度。

17.9 曲柄滑块机构的曲柄 OA 长 r,绕铰 O 的转动惯量为 J,受不变转矩 M 作用,初始静止,且 $\varphi_0 = 45°$。已知滑块 A 质量不计,滑道杆质量为 m,它与导槽 BC 的摩擦力 F 为常值。试求曲柄从图 17-25 所示位置转过一周后的角速度。

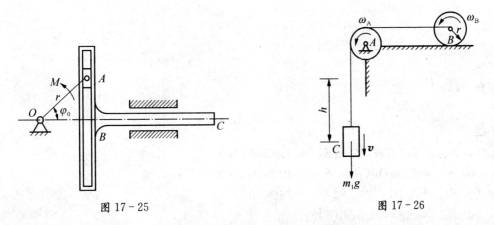

图 17-25   图 17-26

17.10 如图 17-26 所示,不可伸长的无重绳子绕重 mg 的滑轮 A,绳的一端连接在与滑轮具有相同半径和重量的轮 B 的中心,另一端吊住重为 $m_1 g$ 的重物 C。已知轮 A、B 质量均匀分布,滑轮与绳之间无相对滑动,重物 C 由静止开始运动,带动滑轮 A 转动,并使 B 作无滑动滚动。不计滑轮轴的摩擦,求重物 C 下落 h 时的速度和加速度。

习题答案

第 1 章: (略)

第 2 章

2.1 (a) $S_{AB} = 0.577W$(拉), $S_{AC} = 1.155W$(压)

    (b) $S_{AB} = 1.064W$(拉), $S_{AC} = 0.364W$(压)

    (c) $S_{AB} = 0.5W$(拉), $S_{AC} = 0.866W$(压)

    (d) $S_{AB} = S_{AC} = 0.577W$(拉)

2.2 $T_{AO} = 14$ kN, $T_{BO} = 17.2$ kN

2.3 (a) $R_A = 15.8$ kN, $N_B = 7.1$ kN

    (b) $R_A = 22.4$ kN, $N_B = 10$ kN

2.4 $S_{BC} = 5$ kN(压)

2.5 $R_A = T_{BC} = 1.156W$

2.6 $Q = 17.3$ kN, $T = 34.6$ kN

2.7 (a) $R_A = 0.707P$ $R_B = 0.707P$

    (b) $R_A = 0.79P$ $R_B = 0.35P$

2.8 (a) $M_O = Pl(\uparrow)$, (b) $M_O = 0$, (c) $M_O = Pl\sin\beta(\uparrow)$

    (d) $M_O = Pl\sin\theta(\uparrow)$, (e) $M_O = Pa(\downarrow)$; (f) $M_O = P(l+r)(\uparrow)$

    (g) $M_O = P\sqrt{a^2+b^2}\sin\alpha(\uparrow)$

2.9 (a) $R_A = 1.5$ kN($\downarrow$), $R_B = 1.5$ kN($\uparrow$)

    (b) $R_A = \sqrt{2}P\dfrac{a}{l}(\downarrow)$, $R_B = \sqrt{2}P\dfrac{a}{l}(\uparrow)$

2.10 $R_A = R_C = 2\,694$ N

2.11 $R_A = R_B = 0.75$ kN

2.12 $R_A = 0.667$ kN, $R_D = 0.333$ kN

2.13 $F = 40$ kN

2.14 $R_x = -437.2$ N, $R_y = -162.8$ N, $R = 467$ N, $L_O = 21.6$ N·m

2.15 (a) $R_A = \dfrac{Pb}{a+b}(\uparrow)$, $R_B = \dfrac{Pa}{a+b}(\uparrow)$

    (b) $R_A = \dfrac{Pa}{l}(\downarrow)$, $R_B = \dfrac{P(a+l)}{l}(\uparrow)$

(c) $R_A = \dfrac{m}{l}(\uparrow)$, $R_B = \dfrac{m}{l}(\downarrow)$

(d) $R_A = 0$, $m_A = m(\downarrow)$

(e) $R_A = P(\uparrow)$, $R_B = P(\uparrow)$

(f) $R_A = 0$, $R_B = 2P(\uparrow)$

(g) $R_A = P(\uparrow)$, $m_A = Pa(\uparrow)$

2.16 $R_A = 15\ \text{kN}(\uparrow)$, $R_B = 21\ \text{kN}(\uparrow)$

2.17 $X_A = P_1 DH_1 + P_2 DH_2(\leftarrow)$, $Y_A = 0$

$m_A = \dfrac{P_1 DH_1^2}{2} + P_2 DH_2\left(H_1 + \dfrac{H_2}{2}\right)$

2.18 $X_A = 4\ \text{kN}(\rightarrow)$, $Y_A = 54.6\ \text{kN}(\uparrow)$, $R_B = 52.3\ \text{kN}(\uparrow)$

2.19 (a) $X_A = P(\rightarrow)$, $Y_A = P(\uparrow)$, $m_A = P(2a - l)(\uparrow)$

(b) $R_A = P(\uparrow)$, $m_A = P(2a + R)(\uparrow)$

(c) $R_A = 2P(\uparrow)$, $m_A = 2P(a + R)(\uparrow)$

2.20 (a) $m_A = 2qa^2(\uparrow)$, $R_A = 2qa(\uparrow)$, $R_B = R_C = 0$

(b) $m_A = 2qa^2(\uparrow)$, $R_A = qa(\uparrow)$, $R_B = qa(\text{对}\ BC)$

(c) $m_A = 3qa^2(\uparrow)$, $R_A = \dfrac{7}{4}qa(\uparrow)$, $R_B = \dfrac{3}{4}qa(\text{对}\ BC, \uparrow)$, $R_C = \dfrac{1}{4}qa(\uparrow)$

2.21 ① $923\ \text{N} \cdot \text{m}$, ② $705\ \text{N} \cdot \text{m}$

第3章

3.1 $F_{1x} = -447\ \text{N}$, $F_{1y} = 0$, $F_{1z} = 224\ \text{N}$, $F_{2x} = -375\ \text{N}$, $F_{2y} = -563\ \text{N}$, $F_{2z} = 187\ \text{N}$,

$m_x(F_1) = 0$, $m_y(F_1) = -448\ \text{N} \cdot \text{m}$, $m_z(F_1) = 0$, $m_x(F_2) = 561\ \text{N} \cdot \text{m}$, $m_y(F_2) = -374\ \text{N} \cdot \text{m}$, $m_z(F_2) = 0$

3.2 $m_x(\boldsymbol{F}) = 30.31\ \text{N} \cdot \text{m}$, $m_y(\boldsymbol{F}) = 34.6\ \text{N} \cdot \text{m}$, $m_z(\boldsymbol{F}) = -1.25\ \text{N} \cdot \text{m}$

3.3 $R_x = 0.75\ \text{kN}$, $R_y = 5\ \text{kN}$, $R_z = -1.5\ \text{kN}$

$m_x = 0.375\ \text{kN} \cdot \text{m}$, $m_y = 0.244\ \text{kN} \cdot \text{m}$, $m_z = 1\ \text{kN} \cdot \text{m}$

3.4 $P = 348\ \text{N}$, $Y_A = 417.4\ \text{N}$, $Z_A = 0$, $Y_B = 911.6\ \text{N}$, $Z_B = 0$

3.5 $X_A = 0$, $Y_A = 7.55\ \text{kN}$, $Z_A = -6.76\ \text{kN}$,

$X_B = 0$, $Y_B = 947\ \text{N}$, $Z_B = 426\ \text{N}$

3.6 (a) 对称轴上距上边 $17.3\ \text{mm}$

(b) 对称轴上距上边 $102\ \text{mm}$

(c) 对称轴上距左边 $44\ \text{mm}$

(d) 对称轴上距上边 $34.1\ \text{mm}$

第4章

4.4 $\sigma_{\max} = 67.8\ \text{MPa}$

4.5 $\sigma_{BD} = -151.5\ \text{MPa}$, $\sigma_{DC} = 113.6\ \text{MPa}$, $\sigma_{AC} = 98\ \text{MPa}$

4.6 (1) 杆刚度大，(2) 杆强度高，(3) 杆塑性好

4.7 (b)

4.8 $\sigma_{max} = 178\ MPa$

4.9 结构安全

4.10 82.3 mm

4.11 结构安全;24.43 mm

4.12 16 kN

4.13 -0.2 mm

4.14 -0.139 mm; $\varepsilon_{AD} = 4 \times 10^{-4}$, $\varepsilon_{DC} = 0$, $\varepsilon_{CB} = -7.16 \times 10^{-4}$

第5章

5.1 铜丝 $\tau = 50.9\ MPa$,销子 $\tau = 61.1\ MPa$

5.3 $\tau = 70.7\ MPa > [\tau]$,销钉强度不够,应改用 $d \geqslant 32.6\ mm$ 的销钉

5.4 $\tau^{\circ} = 89.1\ MPa$; $n = 1.1$

5.5 $d_1 = 19.1\ mm$

5.6 $P \geqslant 771\ kN$

5.7 $\sigma_{bs} = 135\ MPa < [\sigma_{bs}]$,安全

5.8 $\tau = 43.3\ MPa$, $\sigma_{bs} = 59.5\ MPa$

5.9 $\tau = 66.3\ MPa$, $\sigma_{bs} = 102\ MPa$

5.10 $\tau = 30.3\ MPa$, $\sigma_{bs} = 44\ MPa$

5.11 $\tau = 52.6\ MPa$, $\sigma_{bs} = 90.9\ MPa$, $\sigma = 166.7\ MPa$

5.12 $d = 14\ mm$

5.13 $\tau = 28.6\ MPa < [\tau]$,安全; $\sigma_{bs} = 95.3\ MPa < [\sigma_{bs}]$,安全

第6章

6.1 (a) $T_{1-1} = -3\ kN \cdot m$, $T_{2-2} = 3\ kN \cdot m$, $T_{3-3} = 1\ kN \cdot m$

(b) $T_{1-1} = -5\ kN \cdot m$, $T_{2-2} = -10\ kN \cdot m$, $T_{3-3} = -6\ kN \cdot m$

6.2 (a) $T_{max} = 3\ kN \cdot m$, (b) $T_{max} = 8\ kN \cdot m$

6.4 $\tau_{AB} = 39\ MPa \leqslant [\tau]$, $\tau_{AC} = 75.7\ MPa \leqslant [\tau]$,强度安全

6.5 $d_1 = 45.6\ mm$, $D = 54.3\ mm$, $d = 43.4\ mm$

6.6 $m = 1\ 145\ N \cdot m$

6.7 8个

6.8 $\varphi_{AC} = -0.67 \times 10^{-2}\ rad$

6.9 81.5 MPa, 0.043 rad

6.10 AE:$\tau_{max} = 45.2\ MPa$, $\theta_{max} = 0.74°/m$; BC:$\tau_{max} = 71.3\ MPa$, $\theta_{max} = 1.64°/m$;强度安全,刚度不安全

6.11 $d \geqslant 72.7\ mm$

6.12 $d \geqslant 62.5\ mm$

第7章

7.1 (a) $Q_1 = 0.25qa$, $M_1 = 0.75qa^2$; $Q_2 = -0.75qa$, $M_2 = 0.75qa^2$

(b) $Q_1 = 0$, $M_1 = 0$; $Q_2 = qa$, $M_2 = 0$; $Q_3 = qa$, $M_3 = 0$

(c) $Q_1 = qa$, $M_1 = qa^2$; $Q_2 = 0$, $M_2 = qa^2$

(d) $Q_1 = -1.5qa$, $M_1 = -qa^2$; $Q_2 = 0$, $M_2 = -qa^2$

7.2 (a) $|Q|_{max} = 3qa$, $|M|_{max} = 5qa^2$

(b) $|Q|_{max} = \dfrac{2}{3}P$, $|M|_{max} = \dfrac{1}{3}Pa$

(c) $|Q|_{max} = P$, $|M|_{max} = Pa$

(d) $|Q|_{max} = qa$, $|M|_{max} = \dfrac{1}{2}qa^2$

(e) $|Q|_{max} = 0$, $|M|_{max} = 5.\text{kN} \cdot \text{m}$

(f) $|Q|_{max} = \dfrac{11}{6}qa$, $|M|_{max} = \dfrac{85}{72}qa^2$

(g) $|Q|_{max} = 10 \text{ kN}$, $|M|_{max} = 5 \text{ kN} \cdot \text{m}$

(h) $|Q|_{max} = 2 \text{ kN}$, $|M|_{max} = 4 \text{ kN} \cdot \text{m}$

7.3 $\sigma_{max} = 8.7 \text{ MPa}$

7.4 $\sigma_{max} = 33.7 \text{ MPa}$

7.5 (1) $\sigma_a = \sigma_b = 61.7 \text{ MPa}$, (2) $\sigma_{1max} = 92.6 \text{ MPa}$, (3) $\sigma_{max} = 104.2 \text{ MPa}$

7.6 $y_c = 27.5 \text{ cm}$, $I_{z_c} = 87.7 \times 10^4 \text{ cm}^4$

7.7 $y_c = 77 \text{ mm}$, $I_{z_c} = 3.91 \times 10^7 \text{ mm}^4$

7.8 $\sigma_{max} = 68.75 < [\sigma]$,安全

7.9 $\sigma_{max}^+ = 24.2 \text{ MPa} < [\sigma]^+$, $\sigma_{max}^- = 52.5 \text{ MPa} < [\sigma]^-$,安全

7.10 $d_{max} = 39 \text{ mm}$

7.11 $A_1 = 108.2 \text{ cm}^2$, $A_2 = 85.3 \text{ cm}^2$

7.12 $q = 9\,070 \text{ kN/m}$

7.13 $[F] = 20 \text{ kN}$

7.14 (a) $y_A = -\dfrac{Pl^3}{6EI}$, $\theta_B = -\dfrac{9Pl^2}{8EI}$

(b) $y_A = -\dfrac{Pa}{6EI}(3b^2 + 6ab + 2a^2)$, $\theta_B = \dfrac{Pa(2b+a)}{2EI}$

7.15 $y_{max} = 12.3 \text{ mm} < [y]$,刚度安全

7.16 用 22a 号工字钢

7.17 $R_A = R_B = \dfrac{3}{8}qa(\uparrow)$，$R_C = \dfrac{5}{4}qa(\uparrow)$

第 8 章

8.1 (a) $\sigma_1 = 40 \text{ MPa}$, $\sigma_2 = 0$, $\sigma_3 = -20 \text{ MPa}$,平面应力状态

(b) $\sigma_1 = 80 \text{ MPa}$, $\sigma_2 = 60 \text{ MPa}$, $\sigma_3 = -80 \text{ MPa}$,三向应力状态

(c) $\sigma_1 = 40 \text{ MPa}$, $\sigma_2 = 0$, $\sigma_3 = 0$, 单向应力状态

8.2 (a) $\sigma_\alpha = -27.3 \text{ MPa}$, $\tau_\alpha = -27.3 \text{ MPa}$

(b) $\sigma_\alpha = 52.3 \text{ MPa}$, $\tau_\alpha = -18.7 \text{ MPa}$

8.3 A 点:$\sigma_1 = 0$，$\sigma_3 = -93.8\ \text{MPa}$，$\tau_{\max} = 47\ \text{MPa}$

    B 点:$\sigma_1 = 3.9\ \text{MPa}$，$\sigma_3 = -50.9\ \text{MPa}$，$\tau_{\max} = 27.4\ \text{MPa}$

    C 点:$\sigma_1 = 18.75\ \text{MPa}$，$\sigma_3 = -18.75\ \text{MPa}$，$\tau_{\max} = 18.75\ \text{MPa}$

8.4 (a) $\sigma_1 = 130\ \text{MPa}$，$\sigma_2 = 30\ \text{MPa}$，$\sigma_3 = -30\ \text{MPa}$，$\tau_{\max} = 80\ \text{MPa}$

    (b) $\sigma_1 = 80\ \text{MPa}$，$\sigma_2 = 0$，$\sigma_3 = -20\ \text{MPa}$，$\tau_{\max} = 50\ \text{MPa}$

8.5 $\sigma_{r3} = 127.7\ \text{MPa}$，满足强度要求

8.6 $\sigma_{r1} = 24\ \text{MPa} < [\sigma]^+$，安全；$\sigma_{r2} = 33\ \text{MPa} < [\sigma]^-$ 安全

8.7 $\sigma_{r3} = 300\ \text{MPa} = [\sigma]$，$\sigma_{r4} = 264\ \text{MPa} < [\sigma]$，安全

8.8 $\sigma_{r3} = 142.7\ \text{MPa} < [\sigma]$ 安全；$\sigma_{r4} = 133.3\ \text{MPa} < [\sigma]$ 安全

8.9 $d \geqslant 64\ \text{mm}$

8.10 $\sigma_{r3} = 75.9\ \text{MPa} < 80\ \text{MPa}$；$\sigma_{r4} = 72.1\ \text{MPa} < 80\ \text{MPa}$；强度安全

第9章

9.3 矩形截面 $P_C = 375\ \text{kN}$，正方形截面 $P_C = 644\ \text{kN}$，圆形截面 $P_C = 635\ \text{kN}$，空心圆截面 $P_C = 752\ \text{kN}$，比较:空心圆截面压杆承载能力最大。

9.4 $Q = 3\pi^2 EI / 4l^2$

9.5 $l = 860\ \text{mm}$

9.6 $P_C = 269.4\ \text{kN}$，$Q_C = 118.8\ \text{kN}$；$s = 1.697$，不安全

9.7 $P_C = 276.4\ \text{kN}$，$\sigma_C = 65.8\ \text{MPa}$

9.8 $S = 5.6 > S_C$，能满足稳定性要求

9.9 $S = 5 > S_C$，能满足稳定性要求

9.10 $S = 3.2$

第10章

10.4 (a) $r = \infty$，$\sigma_m = -450\ \text{MPa}$，$\sigma_a = 450\ \text{MPa}$

    (b) $r = -0.5$，$\sigma_m = 150\ \text{MPa}$，$\sigma_a = 450\ \text{MPa}$

第11章

11.1 $x_C = \dfrac{al}{\sqrt{l^2 + (vt)^2}}$，$y_C = \dfrac{avt}{\sqrt{l^2 + (vt)^2}}$，$v_x = -\dfrac{\sqrt{2}\,v_a}{4l}$，$v_y = \dfrac{\sqrt{2}\,v_a}{4l}$

11.2 $y = e\sin\omega t + \sqrt{R^2 - e^2\cos^2\omega t}$，$v = e\omega\left[\cos\omega t + \dfrac{e\sin 2\omega t}{2\sqrt{R^2 - e^2\cos^2\omega t}}\right]$

11.3 $y_B = \sqrt{64 - t^2}\ (\text{cm})$，$v = -\dfrac{t}{\sqrt{64 - t^2}}\ (\text{cm/s})$

    $y = l\tan kt$，$v = lk\sec^2 kt$，$a = 2lk^2\tan kt\sec^2 kt$

11.4 当 $\theta = \dfrac{\pi}{6}$ 时，$v = \dfrac{4}{3}lk$，$a = \dfrac{8\sqrt{3}}{9}lk^2$

    当 $\theta = \dfrac{\pi}{3}$ 时，$v = 4lk$，$a = 8\sqrt{3}lk^2$

11.5 直角坐标法:

$x = 10\cos 20t$, $y = 10\sin 20t$; $v_x = -200\sin 20t$, $v_y = 200\cos 20t$

$a_x = -4\,000\cos 20t$, $a_y = -4\,000\sin 20t$

自然坐标法: $s = 200t$, $v = 200$ cm/s, $a_\tau = 0$, $a_n = 4\,000$ cm/s^2

11.6 $x = r\cos \omega t + l\sin \dfrac{\omega t}{2}$, $y = r\sin \omega t - l\cos \dfrac{\omega t}{2}$

$v = \omega\sqrt{r^2 + \dfrac{1}{4}l^2 - rl\sin \dfrac{\omega t}{2}}$, $a = \omega^2\sqrt{r^2 + \dfrac{l^2}{16} - \dfrac{rl}{2}\sin \dfrac{\omega t}{2}}$

11.7 $v_x = -l\omega\sin 2\omega t$, $v_y = l\omega\cos 2\omega t$, $v = l\omega$

11.8 $x = 20t - \sin 20t$, $y = 1 - \cos 20t$, $v_x = 20 - 20\cos 20t$, $v_y = 20\sin 20t$

$a_x = 400\sin 20t$, $a_y = 400\cos 20t$

11.9 $a_n = \dfrac{9t^4}{80}$ (m/s^2), $a_\tau = 0.6t$ (m/s^2)

11.10 直角坐标法:

$x = R + R\cos 2\omega t$, $y = R\sin 2\omega t$, $v = 2R\omega$, $\cos(v, x) = -2\sin 2\omega t$, $\cos(v, y) = \cos 2\omega t$

$a = 4R\omega^2$, $\cos(a, x) = -2\cos 2\omega t$, $\cos(a, y) = -\sin 2\omega t$

自然坐标法: $s = 2R\omega t$, $v = 2R\omega$, $a_\tau = 0$, $a_n = 4R\omega^2$

第 12 章

12.1 $v = 75$ m/s, $a_\tau = 5$ m/s^2, $a_n = 5\,625$ m/s^2

12.2 $\varepsilon = -186.17$ rad/s^2

12.3 当 $t = 0$ 时, $v = 15.71$ cm/s, $a_\tau = 0$, $a_n = 6.17$ cm/s^2

当 $t = 2$ 时, $v = 0$, $a_\tau = -12.34$ cm/s^2, $a_n = 0$

12.4 $v_M = R\omega$, $a_M = R\varepsilon^2$

12.5 $\omega = 20t$ rad/s^2, $a = 10\sqrt{1 + 400t^4}$ m/s^2

12.6 $t = 0$ 时, $v = 0$, $a_\tau = -\dfrac{4\pi^2\varphi_0 L}{T^2}$, $a_n = 0$

$\varphi = 0$ 时, $v = \pm\dfrac{2\pi\varphi_0 L}{T}$, $a_\tau = 0$, $a_n = -\dfrac{4\pi^2\varphi_0^2 L}{T^2}$

12.7 (1) $\varepsilon = \dfrac{50\pi}{d^2}$ rad/s^2 (2) $a = 30\pi\sqrt{4\pi^2 + 0.000\,1}$ m/s^2

12.8 $\varphi = 4$ rad

第 13 章

13.1 (a) $\omega_2 = 1.82$ rad/s, (b) $\omega_2 = 3.09$ rad/s

13.2 $v_r = 33.5$ m/s

13.3 $v_{BC} = 50$ mm/s, $a_{BC} = 136.66$ mm/s^2

13.4 $\omega_1 = \dfrac{4\sqrt{3}}{3}$ rad/s

13. 5 $v_r = \dfrac{2b\omega}{3}, v_a = \dfrac{4b\omega}{3}$

13. 6 $v = 1.26 \text{ m/s}, a = 0.27 \text{ m/s}^2$

13. 7 $v_{AB} = 86.60 \text{ mm/s}, a_{AB} = 50 \text{ mm/s}^2$

13. 8 $v = 100 \text{ mm/s}, a = 346 \text{ mm/s}^2$

13. 9 $v_{CD} = 0.325 \text{ m/s}, a_{CD} = 0.657 \text{ m/s}^2$

13. 10 $v_M = 173.2 \text{ mm/s}, a_M = 350 \text{ mm/s}^2$

13. 11 $v_a = 4R, v_r = 4R\sin 2t; a_a = 16R, a_r = 8R\cos 2t$

第 14 章

14. 1 $\omega = \dfrac{v_1 - v_2}{2R}, v_0 = \dfrac{v_1 + v_2}{2}$

14. 2 $\omega_{O_1 A} = 0.2 \text{ rad/s}$

14. 3 $v_A = 500 \text{ mm/s}, v_C = v_E = 707 \text{ mm/s}, v_B = 0, v_D = 1\ 000 \text{ mm/s}$

14. 4 $\omega_{OB} = 3.75 \text{ rad/s}, \omega_I = 6 \text{ rad/s}$

14. 5 $\omega_{AB} = 3 \text{ rad/s}, \omega_{O_1 B} = 5.2 \text{ rad/s}$

14. 6 $v_A = 600 \text{ mm/s}, v_B = 200 \text{ mm/s}, v_C = 200\sqrt{10} \text{ mm/s}, \omega_{ACB} = \dfrac{4}{3} \text{ rad/s},$

$\omega_{BD} = 0.5 \text{ rad/s}$

14. 7 曲柄处于铅垂位置(上)时, $\omega_{AB} = 0, v_B = 600 \text{ mm/s}, a_B = 283 \text{ mm/s}^2$

水平位置(右)时, $\omega_{AB} = 0.302 \text{ rad/s}, v_B = 60.3 \text{ mm/s}, a_B = -1\ 083 \text{ mm/s}^2$

14. 8 $v_C = 877 \text{ mm/s}$

14. 9 $v_C = \dfrac{3}{2} r\omega_0, a_C = \dfrac{\sqrt{3}}{12} r\omega_0^2$

14. 10 $a_C = 107.5 \text{ mm/s}^2$

14. 11 $\omega_{O_1 C} = 6.19 \text{ rad/s}$

14. 12 $v_{BC} = 2.512 \text{ m/s}, a_{BC}^n = 15.75 \text{ m/s}^2, a_{BC}^\tau = 45.6 \text{ m/s}^2$

第 15 章

15. 1 $F = m\omega \sqrt{a^2 + b^2}$

15. 2 $x = 0.5t\cos\alpha, y = 0.5t\sin\alpha + \dfrac{1}{2}gt^2$

15. 3 $T = 6.27 \text{ m}$

15. 4 $F_{max} = 5.84 \text{ kN}, F_{min} = 5.36 \text{ kN}$

15. 5 $\varphi = 0$ 时, $F = 2.37; \varphi = \dfrac{\pi}{2}$ 时, $F = 0$

15. 6 (1) $N_{max} = m(g + e\omega^2) = 9.84 \text{ N}$; (2) $\omega_{max} = \sqrt{\dfrac{g}{e}} = 31.30 \text{ rad/s}$

15. 7 $a = \dfrac{\sin\alpha + f\cos\alpha}{\cos\alpha - f\sin\alpha}g, F_N = \dfrac{mg}{\cos\alpha - f\sin\alpha}$

15.8　$t = 2.61\ \text{s}$，$s = 19.57\ \text{m}$

第 16 章

16.1　$t = \dfrac{v}{fg}$

16.2　$v = \dfrac{m_1}{m_1 + m_2} v_1$

16.3　(1) $x_C = \dfrac{m_2 l + (m_1 + 2m_2 + 2m_3) l \cos \omega t}{2(m_1 + m_2 + m_3)}$，$y_C = \dfrac{(m_1 + 2m_2) l \sin \omega t}{2(m_1 + m_2 + m_3)}$

　　　(2) $F_{\max} = \dfrac{(m_1 + 2m_2 + 2m_3)}{2} l \omega^2$

16.4　$s = -\dfrac{m_B (a - b)}{m_A + m_B}$

16.5　$I_O = \dfrac{m}{2}(r^2 + 2e)$

16.6　$\left[\dfrac{m_1}{3} l^2 + m_2 \left(\dfrac{3}{8} r^2 + l^2 + lr \right) \right] \omega$

16.7　$a = \dfrac{T - mgr}{(m + m_0) r}$

16.8　$\varepsilon = \dfrac{(MR - mr) g}{J + mr^2 + MR^2}$

16.9　$\varepsilon_1 = \dfrac{2(Mr_2 - M_1 r_1)}{(m + m_1) r_1^2 r_2}$

16.10　$J_O = mR^2 \left(\dfrac{gt^2}{2h} - 1 \right)$

16.11　$a = \dfrac{(M - fmgr) r}{mr^2 + J}$

16.12　$a = \dfrac{m_1 r - fm_2 R}{m_1 r^2 + m_2 R^2 + M\rho^2} gr$，$T_A = m_1 g - m_1 a$，$T_B = fm_2 g + \dfrac{m_2 R}{r} a$

第 17 章

17.1　$v = \sqrt{2gr(1 - \cos \varphi)}$

17.2　$s \left(\dfrac{\sin \alpha}{f} - \cos \alpha \right)$

17.3　$v = \sqrt{2gl(\sin \alpha - f \cos \alpha)}$

17.4　$T = \dfrac{1}{6} ml^2 \omega^2$

17.5　$v_B = 5.01\ \text{m/s}$

17.6　$\dfrac{1}{2}(3m_1 + 2m_2) v^2$

17.7　$v_A = 0.7\ \text{m/s}$

$$17.8 \quad \omega = \sqrt{\frac{\frac{4M\varphi}{r^2} - 2k\varphi^2}{2m_1 + m_2}}, \quad \varepsilon = \frac{\frac{2M}{r^2} - 2k\varphi}{2m_1 + m_2}$$

$$17.9 \quad \omega = \sqrt{\frac{2(2\pi M - 4Fr)}{mr^2 \sin^2 \varphi_0 + J}}$$

$$17.10 \quad v = \sqrt{\frac{2mgh}{m_1 + 2m}}, \quad a = \frac{mg}{m_1 + m}$$

附 录

常用型钢规格表

普通工字钢

符号：h—高度；
b—宽度；
t_w—腹板厚度；
t—翼缘平均厚度；
I—惯性矩；
W—截面模量；

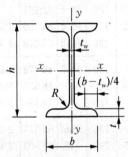

i—回转半径；
S_x—半截面的面积矩；
长度：
型号 10~18，长 5~19 m；
型号 20~63，长 6~19 m。

型号		尺寸/mm					截面面积 cm²	理论重量 kg/m	x-x 轴				y-y 轴		
		h/mm	b/mm	t_w/mm	t/mm	R/mm			I_x/cm⁴	W_x/cm³	i_x/cm	I_x/S_x/cm	I_y/cm⁴	W_y/cm³	i_y/cm
10		100	68	4.5	7.6	6.5	14.3	11.2	245	49	4.14	8.69	33	9.6	1.51
12.6		126	74	5	8.4	7	18.1	14.2	488	77	5.19	11	47	12.7	1.61
14		140	80	5.5	9.1	7.5	21.5	16.9	712	102	5.75	12.2	64	16.1	1.73
16		160	88	6	9.9	8	26.1	20.5	1 127	141	6.57	13.9	93	21.1	1.89
18		180	94	6.5	10.7	8.5	30.7	24.1	1 699	185	7.37	15.4	123	26.2	2.00
20	a	200	100	7	11.4	9	35.5	27.9	2 369	237	8.16	17.4	158	31.6	2.11
	b		102	9			39.5	31.1	2 502	250	7.95	17.1	169	33.1	2.07
22	a	220	110	7.5	12.3	9.5	42.1	33	3 406	310	8.99	19.2	226	41.1	2.32
	b		112	9.5			46.5	36.5	3 583	326	8.78	18.9	240	42.9	2.27
25	a	250	116	8	13	10	48.5	38.1	5 017	401	10.2	21.7	280	48.4	2.4
	b		118	10			53.5	42	5 278	422	9.93	21.4	297	50.4	2.36
28	a	280	122	8.5	13.7	10.5	55.4	43.5	7 115	508	11.3	24.3	344	56.4	2.49
	b		124	10.5			61	47.9	7 481	534	11.1	24	364	58.7	2.44
32	a	320	130	9.5	15	11.5	67.1	52.7	11 080	692	12.8	27.7	459	70.6	2.62
	b		132	11.5			73.5	57.7	11 626	727	12.6	27.3	484	73.3	2.57
	c		134	13.5			79.9	62.7	12 173	761	12.3	26.9	510	76.1	2.53

型号		尺寸/mm					截面面积 cm²	理论重量 kg/m	x-x 轴				y-y 轴		
		h/mm	b/mm	t_w/mm	t/mm	R/mm			I_x /cm⁴	W_x /cm³	i_x /cm	I_x/S_x /cm	I_y /cm⁴	W_y /cm³	i_y /cm
36	a	360	136	10	15.8	12	76.4	60	15 796	878	14.4	31	555	81.6	2.69
	b		138	12			83.6	65.6	16 574	921	14.1	30.6	584	84.6	2.64
	c		140	14			90.8	71.3	17 351	964	13.8	30.2	614	87.7	2.6
40	a	400	142	10.5	16.5	12.5	86.1	67.6	21 714	1 086	15.9	34.4	660	92.9	2.77
	b		144	12.5			94.1	73.8	22 781	1 139	15.6	33.9	693	96.2	2.71
	c		146	14.5			102	80.1	23 847	1 192	15.3	33.5	727	99.7	2.67
45	a	450	150	11.5	18	13.5	102	80.4	32 241	1 433	17.7	38.5	855	114	2.89
	b		152	13.5			111	87.4	33 759	1 500	17.4	38.1	895	118	2.84
	c		154	15.5			120	94.5	35 278	1 568	17.1	37.6	938	122	2.79
50	a	500	158	12	20	14	119	93.6	46 472	1 859	19.7	42.9	1 122	142	3.07
	b		160	14			129	101	48 556	1 942	19.4	42.3	1 171	146	3.01
	c		162	16			139	109	50 639	2 026	19.1	41.9	1 224	151	2.96
56	a	560	166	12.5	21	14.5	135	106	65 576	2 342	22	47.9	1 366	165	3.18
	b		168	14.5			147	115	68 503	2 447	21.6	47.3	1 424	170	3.12
	c		170	16.5			158	124	71 430	2 551	21.3	46.8	1 485	175	3.07
63	a	630	176	13	22	15	155	122	94 004	2 984	24.7	53.8	1 702	194	3.32
	b		178	15			167	131	98 171	3 117	24.2	53.2	1 771	199	3.25
	c		780	17			180	141	102 339	3 249	23.9	52.6	1 842	205	3.2

参考文献 References

[1] 哈尔滨工业大学理论力学教研室. 理论力学[M]. 北京:高等教育出版社,2002.

[2] 张天军. 理论力学(第六版)全析精解[M]. 西安:西北工业大学出版社,2008.

[3] 刘鸿文. 材料力学(第三版)上册[M]. 北京:高等教育出版社,1992.

[4] 刘鸿文. 材料力学(第三版)下册[M]. 北京:高等教育出版社,1992.

[5] 朱熙然,陶琳. 工程力学(第二版)[M]. 上海:上海交通大学出版社,2005.

[6] 范钦珊. 工程力学[M]. 北京:中央广播电视大学出版社,1990.

[7] 陈莹莹. 理论力学[M]. 北京:高等教育出版社,1993.

[8] 盛冬发,闫小青. 理论力学[M]. 北京:北京大学出版社,2007.

[9] 沈韶华. 工程力学[M]. 北京:北京经济科学出版社,2010.

[10] 刘观蓟. 工程力学学习指导[M]. 北京:中央广播电视大学出版社,1991.

[11] 周松鹤,徐永烜. 工程力学 教程篇(第2版)[M]. 北京:机械工业出版社,2010.

[12] 王斌耀,顾惠琳. 工程力学 导学篇(第2版)[M]. 北京:机械工业出版社,2008.

[13] 赵志岗. 工程力学实验[M]. 北京:机械工业出版社,2008.

[14] 王亚双. 工程力学[M]. 北京:机械工业出版社,2009.

[15] 杨佩兰. 工程力学[M]. 北京:地震出版社,2002.

[16] 经来旺. 工程力学[M]. 武汉:武汉理工大学出版社,2008.

[17] 陈玲. 工程力学[M]. 重庆:西南交通大学出版社,2005.

[18] 王义质. 工程力学[M]. 重庆:重庆大学出版社,1997.